普通高等教育"十一五"国家级规划教材

全国高校出版社优秀畅销书一等奖

中国高等院校计算机基础教育课程体系规划教材

丛书主编 谭浩强

C程序设计教程（第3版）

谭浩强 著

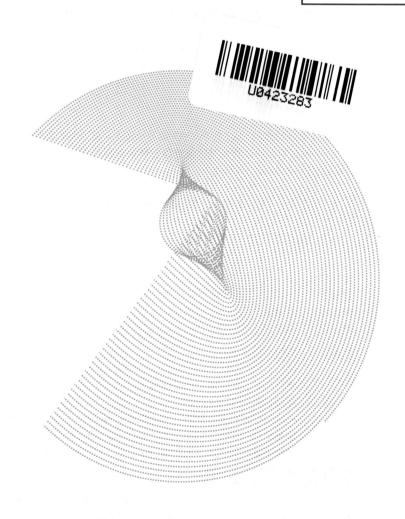

清华大学出版社
北京

内 容 简 介

C语言是国内外广泛使用的计算机语言,学会使用C语言进行程序设计是计算机工作者的一项基本功。本书系统地介绍怎样使用C语言进行程序设计。通过本书的学习,可以基本掌握C语言的主要内容和使用方法,同时学习程序设计的方法及有关算法的基本知识,初步掌握用计算机解题的全过程。

本书作者具有丰富的教学经验和编写教材的经验,善于把复杂的问题简单化,化解了学生学习过程中的许多困难。作者所著的《C程序设计》一书受到专家和读者的一致好评,公认为是学习C程序设计的理想教材,被全国大多数高校选用,是学习C语言的主流用书,已累计发行逾1400万册,创同类书的国内外发行最高纪录。

根据国内一般大学非计算机专业的教学需要,作者在《C程序设计》一书的基础上重新改写并出版了《C程序设计教程》,适当减少内容,紧扣基本要求,突出重点,适合"少学时"的需要。根据近年来的教学实践,本书重新构建教材体系,进一步压缩内容,突出重点,加强算法训练,更加实用。用通俗易懂的方法和语言阐明复杂的概念,使读者更加容易学习。同时采取适当的方法,注意培养包括计算思维在内的科学思维。

本书可用作全国高等学校各专业的正式教材,尤其适合一般院校的非计算机专业使用,同时也是一本供广大读者自学的好教材。本书还配有辅助教材《C程序设计教程(第3版)学习辅导》。

本书封面贴有清华大学出版社防伪标签,无标签者不得销售。
版权所有,侵权必究。 举报: 010-62782989, beiqinquan@tup.tsinghua.edu.cn。

图书在版编目(CIP)数据

C程序设计教程/谭浩强著. —3版. —北京: 清华大学出版社,2018(2024.9重印)
(中国高等院校计算机基础教育课程体系规划教材)
ISBN 978-7-302-50382-8

Ⅰ. ①C… Ⅱ. ①谭… Ⅲ. ①C语言-程序设计-高等学校-教材 Ⅳ. ①TP312.8

中国版本图书馆CIP数据核字(2018)第122970号

责任编辑:	张　民
封面设计:	何凤霞
责任校对:	焦丽丽
责任印制:	丛怀宇

出版发行: 清华大学出版社
网　　址: https://www.tup.com.cn, https://www.wqxuetang.com
地　　址: 北京清华大学学研大厦A座　　　邮　编: 100084
社 总 机: 010-83470000　　　　　　　　邮　购: 010-62786544
投稿与读者服务: 010-62776969, c-service@tup.tsinghua.edu.cn
质量反馈: 010-62772015, zhiliang@tup.tsinghua.edu.cn
课件下载: https://www.tup.com.cn, 010-83470236

印 装 者: 涿州市般润文化传播有限公司
经　　销: 全国新华书店
开　　本: 185mm×260mm　　印　张: 19.25　　字　数: 469千字
版　　次: 2007年7月第1版　2018年8月第3版　印　次: 2024年9月第12次印刷
定　　价: 45.00元

产品编号: 078357-02

> 教授计算技术的大师
> 普及现代科技之巨擘

敬赠谭浩强教授创杰示成就

宋健

一九九五年一月

▲ 全国政协原副主席、国务委员、国家科委主任、中国工程院院长宋健同志给谭浩强教授的题词

序

PREFACE

从 20 世纪 70 年代末、80 年代初开始，我国的高等院校开始面向各个专业的全体大学生开展计算机教育。面向非计算机专业学生的计算机基础教育牵涉的专业面广、人数众多，影响深远，它将直接影响我国各行各业、各个领域中计算机应用的发展水平。这是一项意义重大而且大有可为的工作，应该引起各方面的充分重视。

三十多年来，全国高等院校计算机基础教育研究会和全国高校从事计算机基础教育的老师始终不渝地在这片未被开垦的土地上辛勤工作，深入探索，努力开拓，积累了丰富的经验，初步形成了一套行之有效的课程体系和教学理念。高等院校计算机基础教育的发展经历了 3 个阶段：20 世纪 80 年代是初创阶段，带有扫盲的性质，多数学校只开设一门入门课程；20 世纪 90 年代是规范阶段，在全国范围内形成了按 3 个层次进行教学的课程体系，教学的广度和深度都有所发展；进入 21 世纪，开始了深化提高的第 3 阶段，需要在原有基础上再上一个新台阶。

在计算机基础教育的新阶段，要充分认识到计算机基础教育面临的挑战。

(1) 在世界范围内信息技术以空前的速度迅猛发展，新的技术和新的方法层出不穷，要求高等院校计算机基础教育必须跟上信息技术发展的潮流，大力更新教学内容，用信息技术的新成就武装当今的大学生。

(2) 我国国民经济现在处于持续快速稳定发展阶段，需要大力发展信息产业，加快经济与社会信息化的进程，这就迫切需要大批既熟悉本领域业务，又能熟练使用计算机，并能将信息技术应用于本领域的新型专门人才。因此需要大力提高高校计算机基础教育的水平，培养出数以百万计的计算机应用人才。

(3) 21 世纪，信息技术教育在我国中小学中全面开展，计算机教育的起点从大学下移到中小学。水涨船高，这样也为提高大学的计算机教育水平创造了十分有利的条件。

迎接 21 世纪的挑战，大力提高我国高等学校计算机基础教育的水平，培养出符合信息时代要求的人才，已成为广大计算机教育工作者的神圣使命和光荣职责。全国高等院校计算机基础教育研究会和清华大学出版社于 2002 年联合成立了"中国高等院校计算机基础教育改革课题研究组"，集中了一批长期在高校计算机基础教育领域从事教学和研究的专家、教授，经过深入调查研究，广泛征求意见，反复讨论修改，提出了高校计算机基础教育改革思路和课程方案，并于 2004 年 7 月发布了《中国高等院校计算机基础教育课程体系 2004》(简称《CFC 2004》)。国内知名专家和从事计算机基础教育工作的广大教师一致认为《CFC 2004》提出了一个既体现先进性又切合实际的思路和解决方案，该研究成果具有开创性、针对性、前瞻性和可操作性，对发展我国高等院校的计算机基础教育具有重要的指导作用。根据近年来计算机基础教育的发展，课题研究组先后于2006、2008和2014年发布了《中国高等院校计算机基础教育课程体系》的新版本，由清华大学出版社出版。

为了实现CFC提出的要求，必须有一批与之配套的教材。教材是实现教育思想和教学要求的重要保证，是教学改革中的一项重要的基本建设。如果没有好的教材，提高教学质量只是一句空话。要写好一本教材是不容易的，不仅需要掌握有关的科学技术知识，而且要熟悉自己工作的对象，研究读者的认识规律，善于组织教材内容，具有较好的文字功底，还需要学习一点教育学和心理学的知识等。一本好的计算机基础教材应当具备以下5个要素：

(1) 定位准确。要明确读者对象，要有的放矢，不要不问对象，提笔就写。

(2) 内容先进。要能反映计算机科学技术的新成果、新趋势。

(3) 取舍合理。要做到"该有的有，不该有的没有"，不要包罗万象、贪多求全，不应把教材写成手册。

(4) 体系得当。要针对非计算机专业学生的特点，精心设计教材体系，不仅使教材体现科学性和先进性，还要注意循序渐进，降低台阶，分散难点，使学生易于理解。

(5) 风格鲜明。要用通俗易懂的方法和语言叙述复杂的概念。善于运用形象思维，深入浅出，引人入胜。

为了推动各高校的教学，我们愿意与全国各地区、各学校的专家和老师共同奋斗，编写和出版一批具有中国特色的、符合非计算机专业学生特点的、受广大读者欢迎的优秀教材。为此，我们成立了"中国高等院校计算机基础教育课程体系规划教材"编审委员会，全面指导本套教材的编写工作。

本套教材具有以下几个特点：

(1) 全面体现CFC的思路和课程要求。可以说，本套教材是CFC的具体化。

(2) 教材内容体现了信息技术发展的趋势。由于信息技术发展迅速，教材需要不断更新内容，推陈出新。本套教材力求反映信息技术领域中新的发展、新的应用。

(3) 按照非计算机专业学生的特点构建课程内容和教材体系，强调面向应用，注重培养应用能力，针对多数学生的认知规律，尽量采用通俗易懂的方法说明复杂的概念，使学生易于学习。

(4) 考虑到教学对象不同，本套教材包括了各方面所需要的教材(重点课程和一般课程，必修课和选修课，理论课和实践课)，供不同学校、不同专业的学生选用。

(5) 本套教材的作者都有较高的学术造诣，有丰富的计算机基础教育的经验，在教材中体现了研究会所倡导的思路和风格，因而符合教学实践，便于采用。

本套教材统一规划，分批组织，陆续出版。希望能得到各位专家、老师和读者的指正，我们将根据计算机技术的发展和广大师生的宝贵意见及时修订，使之不断完善。

全国高等院校计算机基础教育研究会荣誉会长
"中国高等院校计算机基础教育课程体系规划教材"编审委员会主任

谭浩强

FOREWORD 前言

  C语言是国内外广泛使用的一种计算机语言。学会使用C语言进行程序设计是计算机工作者的一项基本功。

  1991年，作者所著的《C程序设计》由清华大学出版社出版。该书出版后反映很好。许多读者说："C语言原来是比较难学的，但自从《C程序设计》出版后，C语言变得不难学了"。该书被全国大多数高校选为正式教材，并被许多高校指定为研究生入学考试必读教材。该书已成为国内读者学习C语言的主流用书。20多年来，该书已先后出了5版，重印120多次，累计发行1400多万册，位居国内外同类书之首。作者到全国各高校和各企事业单位访问时，许多在校师生和已毕业参加工作的人士都说他们学过这本书，印象很深，作者在内心深切地感受到广大读者的殷切期望。

  各校师生普遍认为该书内容系统，讲解详尽，包含了许多其他教材中没有的内容，尤其是针对编程实践中容易出现的问题作了提醒和分析，被认为是学习C语言程序设计的理想教材。同时有的学校提出，由于各校情况不完全相同(例如，学校的类型不同、教学要求不同、安排的学时数不同、学生的基础不同)，希望在保持原有的优点的基础上，能提供适用于不同要求的版本。作者和出版社征求了多方面的意见，进行了反复的研究，除了继续出版和完善《C程序设计》以外，还针对学时较少的学校，于2007年出版了《C程序设计教程》。该教材以《C程序设计》为基础，紧扣最基本的要求，适当减少内容，压缩篇幅，突出重点。出版后受到广泛欢迎，认为内容适当，概念清晰，被教育部评为普通高等教育"十一五"国家级规划教材，向全国各高校推荐。

  经过几年的教学实践，作者于2013年对《C程序设计教程》一书进行了修订。现在又进行一次修订，在修订的过程中，作者思考了以下几个方面的问题。

1. 程序设计课程的作用与要求

  近年来，在讨论C程序设计课程改革时，有的老师主张要学深学透；有的认为不能要求太高，主要是打好基础；有的认为有一些了解、初识即可；有的则认为大学生毕业后由自己编程序的机会不多，因此可不必学，课程可以取消。这些引起人们深入思考：大学生要不要上程序设计课程？程序设计课程的目的和作用是什么？学习程序设计课程的要求是什么？程序设计课程的内容应该是什么？

  作者认为，学习程序设计能够使大学生更好地理解计算机和应用计算机。

  计算机的本质是"程序的机器"，程序和指令的思想是计算机系统中最基本的概念。

只有懂得程序设计,懂得计算机是怎样工作的,才能较好地懂得计算机。 通过学习程序设计,能使学生学习到用计算机处理问题的方法,培养学生提出问题、分析问题和解决问题的能力,并且具有编制程序的初步能力,能较好地应用计算机。 即使将来不是计算机专业人员,由于学过程序设计,了解软件的特点和生产过程,也能与程序开发人员更好地沟通与合作,开展本领域中的计算机应用,开发与本领域有关的应用程序。 对我国所有理工类学生都开设程序设计课程,并且把它作为进一步学习与应用计算机的基础,是十分必要的。

2. 要不要学习 C 语言

进行程序设计,必须用计算机语言作为工具,否则只是纸上谈兵。 可供选择的语言很多,各有特点。 C 语言是基础而实用的语言,并不是每一种语言都具有此特点,有的语言实用,但不能作为基础语言(如 FORTRAN),有的语言可以作为基础,但实际应用不多(如 Pascal)。 C 语言功能丰富、表达能力强、使用灵活方便、应用面广、目标程序效率高、可移植性好,既具有高级语言的优点,又具有低级语言的许多特点;既适于编写系统软件,又能方便地用来编写应用软件。 C 语言是多年来国内外使用最广泛的语言,国内外许多专家认为,C 语言是最基本的通用语言,有了 C 语言的基础后,掌握任何一种语言都不困难。 C 语言被认为是计算机专业人员的基本功。

有人认为有了 C++ 语言以后,C 语言就过时了,这是一种误解。 C++ 语言是为设计大型程序应运而生的。 将来从事系统开发的人员以及计算机专业学生需要学习 C++ 语言或其他面向对象的语言。 面向对象编程使用的是复杂的类层次结构与对象,适于处理大型的模块程序,但是在某些情况下并不比 C 语言程序更为有效。 C 语言作为传统的面向过程的程序设计语言,更适于解决某些小型程序的编程。 在编写底层的设备驱动程序和内嵌应用程序时,往往是更好的选择。

对复杂的问题,面向对象方法符合人们的思维方式。 对简单的问题,面向过程方法符合人们的思维方式,而面向过程是最基本的。 对初学者来说,学习 C 语言显然比学习 C++ 语言容易得多,许多学校把 C 语言作为大学生的第一门计算机语言,是比较合适的。 有了 C 语言的基础,学习 C++ 语言也是很容易的。 目前,如果有些非计算机专业学生学习 C++ 语言,其作用应当是了解面向对象的程序设计方法,为以后需要时进一步学习打下初步基础,要求不宜太高。

本书选择 C 语言为学习程序设计使用的语言。

3. 程序设计课程的性质和体系,正确处理算法与语法的关系

关于 C 程序设计课程的性质,应该说,它既有基础的性质(了解计算机处理问题的方式,学习算法),又有应用和工具的性质(掌握语言工具,具有编程的初步能力,能具体应用),二者兼顾。 因此,既要注意讲清概念,使学生建立正确的概念,又要培养学生实际处理问题的能力。

程序设计有 4 个要素:①算法——程序的灵魂; ②数据结构——加工的对象; ③语言——编程工具(算法要通过语言来实现); ④合适的程序设计方法。 程序设计教学是否成功取决于能否将以上 4 个要素紧密结合。

本教材自始至终把这四方面自然、有机地结合，全面兼顾。不是孤立地介绍语法，也不是全面系统地介绍算法。本书不是根据语言规则的分类和顺序作为教学和教材的章节和顺序，而是从应用的角度出发，以编程为目的和主线，由浅入深地介绍怎样用 C 语言处理问题。把算法和语法紧密结合，同步展开，步步深入。精心安排顺序，算法的选择由易到难，细心选择例子，使读者容易学习。在此基础上，构造了新的教学和教材体系。具体的做法是：在每一章中，首先举几个简单的例子，引入新的问题，接着介绍怎样利用 C 语言解决简单的问题，然后再循序渐进地介绍较深入的算法和程序。使学生在富有创意、引人入胜的编程中，学会算法，掌握语法，领悟程序设计的思想和方法，把枯燥无味的语法规则变成生动活泼的编程应用。多年的实践表明，这种做法是成功的。

建议教师在讲授时，以程序为中心展开，着重讲清解题思路以及怎样用程序实现它，不要孤立介绍语法规定，教材中叙述的语法规定可以在介绍编写程序的过程中加以说明，或在简单介绍后请学生自己阅读，并通过上机实践掌握。

4. 在程序设计课程中注意培养科学思维

学习程序设计的一个重要作用是可以培养学生的科学思维能力。近年来，国内外有些专家提出要重视和研究计算思维，认为计算思维是运用计算机科学的基础概念进行问题求解、系统设计和理解人类行为的思维活动。

计算思维是科学思维的组成部分。人们在学习和应用过程中已经认识到：计算机不仅是工具，而且是可以启发人们思考问题的科学方法。通过学习和应用计算机，人们改变了旧的思维方式和工作方式，逐步培养了现代的科学思维方式和工作方式，懂得现代社会处理问题的科学方法，这个意义比掌握工具更为深远。计算思维是信息时代中的每个人都应当具备的一种思维方式，要让思维具有计算的特征。

计算机不仅为不同专业提供了解决专业问题的有效方法和手段，而且提供了一种独特的处理问题的思维方式。把计算机处理问题的方法和技术用于各有关领域，有助于提升各个领域的科学水平，开拓新的领域。积极在计算机的教学中引入跨学科元素，启迪跨学科计算思维，会对各个学科的发展产生深远的影响。

计算思维不是悬空的抽象概念，是体现在各个环节中的。算法思维就是典型的计算思维。学习程序设计就是培养计算思维的有效途径。

计算思维的培养不是孤立进行的，不是依靠另开专门课程讲授的，而是在学习和应用计算机的过程中培养的。多年来，人们在学习和应用计算机过程中不断学习和培养了计算思维，正如学习数学培养了理论思维，学习物理培养了实证思维一样。对计算机的学习和应用越深入，对计算思维的认识也越深刻。

培养计算思维不是目的，正如学习哲学不是目的一样。学哲学的目的是认识世界、改造世界。培养计算思维的目的是更好地应用计算技术，推动社会各领域的发展与提高。要正确处理好培养计算思维与计算机应用的关系。

程序设计的各个环节都体现了计算思维。没有必要去声明或争论：这个问题是计算思维，那个问题属于其他什么思维。属于计算思维的就重视，否则就不重视，这是书生气十足的做法。只要有利于培养大学生科学思维，都应当大力提倡，大学生需要培养多种思维的能力。

本教材注意在教学过程中努力培养学生的科学思维(包括计算思维)。 在介绍每一个问题时，都采取以下步骤：提出问题→解题思路→编写程序→运行结果→程序分析→有关说明。 在"解题思路"中，分析问题，介绍算法，建立数学模型。 使读者首先把注意力放在处理问题的思路和方法上，而不是放在语法细节上。 在确定算法之后，再使用C语言编写程序就顺理成章了。 在"程序分析"中，再进一步分析程序的思路及其实现方法。 这样，思路清晰，逻辑性强，有利于形成科学的思维方法。 希望读者不仅要注重学习知识，更要注重学习方法，掌握规律，举一反三。

5. 从实际出发,区别对待

学习程序设计的人群中，有的是计算机专业学生，有的是非计算机专业的学生；有的是本科生，有的是专科(高职)学生；有的是重点大学的学生，有的是一般大学的学生。 情况各异，要求不同，必须从实际出发，制订切实可行的教学方案，对象不同，要求也应不同，并非越多越深越好。 切忌脱离实际的一刀切。

例如，对计算机专业学生，应有较高的要求，应作为基本功来要求。 尤其是对算法的要求应当高一些，需要较系统学习各种算法，不仅会用现成的算法，还应当会设计一般的算法；熟练掌握语言工具；了解软件开发的方法和规范；掌握程序设计的全过程；具有一定的编程实践经验；能够举一反三，掌握几种计算机语言。 最好能在学完本课程后独立完成一个有一定规模的程序。

对一般大学非计算机专业的学生，多数人将来工作中不一定要求用C语言编程，本课程的目的不是培养熟练的程序员。 学习程序设计的目的是学习计算机处理问题的方法，具有一定的编程知识和应用能力。 对非计算机专业的学生，对算法的要求不能太高。 算法选择典型的、难度不太大的，只要求掌握基本的算法和设计算法的思路，为以后进一步学习和应用打下基础。 没有必要把语言的每一个细节都学透，而是围绕程序设计，使用语言工具中基本的、常用的部分，对初学者不常用的部分可暂时不学。 有些部分概念很重要，但难度较大，初学时用得不多，但以后会用到，可作简单介绍，打下基础。 在非计算机专业中不宜提"学深学透"的要求。 要求是相对的，一切以实际条件为转移。

对高职学生的要求应不同于本科生，更不应搬用重点大学的做法，不宜在算法上要求太高，因为高职不是培养设计算法的人才的，而应培养切实掌握语言工具，具有较强的动手和实践能力，例如编码能力、调试能力。

对基础较好、学生程度较高的学校，可以采取少讲多练，强调自学，有的内容课堂上可以不讲或少讲，指定学生自学。 引导学生通过自学和实践掌握知识，尽可能完成一些难度较高的习题。

全国各校的情况不同，学生的基础和学习要求也不尽相同，不可能都采用同一本教材。 教材应当服务于教学，满足多层次多样化的要求。 许多学校的老师认为《C程序设计》是一本经过长期教学实践检验的优秀教材，其内容与风格已为广大师生所熟悉，希望在《C程序设计》的基础上组织不同层次的教材，供不同对象选用。 作者与清华大学出版社决定出版C程序设计的系列教材，目前已出版的有以下3种：

(1)《C程序设计(第五版)》。该书系统全面,内容深入,讲授详尽,包含了许多其他教材中没有的内容,尤其是针对编程实践中容易出现的问题作了提醒和分析,是学习C语言程序设计的理想教材。适合程度较高、基础较好的学校和读者使用。

(2)《C程序设计教程(第3版)》,即本书。它是在《C程序设计(第五版)》的基础上改编的,适当减少内容,突出重点,紧扣最基本的要求,适合学时相对较少的广大高校使用。本书为普通高等教育国家级规划教材,推荐给各校使用。

(3)《C语言程序设计(第3版)》。内容更加精练,要求适当降低,适合程度较好的高职院校使用。该书亦为普通高等教育国家级规划教材和国家级精品教材。

6. 本次修订版的特点

在本次修订中保持了本书概念清晰、通俗易懂的特点,体现了以下特点:

(1) **按照 C 99 标准进行介绍**,以适应 C 语言的发展,使编写程序更加规范。例如:

① 数据类型介绍中,增加了 C 99 扩充的双长整型(long long int)、复数浮点型(float_complex,double_complex,long long _complex)、布尔型(bool)等,使读者有所了解。

② 根据 C 99 的建议,main 函数的类型一律指定为 int 型,并在函数的末尾加返回语句 "return 0;"。

③ C 99 增加了注释行的新形式——以双斜线 "//" 开始的内容作为注释行,这本来是 C++ 的注释行形式,现在 C 99 把它扩充进来了,使编程更加方便。同时保留了原来的 "/* …… */" 形式,以使原来按 C 89 标准编写的程序不加修改仍可使用。本书采用 C 99 的注释新形式,读者使用更方便,而且符合发展需要。因此,本书的程序基本上采用下面的形式:

```
#include <stdio.h>           //以"//"作为注释行的开始
int main( )                  //指定main函数为int类型
{
    ⋮
    return 0;                //如函数正常执行,返回整数0
}
```

④ C 99 增加的其他一些具体内容,会在书中有关章节中专门注明,以提醒读者。

由于 C 99 是在 C 89 的基础上增加或扩充一些功能而成的,因此 C 89 和 C 99 基本上是兼容的。过去用 C 89 编写的程序在 C 99 环境下仍然可以运行。C 99 所增加的许多新的功能和规则,是在编制比较复杂的程序时为方便使用和提高效率而用的,在初学时可以不涉及,因此本书对目前暂时用不到的内容不作介绍,以免读者分心,增加学习难度。在将来进行深入编程时再逐步了解和学习。

(2) **加强算法,强化解题思路**。在各章中由浅入深地结合例题介绍各种典型的算法。对穷举、递推、迭代、递归、排序(包括比较交换法、选择法、起泡法)、矩阵运算、字符处理应用等算法作了详尽的介绍,对难度较大的链表处理算法的思路作了清晰说明,使读者逐步建立算法思维。

介绍例题时,在给出问题后,先是进行问题分析,探讨解题思路,构造算法,然后才根据算法编写程序,而不是先列出程序再解释程序,从中了解算法。这样做,更符合读者认知规律，更容易理解算法，有利于培养计算思维。引导读者在看到题目后，先考虑算法再编程，而不是坐下来就写程序，以培养好的习惯。

(3) **对指针作了更明确详尽的说明**。指针是学习C语言的重点，也是难点。不少读者反映难以掌握指针的实质和应用。作者在《C程序设计》和本书中，明确指出了"指针就是地址"，许多读者反映这是"画龙点睛，点出了问题的实质"，觉得一通百通，许多问题迎刃而解了。许多学校的师生反映，原来在学习指针时感到特别难懂，后来看了《C程序设计》后豁然开朗了。希望作者保持这一正确做法，并能对指针再作更详尽的说明。作者根据各校教学中的情况和一些师生提出的问题，在本次修订中对指针的性质作了进一步说明，指出：我们所说的指针就是地址，这个地址不仅是在内存中的位置信息（即纯地址），而且包括在该存储单元中的数据的类型信息，并对此作了有力而明确的说明，使读者对指针的性质有进一步的认识。请读者阅读本书时加以注意。

(4) **更加通俗易懂，容易学习**。作者充分考虑到广大初学者的情况，精心设计体系，适当降低门槛，便于读者入门。尽量少用深奥难懂的专业术语，用通俗易懂的方法和语言阐述清楚复杂的概念，使复杂的问题简单化。没有学过计算机原理和高等数学的读者完全可以掌握本书的内容。

本书采用作者提出的"提出问题→解决问题→归纳分析"的新的教学三部曲，先具体后抽象，先实际后理论，先个别后一般，而不是先抽象后具体，先理论后实际，先一般后个别。实践证明这样做符合读者的认知规律，读者很容易理解。

在介绍每个例题时，都采取以下的步骤：**给出问题→解题思路→编写程序→运行结果→程序分析→有关说明**，对一些典型的算法，还有**算法分析**，使读者更好理解。

把算法与语言二者紧密而自然地结合，而且通过运行程序，看到结果，便于验证算法的正确性。学习时不会觉得抽象，而会觉得算法具体有趣，看得见，摸得着。

本书便于自学。具有高中以上文化水平的人，即使没有教师讲解，也能基本上掌握本书的内容。这样就有可能做到：教师少讲，提倡自学，上机实践。

考虑到教学的基本要求，本书适当降低难度，对以下几个问题进行了适当处理：

① 简化输入输出格式。C语言的输入输出格式比较烦琐复杂，初学者往往感到难以掌握。本次修订时，只介绍最基本的格式(%d, %f, %e, %c, %s)，能够进行输入输出就行，其他附表供查用。

② 在函数一章中，简化一些初学者不常用的内容，如"内部函数和外部函数"，对存储类别的介绍也从简。

③ 指针一章主要介绍一级指针，关于二级指针只介绍有关二维数组的内容。对"指向函数的指针""返回指针值的函数""指针数组和多重指针""动态内存分配与指向它的指针变量"等较深入而初学者用得不多的内容不再介绍。

④ 只介绍结构体，不介绍共用体。

⑤ 链表处理（链表的建立、插入、删除和输出等）的内容，对于非计算机专业学生来说难度较大，且不必要，因此精简了。只对链表做很简单的介绍，有一定了解

即可。

⑥ 文件只作简单介绍,有初步概念即可。

⑦ 由于许多学校把 C 语言的教学安排在一年级,而学生还未学完高等数学,因此本书不包括有关高等数学知识的例题。考虑到有部分读者在学习高等数学后可能对这方面的内容感兴趣,在习题部分列出有关的题目(如用二分法和牛顿迭代法求一元方程的根),并在《C 程序设计教程(第 3 版)学习辅导》中给出介绍和程序,可供自学参考。

⑧ 在各章节标题前加"＊"号的,是比较深入的内容,在教学时可以不讲,由学生自学参考。

相信经过修改后,本书会更加容易学习,读者的基本功会更扎实,效果会更好。

7. 作者的心中永远要装着读者

作者从 1978 年开始从事计算机基础教育和计算机普及工作,40 年来一直奋斗在这个平凡而重要的岗位上,把自己的后半生贡献给了我国的计算机教育和计算机普及事业,对这个事业有着深厚的感情和深切的体会。我最大的愿望是"把计算机从少数计算机专家手中解放出来,成为广大群众手中的工具",使广大群众轻松愉快、兴趣盎然地进入计算机的天地。经过 40 年的努力,这个愿望正在变成现实。

我始终认为,作者心中要永远装着读者,处处为读者着想,和读者将心比心,善于换位思考。我在编写教材时,常常反问自己:"读者读到这里时会提出什么问题？""怎样讲才能使读者更容易明白？"我常常用这样一句话来鞭策自己:"只有明白不明白的人为什么不明白的人才是明白人。"写书不仅是简单地把有关的技术内容告诉读者,而且要考虑怎样写才能使读者容易理解。我写书,有一半的时间用来研究和处理技术方面的问题,还有一半时间用来考虑怎样讲才能使学生易于理解。有时为了找到一个好的例子或一个通俗的比喻,往往苦苦思索好几天,每一句话都要反复斟酌推敲。要善于把复杂问题简单化,而不能把简单问题复杂化。写一本书容易,写一本好书不容易,能讲一堂课很容易,要讲好一堂课并不容易,需要下很大的功夫。

这就要求我们(作者和老师)要深入了解自己工作的对象,有的放矢,准确定位;要根据应用的需要,合理取舍,精选内容;要认真研究学习者的认识规律,采用他们容易理解的方法,深入浅出,通俗易懂。清华大学一位已故的院士说得好:"什么叫水平高？只有能用通俗易懂的方法和语言阐述清楚复杂概念的人,才是水平高。那些把概念搬来搬去的人,不能算水平高。"

多年来,在广大师生的关心和支持下,我努力去做了,取得一些成绩。有人称我是计算机界的"平民作家"。我乐于接受并很珍惜群众送给我的这一称谓,这是对我的莫大鞭策。希望所有的教师和作者共同努力,把每一本书、每一门课程都做成精品,得到千万学生和读者的肯定和赞扬,这才是对我们辛劳的最高奖赏。

为了帮助读者学习本书,作者还编写了一本《C 程序设计教程(第 3 版)学习辅导》,提供本书中各章习题的参考答案以及上机实践指导。该书由清华大学出版社于 2018 年出版。

南京大学金莹副教授、薛淑斌高级工程师和谭亦峰工程师参加了本书的策划、调研、收集资料、研讨以及编写部分程序的工作。

由于作者水平有限，本书肯定会有不少缺点和不足，热切期望得到专家和读者的批评和指正。

谭浩强谨识

2018 年 3 月

于清华园

目录

第1章 程序设计和C语言 ... 1
1.1 计算机与程序、程序设计语言 ... 1
1.2 C语言的特点 ... 2
1.3 简单的C语言程序 ... 3
1.4 C语言程序的结构 ... 6
1.5 运行C程序的步骤与方法 ... 8
1.6 程序设计的任务 ... 10
1.7 算法——程序的灵魂 ... 11
1.7.1 程序是什么 ... 11
1.7.2 什么是算法 ... 12
1.7.3 怎样表示一个算法 ... 13
1.8 结构化程序设计方法 ... 19
1.9 学习程序设计,培养科学思维 ... 21
本章小结 ... 23
习题 ... 23

第2章 最简单的C程序设计——顺序程序设计 ... 25
2.1 顺序程序设计举例 ... 25
2.2 数据的类型及存储形式 ... 29
2.2.1 C语言的数据类型 ... 29
2.2.2 数据的表现形式——常量和变量 ... 29
2.2.3 整型数据 ... 31
2.2.4 字符型数据 ... 36
2.2.5 浮点型数据 ... 41
2.3 用表达式进行数据的运算 ... 43
2.3.1 C表达式 ... 43
2.3.2 C运算符 ... 44
2.3.3 运算符的优先级与结合性 ... 46

　　　　2.3.4　不同类型数据间的混合运算 ………………………………………… 46
　　　　*2.3.5　强制类型转换 ………………………………………………………… 47
　　2.4　最常用的 C 语句——赋值语句 ……………………………………………… 48
　　　　2.4.1　C 语句综述 …………………………………………………………… 48
　　　　2.4.2　赋值表达式 …………………………………………………………… 50
　　　　2.4.3　赋值语句 ……………………………………………………………… 53
　　2.5　数据的输入输出 ………………………………………………………………… 56
　　　　2.5.1　C 语言中输入输出的概念 …………………………………………… 56
　　　　2.5.2　用 printf 函数输出数据 ……………………………………………… 57
　　　　2.5.3　用 scanf 函数输入数据 ……………………………………………… 62
　　　　2.5.4　字符数据的输入输出 ………………………………………………… 65
　本章小结 ……………………………………………………………………………………… 67
　习题 …………………………………………………………………………………………… 68

第 3 章　选择结构程序设计 …………………………………………………………… 71

　　3.1　简单的选择结构程序 …………………………………………………………… 71
　　3.2　选择结构中的关系运算 ………………………………………………………… 73
　　　　3.2.1　关系运算符及其优先次序 …………………………………………… 73
　　　　3.2.2　关系表达式 …………………………………………………………… 73
　　3.3　选择结构中的逻辑运算 ………………………………………………………… 74
　　　　3.3.1　逻辑运算符及其优先次序 …………………………………………… 75
　　　　3.3.2　逻辑表达式 …………………………………………………………… 76
　　3.4　用 if 语句实现选择结构 ………………………………………………………… 78
　　　　3.4.1　if 语句的三种形式 …………………………………………………… 78
　　　　3.4.2　if 语句的嵌套 ………………………………………………………… 80
　　3.5　用条件表达式实现选择结构 …………………………………………………… 83
　　3.6　利用 switch 语句实现多分支选择结构 ……………………………………… 86
　　3.7　选择结构程序综合举例 ………………………………………………………… 88
　本章小结 ……………………………………………………………………………………… 94
　习题 …………………………………………………………………………………………… 94

第 4 章　循环结构程序设计 …………………………………………………………… 96

　　4.1　程序需要循环 …………………………………………………………………… 96
　　4.2　用 while 语句和 do…while 语句实现循环 …………………………………… 96
　　　　4.2.1　用 while 语句实现循环 ……………………………………………… 96
　　　　4.2.2　用 do…while 语句实现循环 ………………………………………… 98
　　　　4.2.3　while 循环和 do…while 循环的比较 ……………………………… 99
　　　　4.2.4　递推与迭代 …………………………………………………………… 101
　　4.3　用 for 语句实现循环 …………………………………………………………… 104

	4.3.1　for 语句的执行过程	104
	4.3.2　for 语句的各种形式	106
	4.3.3　for 循环应用举例	108
4.4	循环的嵌套	110
4.5	用 break 语句和 continue 语句改变循环状态	110
	4.5.1　用 break 语句提前退出循环	110
	4.5.2　用 continue 语句提前结束本次循环	111
4.6	几种循环的比较	113
4.7	循环程序举例	113
	本章小结	116
	习题	117

第 5 章　利用数组处理批量数据 …… 119

5.1	数组的作用	119
5.2	怎样定义和引用一维数组	120
	5.2.1　怎样定义一维数组	120
	5.2.2　怎样引用一维数组元素	120
	5.2.3　一维数组的初始化	121
	5.2.4　利用一维数组的典型算法——递推与排序	122
5.3	怎样定义和引用二维数组	125
	5.3.1　怎样定义二维数组	125
	5.3.2　怎样引用二维数组的元素	126
	5.3.3　二维数组程序举例	126
	5.3.4　二维数组的初始化	129
5.4	利用字符数组处理字符串数据	130
	5.4.1　怎样定义字符数组	130
	5.4.2　字符数组的初始化	131
	5.4.3　引用字符数组的元素	132
	5.4.4　字符串和字符串结束标志	133
	5.4.5　字符数组的输入输出方法	135
	5.4.6　有关字符处理的算法	136
	5.4.7　利用字符串处理函数	139
	本章小结	142
	习题	143

第 6 章　利用函数进行模块化程序设计 …… 145

6.1	为什么要使用函数	145
	6.1.1　函数是什么	145
	6.1.2　程序和函数	146

6.2 怎样定义函数 ··· 147
    6.2.1 为什么要定义函数 ··· 147
    6.2.2 怎样定义无参函数 ··· 148
    6.2.3 怎样定义有参函数 ··· 148
6.3 函数参数和函数的值 ··· 149
    6.3.1 形式参数和实际参数 ·· 149
    6.3.2 函数的返回值 ·· 150
6.4 函数的调用 ·· 151
    6.4.1 函数调用的一般形式 ·· 151
    6.4.2 调用函数的方式 ·· 152
    6.4.3 对被调用函数的声明和函数原型 ································· 152
6.5 函数的嵌套调用 ·· 155
6.6 函数的递归调用 ·· 157
    6.6.1 什么是函数的递归调用 ··· 157
    6.6.2 递归算法分析 ·· 157
    6.6.3 用递归函数实现递归算法 ·· 160
6.7 数组作为函数参数 ··· 164
6.8 函数应用举例——编写排序程序 ··· 168
6.9 变量的作用域和生存期 ··· 171
    6.9.1 局部变量 ··· 171
    6.9.2 全局变量 ··· 171
    *6.9.3 变量的存储方式和生存期 ·· 172
    6.9.4 作用域与生存期小结 ··· 176
6.10 关于变量的声明和定义 ··· 178
本章小结 ··· 179
习题 ··· 180

第7章 善于使用指针 ··· 182

7.1 什么是指针 ·· 182
7.2 变量的指针和指向变量的指针变量 ····································· 184
    7.2.1 怎样定义指针变量 ··· 184
    7.2.2 怎样引用指针变量 ··· 187
    7.2.3 指针变量作为函数参数 ··· 189
7.3 通过指针引用数组 ··· 194
    7.3.1 数组元素的指针 ·· 194
    7.3.2 指针的运算 ·· 195
    7.3.3 通过指针引用数组元素 ··· 196
    7.3.4 用数组名作函数参数 ·· 200
7.4 通过指针引用字符串 ··· 206

7.4.1　引用字符串的方法 ·· 206
　　　7.4.2　字符指针作函数参数 ·· 209
　　　7.4.3　对使用字符指针变量和字符数组的归纳 ················ 212
　本章小结 ·· 215
　习题 ·· 219

第8章　根据需要创建数据类型 ·· 221

　8.1　定义和引用结构体变量 ·· 221
　　　8.1.1　怎样创建结构体类型 ·· 221
　　　8.1.2　怎样定义结构体类型变量 ···································· 223
　　　8.1.3　引用结构体变量 ·· 225
　8.2　使用结构体数组 ·· 228
　　　8.2.1　定义结构体数组 ·· 228
　　　8.2.2　结构体数组应用举例 ·· 230
　8.3　结构体指针 ·· 231
　　　8.3.1　指向结构体变量的指针 ·· 231
　　　*8.3.2　指向结构体数组的指针 ······································ 233
　　　*8.3.3　用结构体变量和结构体变量的指针作函数参数 ··· 234
　*8.4　用指针处理链表 ·· 237
　　　8.4.1　什么是链表 ·· 237
　　　8.4.2　建立简单的静态链表 ·· 239
　　　8.4.3　建立动态链表 ·· 240
　　　8.4.4　输出链表 ·· 243
　8.5　使用枚举类型 ·· 246
　　　8.5.1　什么是枚举和枚举变量 ·· 246
　　　8.5.2　枚举型数据应用举例 ·· 247
　本章小结 ·· 250
　习题 ·· 251

第9章　利用文件保存数据 ·· 252

　9.1　C文件的有关概念 ·· 252
　　　9.1.1　什么是文件 ·· 252
　　　9.1.2　文件名 ·· 253
　　　9.1.3　文件的分类 ·· 253
　　　9.1.4　文件缓冲区 ·· 254
　　　9.1.5　文件类型指针 ·· 254
　　　9.1.6　文件位置标记 ·· 255
　9.2　文件的打开与关闭 ·· 256
　　　9.2.1　用fopen函数打开文件 ·· 256

9.2.2 用 fclose 函数关闭文件 ·········· 257
9.3 文件的顺序读写 ················ 258
9.3.1 向文件读写一个字符 ············ 258
9.3.2 向文件读写一个字符串 ··········· 260
*9.3.3 对文件进行格式化读写 ··········· 263
*9.3.4 按二进制方式对文件进行读写 ········ 264
*9.4 文件的随机读写 ················ 264
9.4.1 文件位置标记的定位 ············ 264
9.4.2 对文件进行随机读写 ············ 266
本章小结 ···················· 267
习题 ······················ 269

附录 A 常用字符与 ASCII 代码对照表 ········ 270

附录 B C 语言中的关键字 ············ 271

附录 C 运算符和结合性 ············· 272

附录 D C 语言常用语法提要 ··········· 275

附录 E C 库函数 ················ 280

参考文献 ···················· 287

第1章 程序设计和 C 语言

1.1 计算机与程序、程序设计语言

自 1946 年出现第一台电子计算机以来，计算机改变了世界，改变了人类生活。但是计算机并不是天生"自动"工作的，它是由程序控制的。要让计算机按照人们的意愿工作，必须由人们事先编制好程序，输入计算机，执行程序才能使计算机产生相应的操作。

人和计算机怎么沟通呢？计算机并不懂得人类的语言，它只能识别二进制的信息。在计算机产生的初期，人们为了让计算机工作，必须编写出由 0 和 1 所组成的一系列的指令，通过它指挥计算机工作。在研制计算机时，要事先设计好该型号计算机的指令系统，规定好：一条由若干位 0 和 1 组成的指令使计算机产生哪种操作。一个型号机器语言的指令的集合称为该计算机的**机器语言**。机器语言是紧密依赖于计算机硬件的，不同型号计算机的机器语言是不相同的。用机器语言写程序难学、难记、难写、难修改、难维护，而且在不同计算机之间互不通用，给计算机的推广应用造成很大困难。

后来，人们采用了**汇编语言**，它用一些特定的"助记符号"代替 0 和 1 来表示指令，如"ADD A,B"就是一条执行加法的指令。用汇编语言编写程序与用机器语言编写程序的步骤相似，它们的指令是一一对应的。由于机器语言和汇编语言都依赖于具体机器，即在底层进行控制，所以被称为"**低级语言**"。用低级语言编写程序很不直观，烦琐枯燥，工作量大，无通用性。

20 世纪 50 年代出现了用于程序设计的"**高级语言**"，它比较接近于人们习惯使用的自然语言(英文)和数学语言，如用 read 表示从输入设备"读"数据，write 表示向输出设备"写"数据，用 sin(a)表示 a 的正弦函数值。用高级语言编写程序直观易学，易理解，易修改，易维护，易推广，通用性强(不同型号计算机之间通用)。从 1954 年出现第一个高级语言 FORTRAN 以来，全世界先后出现了几千种高级语言，每种高级语言都有其特定的用途。其中应用比较广泛的通用语言有 100 多种，影响较大的有：FORTRAN 和 ALGOL(适合数值计算)、BASIC 和 QBASIC(适合初学者的小型会话语言)、COBOL(适合商业管理)、Pascal(适合教学的结构程序设计语言)、PL/1(大型通用语言)、LISP 和 PROLOG(人工智能语言)、C(系统描述语言)、C++(支持面向对象程序设计的大型语言)、Visual Basic

(支持面向对象程序设计的小型语言)、Java(适于网络的语言)等。

显然,用高级语言编写的程序,计算机是不能直接识别和执行的(计算机只能直接识别二进制的指令),必须事先把用高级语言编写的程序(称为**源程序**,source program)翻译成机器语言程序(称为**目标程序**,object program)。这个"翻译"工作是由称为"**编译系统**"的软件来实现的。

高级语言的出现被认为是计算机发展史上"惊人的成就",它为计算机的推广普及提供了极大的方便。

1.2　C 语言的特点

一种语言之所以能存在和发展,并具有较强的生命力,总是有其不同于(或优于)其他语言的特点。C 语言的主要特点如下。

(1) 语言简洁、紧凑,使用方便、灵活。

C 语言一共有 37 个关键字(见附录 B)、9 种控制语句,程序书写形式自由,主要用小写字母表示,压缩了一切不必要的成分。C 语言程序比其他许多高级语言简练,源程序短,因此输入程序时工作量少。

(2) 运算符丰富。

C 语言的运算符包含的范围很广泛,共有 34 种运算符(见附录 C)。C 语言把括号、赋值、强制类型转换等都作为运算符处理,从而使 C 语言的运算类型极其丰富,表达式类型多样化。灵活使用各种运算符可以实现在其他高级语言中难以实现的运算。

(3) 数据类型丰富。

C 语言提供的数据类型有:整型、浮点型(实型)、字符型、数组类型、指针类型、结构体类型、共用体类型等,能用来实现各种复杂的数据结构(如链表、树、栈等)的运算。尤其是指针类型数据,使用十分灵活和多样化,使程序效率更高。

(4) C 语言是完全模块化和结构化的语言。

具有结构化的控制语句(如 if…else 语句、while 语句、do…while 语句、switch 语句、for 语句)。用函数作为程序的模块单位,便于实现程序的模块化。

(5) 语法限制不太严格,程序设计自由度大。

一般的高级语言语法检查比较严,能检查出几乎所有的语法错误,而 C 语言允许程序编写者有较大的自由度,因此放宽了语法检查。例如,对数组下标越界不做检查;对变量的类型使用比较灵活(整型量与字符型数据以及逻辑型数据可以通用)。程序员应当仔细检查程序,保证其正确,而不能过分依赖 C 语言编译程序去查错。"限制"与"灵活"是一对矛盾。限制严格,就失去灵活性;而强调灵活,就必然放松限制。一个不熟练的编程人员,编一个正确的 C 语言程序可能会比编一个其他高级语言程序难一些。也就是说,对用 C 语言的人,要求对程序设计更熟练一些。

(6) C 语言允许直接访问物理地址,允许进行位(bit)操作。

可以实现汇编语言的大部分功能。因此 C 语言既具有高级语言的功能,又具有低级语言的许多功能;既可用来编写系统软件,又可用来编写应用软件。

(7) 生成目标代码质量高,程序执行效率高。

C语言程序比其他高级语言执行效率高,它只比汇编程序生成的目标代码效率低10%~20%。

(8) 用C语言编写的程序可移植性好。

用C语言编写的程序基本上不做修改就能用于各种型号的计算机和各种操作系统,因此,几乎在所有的计算机系统中都可以使用C语言。

C语言以上这些优点使其应用面很广,C语言成了学习和使用人数最多的一种计算机语言,熟练掌握C语言成为计算机开发人员的一项基本功。

1.3 简单的C语言程序

下面先介绍几个简单的C语言程序,然后从中分析C语言程序的特点。

【例1.1】 在屏幕上显示出一行信息:"Hello World!"。

解题思路: 利用C系统提供的printf输出函数直接输出这几个字符。

编写程序:

```
#include <stdio.h>
int main ()
{
    printf("Hello World!\n");
    return 0;
}
```

运行结果:

```
Hello World!
Press any key to continue
```

以上运行结果是在Visual C++ 6.0环境下运行程序时屏幕上得到的显示。其中第1行"Hello World!"是程序运行后输出的结果,第2行"Press any key to continue"是Visual C++ 6.0系统在输出完运行结果后自动输出的一行信息,告诉用户"如果想继续进行下一步,请按任意键"。当用户按任意键后,屏幕上不再显示运行结果,而是返回程序窗口,以便进行下一步工作(如修改程序)。为节省篇幅,本书在以后显示运行结果时,不再包括此"Press any key to continue"行。

程序分析: 这个程序往往被称为"Hello World 程序",是最简单的、初学者接触到的第一个C程序。

先看程序的第2行,其中main是C语言程序中"主函数"的名字。main前面的"int"是整数(integer)的缩写,它是一个类型符,"int main()"表示main函数属于"整数类型"。在执行main函数后,会产生一个函数值,它是一个整数。第5行"return 0;"的作用是:如果此程序正常运行,在结束前将整数0作为main函数的值,如果main函数执行出现异常,程序就会中断,不执行"return 0;",此时函数值是一个非零的整数[1]。

每一个 C 语言程序都必须有一个 main 函数。每一个函数要有函数名,也要有函数体(即函数的实体)。函数体由一对花括号{ }括起来。本例中主函数内除了"return 0;"外只有一行:"printf("Hello world!\n");"。printf 是 C 编译系统提供的标准函数库中的**输出函数**(详见第 2 章)。执行该行时,printf 后面的圆括号中双撇号内的字符串按原样输出。"\n"是换行符,显示屏上的光标位置移到下一行的开头。这个光标位置称为输出的**当前位置**,即下一个输出的字符出现在此位置上。因此输出"Hello World!",然后执行回车换行。

printf 是 C 系统提供的标准函数库中的输出函数。在程序进行编译时,编译系统不能直接识别和执行 printf 函数,因为它不是 C 标准规定的语句,因此必须向系统声明:下面将要用到的 printf 是标准函数库中的函数。程序第 1 行中的"stdio.h"的作用就是用来提供有关信息的,stdio.h 是系统提供的一个文件名,stdio 是"standard input & output"的缩写,文件中的内容是有关标准输入输出函数的信息。文件扩展名".h"表示此文件的性质是**头文件**(header file),因为这些文件都是放在程序各文件模块的开头的。输入输出函数的相关信息事先放在 stdio.h 文件中。用#include 指令把 stdio.h 文件的内容(例如对这些输入输出函数的声明和宏的定义、全局量的定义等)包括到程序中,这样在程序编译时,C 系统才能从标准库中找到并调用它。在开始学习编程时对此可暂不深究,以后会有详细的介绍。在此只须记住:在程序中如果用到系统提供的标准函数库中的输入函数或输出函数时,应在程序的开头写这样一行:

```
#include <stdio.h>
```

【例1.2】 求 3 个整数之和。

解题思路:设置 3 个变量 a,b,c,用来存放 3 个整数,sum 用来存放和数。用赋值运算符"="把相加的结果传送给 sum。

编写程序:

```
#include <stdio.h>
int main ()                              //求 3 个整数之和
{
    int a,b,c,sum;                       //定义变量 a,b,c,sum 为整型变量
    a=123;                               //以下 3 行是对 3 个变量赋值
    b=456;
    c=-43;
    sum=a+b+c;                           //求 3 个变量的值之和,放在变量 sum 中
    printf ("sum is %d\n", sum);         //输出 sum 的值
    return 0;                            //使 main 函数值为 0
}
```

---

[1] main 函数的值是返回给调用 main 函数的操作系统的。操作人员可以利用操作命令检查 main 函数的返回值,从而判断 main 函数是否已正常执行,并据此作出相应的后继操作。有的 C 编译系统允许在 main 函数的末尾不写"return 0;",编译系统会自动加上此语句,也能得到正确的结果。为了程序的规范化和通用性,建议养成良好的习惯:在函数名 main 前面加类型符"int",同时在执行完所有的语句后加"return 0;"。

运行结果：

sum is 536

🔍 **程序分析**：本程序的作用是求3个整数a,b,c之和sum。第4行的作用是指定变量a,b,c和sum是整型变量，int是integer的缩写，表示"整数"。第5～7行是3个赋值语句，把3个整数分别赋予3个整型变量a,b,c。第8行执行a+b+c的运算，然后把a+b+c的结果赋予变量sum。第9行是输出语句，双撇号中的"%d"是输入输出的"格式声明"，用来向编译系统声明（即指定）输入输出时的数据类型和格式（详见第2章2.5.2节）。"%d"表示输入输出时用"十进制整数"形式表示（"%d"中的"%"是指定数据格式时必须写的符号，其后的"d"代表decimal）。在执行输出时，双撇号中的字符"sum is "按原样输出，而在格式声明中的"%d"的位置上代以一个十进制整数值。括号中逗号右面的sum是要输出的变量，现在sum的值为536(123,456,-43之和)，在输出结果时它应代替"%d"，出现在"%d"原来的位置上，见图1.1。
"\n"是换行符，实现回车换行。

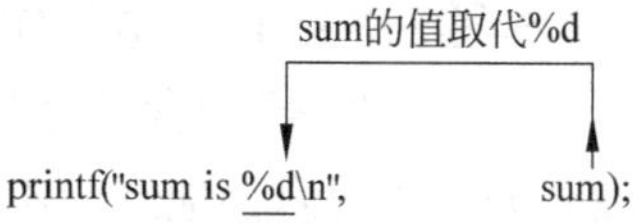

程序各行右侧的"//"表示其右的内容是**注释**部分。注释只是给人看的，对编译和运行不起作用，也就是说，注释部分不影响程序运行的结果。注释可以出现在一行中的最右侧，也可以单独成为一行，可以根据需要写在程序中的任何一行的右侧。如果注释内容多，一行容纳不下，可以连续用几个注释行，如：

//如果一行写不下，
//可以在下一行接着写

图 1.1

【例1.3】 输入两个学生的年龄，要求输出其中较大的年龄。

解题思路：从键盘输入两个年龄，用一个函数来实现求两个整数中的较大者。在主函数中调用此函数并输出结果。

编写程序：

```
#include <stdio.h>
int main ()                              //主函数
{   int max(int age_1,int age_2);        //对被调用函数max的声明
    int age_1,age_2,age_max;             //定义整型变量age_1,age_2,age_max
    scanf ("%d,%d",&age_1,&age_2);       //从键盘输入变量age_1和age_2的值
    age_max = max (age_1,age_2);         //调用max函数，将得到的值赋给age_max
    printf ("Max is %d\n",age_max);      //输出age_max的值
    return 0;
}
//下面是求两个整数中的大者的函数
int max(int x,int y)                     //定义max函数，函数值为整型，形式参数x,y为整型
{   int z;                               //定义本函数中用到的变量z为整型
    if (x>y) z=x;                        //如果x>y,则将x的值赋给变量z
    else z=y;                            //否则，将y的值赋给变量z
    return (z);                          //将z的值返回到主函数中调用函数的位置
}
```

运行结果：

```
18,21↙
Max is 21
```

程序分析：本程序包括两个函数：主函数 main 和被调用的函数 max。max 函数的作用是将 x 和 y 中的大者的值赋给变量 z。return 语句将 z 的值返回给主调函数 main。返回值是通过函数名 max 带回到 main 函数中的调用 max 函数的位置。程序第 3 行是在主函数中对被调用函数 max 的声明。由于在主函数中要调用 max 函数，而 max 函数的定义却在 main 函数之后，为了使编译系统能够正确识别和调用 max 函数，必须在调用 max 函数之前对 max 函数进行声明，以通知编译系统"在 main 函数中，max 是一个函数名"。有关函数的声明以后会详细介绍，在此只要初步了解即可。

main 函数中的 scanf 是"输入函数"的名字(scanf 和 printf 都是 C 的标准输入输出函数)。本程序中 scanf 函数的作用是在程序运行时由用户输入 age_1 和 age_2 的值。&age_1 和 &age_2 中的"&"的含义是"取变量的地址"。&age_1 是变量 age_1 的内存地址，&age_2 是变量 age_2 的内存地址。本例中 scanf 函数的作用是：将用户输入的两个数值分别送到 age_1 和 age_2 的地址所标识的单元中，也就是输入给变量 age_1 和 age_2。scanf 函数中双撇号括起来的"%d,%d"的含义与前相同，只是现在用于"输入"。它指定用户应当按十进制整数形式输入 a 和 b 的值。注意：本例中的输入格式字符串是"%d,%d"，在两个"%d"之间有一个逗号。输入数据的格式应与此一致，如"18,21"，如果输入"18 21"就会出错(两个数据间无逗号)。

在程序第 6 行中调用 max 函数，在调用时将实际参数 age_1 和 age_2 的值分别传送给 max 函数中的参数 x 和 y (称为形式参数)。经过执行 max 函数得到一个返回值(即 max 函数中变量 z 的值)，这个值返回到调用 max 函数的位置，即程序第 6 行"="的右侧，代替了原来的 max(a,b)，然后把这个值赋给变量 age_max。第 7 行输出变量 age_max 的值。在执行 printf 函数时，对双撇号括起来的"max is %d\n"是这样处理的：①将"max is"原样输出；②"%d"由 age_max 的值取代；③"\n"是回车换行。

为了在分析运行情况时便于区别输入和输出的信息，本书对输入的信息加了下画线，如上面运行情况的第 1 行表示：从键盘输入 18 和 21，用"↙"表示按 Enter 键(回车)。运行结果中的第 2 行是从计算机输出的信息，显示在屏幕上。

本例用到了函数调用、实际参数和形式参数等概念，在此只做了很简单的解释。读者如对此不大理解，可以先不予以深究，在学到以后有关章节时问题自然迎刃而解。在此介绍此例子，无非是使读者对 C 程序的组成和形式有一个初步的了解。

1.4 C 语言程序的结构

通过以上几个例子，可以看到一个 C 语言程序的结构和特点：

(1) C 语言程序主要是由函数构成的，函数是 C 语言程序的基本单位。一个 C 语言源程序必须有一个 main 函数,可以包含一个 main 函数和若干个其他函数①。主函数可以调用其他函数,其他函数之间可以互相调用,但其他函数不能调用主函数。被调用的函数可以是系统提供的库函数(例如 printf 和 scanf 函数),也可以是用户根据需要自己编制设计的函数(例如,例 1.3 中的 max 函数)。C 语言的函数相当于其他语言中的子程序。用函数来实现特定的功能。程序全部工作都是由各个函数分别完成的。编写 C 语言程序就是编写一个个的函数。

C 语言的函数库十分丰富,ANSI C 标准编译系统应当至少包括 100 多个库函数,不同的 C 语言编译系统提供的库函数一般都多于 ANSI C 建议的数量,如 Turbo C 提供 300 多个库函数。

C 语言的这种特点使其容易实现程序的模块化。

(2) 一个函数由两部分组成:

① **函数首部**。即函数的第 1 行,包括:函数名、函数类型、函数参数(形式参数)名和参数类型。

例如,例 1.3 中的 max 函数的首部为

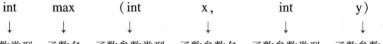

一个函数名后面必须跟一对圆括号,括号内写函数的参数名及其类型。函数可以没有参数,如:

```
int main()
```

② **函数体**。即函数首部下面的花括号内的部分。如果一个函数内有多个花括号,以最外层的一对花括号为函数体的范围。函数体一般包括以下两部分:

声明部分。在这部分中包括对有关的变量和函数进行声明(declare),将有关的信息告诉编译系统。例如例 1.2 程序中第 4 行"int a,b,c,sum;"的作用是告诉编译系统"本函数中用到的变量 a,b,c,sum 是整型变量"。这样,编译系统就会对这些变量按整型数据进行存储。例 1.3 程序 main 函数中"int age_1,age_2,age_max;"的作用类似。以上是对变量的声明。例 1.3 程序的"int max(int x,int y);"是对 max 函数的声明。声明部分是由若干声明行组成的,它们不是 C 语句,只在程序编译时起作用,影响数据存储,而不会生成目标代码,在程序运行期间不产生任何操作。

执行部分。由若干个语句组成。C 语句是可执行语句,经编译生成目标代码,在程序

---

① 在本章举的例子是比较简单的,一个程序只包括一个函数或两个函数。对于比较简单的程序,往往把程序中所有的函数、预处理指令(如#include 指令)和全局声明(写在函数外部的数据声明或函数声明,详见第 6 章)作为一个源程序文件(如 c1-1.c)存放在磁盘中。这时,一个 C 程序只包括一个源程序文件,本章中大多数例题程序(包括本节的 3 个例题)都属于此情况。而比较复杂的程序,包含的函数较多,程序的规模较大,如果都放在一个文件中,不易管理和检查,调试也不方便,因此把它分别放在多个文件中(通常把实现一个功能的有关函数放在一个文件中)。一个文件又称为文件模块。这样,一个 C 语言源程序就包含多个文件模块。在编译时分别对每一个文件模块进行编译(这样易于检查和修改),分别得到多个目标文件(obj 文件),再把多个目标文件有机连接(link)在一起,生成可执行的二进制文件。

运行期间执行相应的操作。

当然,在某些情况下也可以没有声明部分(例如例 1.1),甚至可以既无声明部分也无执行部分。如:

```
void dump ()           //void 是空的意思,表示 dump 函数无类型,即函数没有函数值
{ }
```

它是一个空函数,什么也不做,但这是合法的。

(3) **一个 C 语言程序总是从 main 函数开始执行的**,而不论 main 函数在整个程序中的位置如何(main 函数可以放在程序最前头,也可以放在程序最后,或在一些函数之前,或在另一些函数之后)。

(4) **C 语言程序书写格式自由**,一行内可以写几个语句,一个语句可以分写在多行上。

(5) **每个语句和数据声明的最后必须有一个分号**。分号是 C 语句的必要组成部分。例如:

```
c = a + b;
```

分号是不可缺少的。即使是程序中最后一个语句也应包含分号,见以上各例。

(6) **C 语言本身没有输入输出语句**。输入和输出的操作是由库函数 scanf 和 printf 等函数来完成的。C 语言对输入输出实行"函数化"的方式。由于输入输出操作牵涉具体的计算机设备,把输入输出操作放在函数中处理,就可以使 C 语言本身的规模较小,编译程序简单,很容易在各种机器上实现,程序具有可移植性。

(7) **可以用"//"对程序作注释**。注释(remark)用来对程序的某一行或程序段(包含若干行)的作用作解释或说明。注释不被编译,不生成目标程序,不影响程序运行结果。一个好的、有使用价值的源程序都应当加上必要的注释,以增加程序的可读性。

1.5 运行 C 程序的步骤与方法

在第 1.4 节中看到的程序是用 C 语言写的源程序。如前所述,计算机是不能直接识别和执行用高级语言写的指令的。为了使计算机能执行高级语言源程序,必须先用一种称为"编译程序"的软件,把源程序翻译成二进制形式的"**目标程序**"(object program),然后再将该目标程序与系统的函数库以及其他目标程序连接起来,形成**可执行的目标程序**。

在编好一个 C 语言源程序后,怎样上机运行呢? 一般要经过以下几个步骤:

(1) **上机输入和编辑源程序**。先进入 C 语言编译系统(一般是集成环境 IDE,如 Visual C++ 6.0)。建立一个文件,文件名自己指定,扩展名为".c"(如 test.c 或 f.c)。通过键盘向此文件输入程序,并且认真检查有无错误,如发现有错误,要及时改正。这一工作称为"对源程序的编辑"。完成编辑后,将此源程序存放在自己指定的文件夹内(如果自己不专门指定,系统一般会自动把它存放在用户当前目录下)。

(2) **对源程序进行编译**。先用 C 语言编译系统提供的"预处理器"(又称"预处理程

序"或"预编译器")对程序中的预处理指令进行编译预处理。例如对于"#include <stdio.h>"指令来说,就是将 stdio.h 头文件的内容读进来,取代#include < stdio.h >行。由预处理得到的信息与程序其他部分一起,组成一个完整的、可以用来进行正式编译的源程序,然后由编译系统对该源程序进行编译。

编译的作用首先是对源程序进行检查,判定它有无语法方面的错误,如有,则发出"出错信息",告诉编程人员认真检查改正。在修改程序后重新进行编译,如还有错,再发出"出错信息"。如此反复进行,直到没有语法错误为止。此时,编译程序把源程序转换为二进制形式的目标程序(在 Visual C++中文件扩展名为.obj,如 test.obj 或 f.obj 等)。如果不特别指定,此目标程序一般也存放在用户当前目录下。此时源文件仍然存在,不会自动消失。

在用编译系统对源程序进行编译,包括了预编译和正式编译两个阶段,一气呵成。用户不必分别发出二次指令。

(3) **进行连接处理**。经过编译所得到的二进制目标文件(扩展名为.obj)还不能供计算机直接执行。前已说明:一个程序可能包含若干个源程序文件,而编译是以源程序文件为对象的,一次编译只能得到与一个源程序文件相对应的目标文件(也称目标模块),它只是整个程序的一部分。必须把所有编译后得到的目标模块连接装配起来,再与函数库等系统资源相连接成一个整体,生成一个可供计算机执行的目标程序,称为**可执行程序**(executive program),其文件扩展名一般为.exe,如 test.exe 或 f.exe 等。

即使一个程序只包含一个源程序文件,编译后得到的目标程序也不能直接运行,也要经过连接阶段,因为要与函数库进行连接,才能生成可执行程序。

以上连接的工作是由一个称为"**连接编辑程序**(linkage editor)"的软件来实现的。

(4) **运行可执行程序,得到运行结果**。以上过程如图 1.2 所示。其中,实线表示操作流程,虚线表示文件的输入输出。例如,编辑后得到一个源程序文件 f.c,然后在进行编译时再将源程序文件 f.c 输入,经过编译得到目标程序文件 f.obj,再将所有目标模块输入计算机,与系统提供的库函数等进行连接,得到可执行的目标程序 f.exe,最后把 f.exe 输入计算机,并使之运行,得到结果。

一个程序从编写到运行成功,并不是一次成功的,往往要经过多次反复的操作。编写好的程序并不一定能保证它正确无误,除了用人工方式检查有无错误外,还需借助编译系统来检查有无语法错误。从图 1.2 中可以看到:如果在编译过程发现错误,应当重新检查源程序,找出问题,修改源程序,并重新编译,直到无错为止。有时编译过程未发现错误,能生成可执行程序,但是运行的结果不正确。一般情况下,这不是语法方面

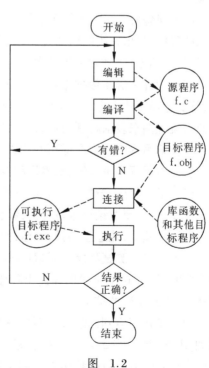

图 1.2

的错误，而可能是程序逻辑方面的错误，例如计算公式不正确、赋值不正确等，应当返回检查源程序，并改正错误。

为了编译、连接和运行 C 程序，必须要有相应的编译系统。目前使用的大多是集成环境(IDE)的。Visual C++是在微机上使用较广泛的集成环境，它把程序的编辑、编译、连接和运行等操作全部集中在一个界面上进行，功能丰富，使用方便，直观易用。除了常用的 Visual C++外，如果用 Windows 7 以上版本的操作系统，可以用 Visual Studio 2010 来对 C 程序进行编译和运行。由于 C++与 C 基本上是兼容的，因此用 Visual C++既可以对 C++程序进行编译，也可以对 C 程序进行编译。熟悉它以后也有利于今后进一步学习 C++语言。本书的配套教材《C 程序设计教程(第 3 版)学习辅导》介绍了怎样使用 Visual C++ 6.0 和 Visual Studio 2010 对 C 程序进行编辑、编译和运行。请读者参照它上机运行本章中介绍的 3 个 C 程序，初步掌握上机的方法。

学会使用一种编译系统之后，在需要时学习和使用其他编译系统是不困难的。

1.6 程序设计的任务

如果只是编写和运行一个很简单的程序，上面介绍的步骤就够了。但是实际上要处理的问题比上面见到的例子复杂得多，需要考虑和处理的问题也复杂得多。程序设计是指从确定任务到得到结果、写出文档的全过程。

对于有一定规模的应用程序，从确定问题到最后完成任务，一般经历以下几个工作阶段：

(1) **问题分析**。对于接手的任务要进行认真的分析，研究所给定的条件，分析最后应达到的目标，找出解决问题的规律，选择解题的方法。在这过程中可以忽略一些次要的因素，使问题抽象化，例如用数学式子表示问题的内在特性。这就是**建立模型**。

(2) **设计算法和数据结构**。要设计出解题的方法和具体步骤。例如要解一个方程式，就要选择用什么方法去求解，并且把求解的每一个步骤清晰无误地写出来。可以用伪代码或流程图来表示解题的步骤。此外，要决定所用到的数据的类型和属性。

(3) **编写程序**。根据得到的算法，用一种高级语言编写出源程序。

(4) **对源程序进行编辑**、**编译和连接**，得到可执行程序。

(5) **运行程序**，**分析结果**。运行可执行程序，得到运行结果。能得到运行结果并不意味着程序正确，要对结果进行分析，看它是否合理。例如把"b=a;"错写为"a=b;"，程序不存在语法错误，能通过编译，但运行结果显然与预期不符，需要对程序进行调试。

(6) **调试和测试程序**。**调试**(debug)的含义是发现和排除程序中的故障。bug 的原意是"虫子"，调试就是发现和抓出程序中隐藏的虫子。经过反复调试，会发现和排除一些故障，得到正确的结果。

但是工作不应到此结束。不要只看到某一次结果是正确的，就认为程序没有问题。例如，求 c=b/a，当 a=4,b=2 时，求出 c 的值为 0.5，是正确的，但是当 a=0,b=2 时，就无法求出 c 的值。说明程序对某些数据能得到正确结果，对另外一些数据却得不到正确结果,程序还有漏洞,因此,还要对程序进行**测试**(test)。所谓测试,就是要设计出多组测试数据,检查程序对不同数据的运行情况,从中尽量发现程序中存在的漏洞,并修改程序,使之能适用于各种情况。作为商品提供使用的程序,是必须经过严格的测试的。

(7)**编写程序文档**。应用程序是提供给别人使用的,如同正式的产品应当提供产品说明书一样,正式提供给用户使用的程序,必须同时向用户提供程序说明书(也称为用户文档),内容应包括:程序名称、程序功能、运行环境、程序的装入和启动、需要输入的数据,以及使用注意事项等。

程序文档是软件的一个重要组成部分,**软件是计算机程序和程序文档的总称**。现在的商品软件光盘中,既包括程序,也包括程序使用说明,有的则在软件中以"帮助"(help)或 readme 形式提供。

1.7 算法——程序的灵魂

1.7.1 程序是什么

通过前面的学习,我们已经了解 C 语言的特点,看到了简单的 C 语言程序。现在从程序的内容方面进行讨论,也就是一个程序中应该包含什么信息。或者说,为了实现解题的要求,程序应当向计算机发送什么信息。

一个程序主要包括以下两方面的信息:

(1)对**数据**的描述。在程序中要指定用到哪些数据和这些数据的类型以及数据的组织形式,这就是**数据结构**(data structure)。程序的声明部分就是提供这方面的信息。

(2)对**操作**的描述。程序中的语句就是用来通知计算机应进行什么操作的。对于面向过程的语言,在程序中应当指出计算机执行的每一步操作的内容和顺序。这就需要学会设计算法,所谓**算法**(algorithm)就是解题方法的精确描述。

编写程序,必须仔细考虑和设计数据结构和操作步骤(即算法)。图灵奖的获得者、瑞士著名计算机科学家沃思(Niklaus Wirth)提出一个著名公式:

算法 + 数据结构 = 程序

它展示出程序的本质。这个公式对于面向过程的程序设计来说,至今依然是适用的[①]。

---

① C 语言是一种**面向过程**的语言(或称过程化的语言)。在程序设计时必须考虑到程序执行过程的每一个细节。也就是说,程序执行过程的每一个步骤都是由程序设计者事先指定的。不仅要考虑"做什么",还要考虑"怎么做"。20 世纪 90 年代以前的计算机高级语言基本上都是面向过程的语言(如 BASIC,FORTRAN,COBOL,Pascal,C 等)。20 世纪 80 年代,开始提出面向对象的程序设计的思想。程序面对的是一个个"对象",只要事先设计好对象,在程序中,不必具体指定每一步是怎样执行的,只须指出"做什么",而不必指定"怎么做"。程序通过"消息"通知对象如何工作。C++,Visual Basic,Java 等语言是支持面向对象的程序设计的语言。但是,在面向对象的程序设计中也要用到过程化的方法(如 C++ 的函数中的语句仍然是面向过程的)。有关面向对象的知识可见参考文献[4]。

实际上，一个程序除了以上两个主要要素之外，还应当采用结构化程序设计方法进行程序设计，并且用某一种计算机语言表示。因此，**算法**、**数据结构**、**程序设计方法**和**语言工具**这4个方面是一个程序设计人员所应具备的知识。在设计一个程序时要综合运用这几方面的知识。在这4个方面中，算法是灵魂，数据结构是加工对象，语言是工具，编程需要采用合适的方法。

在相对简单的程序中，数据结构比较简单，因而更加突出了算法的重要。本书不是一本系统介绍算法的教材，也不是一本只介绍 C 语言语法规则的使用说明。本书将通过一些实例把以上4个方面的知识结合起来，使读者学会考虑解题的思路，并且能正确地编写出 C 语言程序。

1.7.2 什么是算法

算法是解决"做什么"和"怎么做"的问题。程序中的操作语句，就是算法的体现。显然，不了解算法就谈不上程序设计。

做任何事情都有一定的步骤，这些步骤都是按一定的顺序进行的，缺一不可，次序错了也不行。从事各种工作和活动，都必须事先想好进行的步骤，然后按部就班地进行，才能避免产生错乱。

实际上，在日常生活中，由于已养成习惯，所以人们并不意识到每件事都需要事先设计出"行动步骤"。例如吃饭、上学、打球、做作业等，事实上都是按照一定的规律进行的，只是人们不必每次都重复考虑它而已。

不要认为只有"计算"的问题才有算法。广义地说，为解决一个问题而采取的方法和步骤，就称为"算法"。例如，描述太极拳动作的图解，就是"太极拳的算法"。一首歌曲的乐谱，也可以称为该歌曲的算法，因为它指定了演奏该歌曲的每一个步骤，按照它的规定就能演奏出预定的曲子。

对同一个问题，可以有不同的解题方法和步骤。例如，求 $1+2+3+\cdots+100$，即 $\sum_{n=1}^{100} n$。有人可能先进行 $1+2$，再加3，再加4，一直加到100，而有的人采取这样的方法：$\sum_{n=1}^{100} n = 100 + (1+99) + (2+98) + \cdots + (49+51) + 50 = 100 + 49 \times 100 + 50 = 5050$，这种方法适合于心算。还可以有其他方法。当然，方法有优劣之分，有的方法只需要很少的步骤，而有些方法则需要较多的步骤。在日常生活和工作中，人们希望采用方法简单、运算步骤少的方法。所以，为了有效地处理问题，不仅需要保证算法正确，还要考虑算法的质量，选择合适的算法。有些算法在用人工处理时可能不是好的算法，例如前面提到的求 $\sum_{n=1}^{100} n$ 时逐个数累加，但在用计算机处理时，它却是常用的实用算法，因为计算机运算速度非常快，很容易实现。

本课程所关心的当然只限于计算机算法，即计算机能执行的算法。例如，让计算机算 $1 \times 2 \times 3 \times 4 \times 5$，或将100个学生的成绩按高低分数的次序排列，是可以做到的，而让计算机去执行"为我理发"或"煎一份牛排"是做不到的(至少目前只依靠计算机无法完成)。

计算机算法可分为两大类：数值算法和非数值算法。数值运算的目的是求数值解，例如求方程的根、求一个函数的定积分等，都属于数值运算范围。非数值运算包括的面十分广泛，最常见的是用于事务管理领域，例如对一批职工按姓名排序、图书检索、人事管理、行车调度管理等。目前，计算机在非数值运算方面的应用远远超过了在数值运算方面的应用。

对于程序设计人员来说，应当学会使用已有的算法，能根据需要设计所需的算法，并且按照算法编写出程序。本书不可能罗列所有算法，只是想通过一些典型算法的介绍，帮助读者了解什么是算法、怎样设计一个算法，帮助读者举一反三。希望读者通过本书介绍的例子了解怎样提出问题，怎样思考问题，怎样表示一个算法。

1.7.3 怎样表示一个算法

为了表示一个算法，可以用不同的方法。常用的方法有：自然语言、传统流程图、结构化流程图、伪代码等。

1. 用自然语言表示算法

自然语言就是人们日常使用的语言。用自然语言表示通俗易懂，但含义往往不大严格，文字冗长，容易出现歧义。往往要根据上下文才能判断其正确含义。假如有这样一句话："张先生对李先生说他的孩子考上了大学。"请问：是张先生的孩子考上了大学还是李先生的孩子考上了大学呢？光从这句话本身难以判断。此外，用自然语言来描述包含分支和循环的算法，不是很方便。因此，除了那些很简单的问题以外，一般不用自然语言表示算法。

2. 用流程图表示算法

流程图是用一些图框来表示各种操作。用图形表示算法，直观形象，易于理解。美国国家标准化协会(American National Standard Institute，ANSI)规定了一些常用的流程图符号(见图1.3)，已为世界各国程序员普遍采用。

【例1.4】 输入两个整数，要求输出其中的大者。用流程图表示其算法。

解题思路：①从键盘输入两个整数给变量 a 和 b；②把 a 和 b 进行比较，把其中的大者放在变量 max 中；③输出 max 的值。

这是用自然语言表示的算法。题目要求用流程图表示。使用图1.3所示的流程图符号表示各步骤，见图1.4。

💡**说明**：在图1.4表示的流程图中，菱形框的作用是对一个给定的条件进行判断，它有一个入口，两个出口。根据给定的条件是否成立决定如何执行其后的操作，"Y"表示"Yes"，即菱形框中指定的条件成立；"N"表示"No"，即菱形框中指定的条件不成立。"max < = a"表示把变量 a 的值赋给变量 max，注意流程线箭头的方向。

3. 三种基本结构和用结构化流程图表示算法

传统的流程图用流程线指出各框的执行顺序，对流程线的使用没有严格限制。因此，

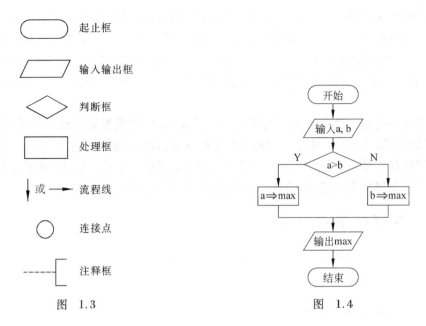

图 1.3　　　　　　　　　　　图 1.4

使用者可以不受限制地将流程随意转来转去,使流程图变得毫无规律,阅读者要花很大精力去追踪流程,使人难以理解算法的逻辑,从而使算法的可靠性和可维护性难以保证。尤其当流程比较复杂时,许多条流程线互相交叉,理不出头绪。这种无规律转向的流程称为"非结构化的流程"。

如果写出的算法能限制流程的无规律任意转向,像一本书那样由各章各节顺序组成,那么阅读起来就很方便,不会有任何困难,只须从头到尾顺序地看下去即可。为了提高算法的质量,使算法的设计和阅读方便,必须限制箭头的滥用,即不允许无规律地使流程随意转向,只能顺序地进行下去。人们设想:规定出几种基本结构,然后由这些基本结构顺序组成一个算法结构(如同用一些基本预制构件来搭成房屋一样),如果能做到这一点,算法的质量就能得到保证和提高。

1966 年,Bohra 和 Jacopini 提出了以下三种基本结构,用这三种基本结构作为表示一个良好算法的基本单元。

(1) **顺序结构**。如图 1.5 所示,虚线框内是一个顺序结构,其中,A 和 B 两个框是顺序执行的,即在执行完 A 框所指定的操作后,必然接着执行 B 框所指定的操作。顺序结构是最简单的一种基本结构。

(2) **选择结构**。选择结构又称**选取结构**或**分支结构**,如图 1.6 所示。虚线框内是一个选择结构,此结构中必包含一个判断框,根据给定的条件 p 是否成立而选择执行 A 框或 B 框。例如,p 条件可以是"x≥0"、"x>y"或"a+b<c+d"等。

注意:在选择结构中,无论 p 条件是否成立,只能执行 A 框或 B 框之一,不可能既执行 A 框又执行 B 框。无论走哪一条路径,在执行完 A 或 B 之后,都经过 b 点,然后脱离本选择结构。A 或 B 两个框中可以有一个是空的,即不执行任何操作,如图 1.7 所示。

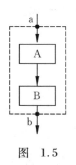
图 1.5
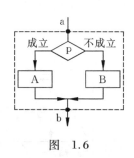
图 1.6
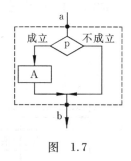
图 1.7

（3）**循环结构**。又称**重复结构**，即反复执行某一部分的操作。

有两类循环结构：

① **当型（while 型）循环结构**。当型循环结构如图 1.8(a)所示。它的作用是：当给定的条件 p1 成立时，执行 A 框操作，执行完 A 后，再次判断条件 p1 是否成立，如果仍然成立，再执行 A 框，如此反复执行 A 框，直到某一次 p1 条件不成立为止，此时不执行 A 框，而从 b 点脱离循环结构。

② **直到型（until 型）循环结构**。直到型循环结构如图 1.8(b)所示。它的作用是：先执行 A 框，然后判断给定的 p2 条件是否成立，如果 p2 条件不成立，则再执行 A，然后再对 p2 条件作判断，如果 p2 条件仍然不成立，又执行 A……如此反复执行 A，直到给定的 p2 条件成立为止，此时不再执行 A，从 b 点脱离本循环结构。

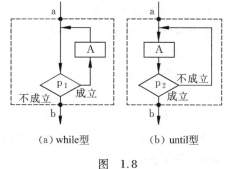

(a) while型　　(b) until型

图 1.8

【例 1.5】 要求程序自动输出 1,2,3,4,5 五个数。

解题思路：此问题宜用循环来处理。先设变量 x 的值等于 0，然后检查 x 的值是否小于 5，如果小于 5，就使 x 的值加 1，然后输出 x 的值（此时为 1）；再检查 x 的值是否小于 5，如果仍小于 5，再使 x 的值加 1，然后输出 x 的值（此时为 2）；周而复始，直到某次，x 的值为 4，再加 1，输出 x 的值为 5。再检查时，x 不小于 5 了，不再执行循环。已经输出了：1，2，3，4，5。

图 1.9 是用当型循环表示的算法。

也可以用直到型循环来处理，见图 1.10。读者很容易看懂此流程图。

可以看到，对同一个问题既可以用当型循环来处理，也可以用直到型循环来处理。可以互相转换。

以上三种基本结构，有以下共同特点：

① 只有一个入口。如图 1.6 中的 a 点。

② 只有一个出口。如图 1.6 中的 b 点。请注意，一个判断框有两个出口，而一个选择结构只有一个出口。不要将判断框的出口和选择结构的出口混淆。

③ 结构内的每一部分都有机会被执行到。也就是说，对每一个框来说，都应当有一条从入口到出口的路径通过它。

④ 结构内不能包括"死循环"(无终止的循环)。图 1.11 就是一个死循环。

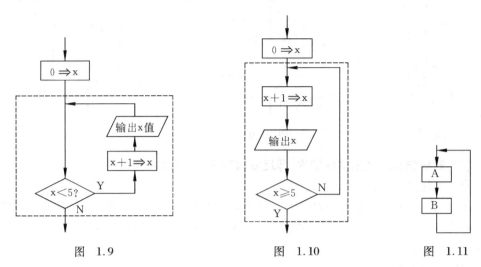

图 1.9　　　　　　　图 1.10　　　　　　图 1.11

由以上 3 种基本结构顺序组成的算法结构可以解决任何复杂的问题。由基本结构所构成的算法属于"**结构化**"的算法,它不存在无规律的转向,只在本基本结构内才允许存在分支和向前或向后的跳转。

其实,结构化程序的基本结构并不仅限于上面 3 种,只要具有上述 4 个特点的都可以作为基本结构。人们可以自己定义基本结构,并由这些基本结构组成结构化程序。

如果一种计算机语言,它的语句能够直接表示以上各种基本结构,那么这种语言就是结构化的语言。C 语言是一种结构化的语言,它可以用 if 语句表示选择结构,用 for 语句和 while 语句表示循环结构。用结构化的语言来写结构化程序是很方便的。

既然用基本结构的顺序组合可以表示任何复杂的算法结构,那么,基本结构之间的流程线就是多余的了。因此,1973 年美国学者 I. Nassi 和 B. Shneiderman 提出了一种新的流程图形式——**结构化流程图**。在这种流程图中,完全去掉了带箭头的流程线。全部算法写在一个矩形框内,在该框内还可以包含其他从属于它的框,或者说,由一些基本的框组成一个大的框。这种流程图又称 **N-S 流程图**(N 和 S 是两位美国学者的英文姓氏的首字母)。这种流程图适于结构化程序设计,因而很受欢迎。

N-S 流程图用以下的流程图符号。

① 顺序结构。顺序结构用图 1.12 形式表示,A 和 B 两个框组成一个顺序结构。

② 选择结构。选择结构用图 1.13 表示,它与图 1.6 所表示的意思是相同的。当 p 条件成立时执行 A 操作,p 不成立则执行 B 操作。注意:图 1.13 是一个整体,代表一个基本结构。

③ 循环结构。当型循环结构用图 1.14 形式表示,当 p1 条件成立时反复执行 A 操作,直到 p1 条件不成立为止。直到型循环结构用图 1.15 形式表示。

在初学时,为清楚起见,可如图 1.14 和图 1.15 那样,写明"当 p1"或"直到 p2",待熟练之后,可以不写"当"和"直到"字样,只写"p1"和"p2"。从图的形状即可知道是当型循环还是直到型循环。

用以上 3 种 N-S 流程图中的基本框可以组成复杂的 N-S 流程图,以表示算法。

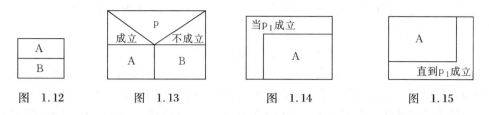

图 1.12   图 1.13   图 1.14   图 1.15

应当说明,在图 1.12~图 1.15 中的 A 框或 B 框,可以是一个简单的操作(如读入数据或输出等),也可以是三种基本结构之一。例如,图 1.12 所示的顺序结构,其中的 A 框可以又是一个选择结构,B 框可以又是一个循环结构等。

【例 1.6】 有 5 年期的理财项目,规定投资款额小于 100 万元的,年利率为 6%,100 万元以上(含 100 万)的,年利率为 8%,如果投资款额为 p,求 5 年后应得的本利和。

解题思路:先进行判断:p 是否大于或等于 100 万,从而确定年利率 r,然后计算本利和。计算一年本利和的公式是:$p(1+r)$。用循环计算出 5 年的本利和。N-S 流程图如图 1.16 所示。由 A 和 B 这两个基本结构组成一个顺序结构。

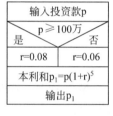 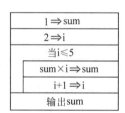

图 1.16   图 1.17

【例 1.7】 用 N-S 图表示求 5! 的算法。

解题思路:5! 即 $1\times2\times3\times4\times5$。此题可以直接用连乘法处理,即先把 1 乘 2,再乘 3,再乘 4,再乘 5,即可得结果。但是如果求 100!,那就不方便了,所以应该用循环来处理。用 i 代表第几次,sum 代表累乘的积。N-S 流程图见图 1.17。

如果改为求 100!,只需要把当型循环的条件由"当 i≤5"改为"当 i≤100"即可。

通过以上例子,可以看到用 N-S 图表示算法的优点:它比文字描述直观、形象、易于理解;比传统流程图紧凑易画,尤其它废除了流程线,整个算法结构是由各个基本结构按顺序组成的,N-S 流程图中的上下顺序就是执行时的顺序,也就是图中位置在上面的先执行,位置在下面的后执行;在基本结构之间不存在向前或向后的跳转,流程的转移只存在于一个基本结构范围之内(如循环中流程的跳转)。写算法和看算法只须从上到下进行就可以了,十分方便。

归纳起来,一个结构化的算法是由一些基本结构顺序组成的,能用 N-S 图表示的算法都是结构化的算法(它不可能出现流程无规律的跳转,而只能自上而下地顺序执行各基本结构)。N-S 图如同一个多层的盒子,故又称**盒图**(box diagram)。

4. 用伪代码表示算法

用传统的流程图和 N-S 图表示算法直观易懂,但画起来比较费事,在设计一个算法时,可能要反复修改,而修改流程图是比较麻烦的。因此,流程图适宜于表示一个算法,但在设计算法过程中使用不是很理想(尤其是当算法比较复杂、需要反复修改时)。为了设计算法时方便,常用一种称为**伪代码**(pseudo code)的工具。

伪代码是用介于自然语言和计算机语言之间的文字和符号来描述算法。它如同一篇文章一样,自上而下地写下来,每一行(或几行)表示一个基本操作,它不用图形符号,因此书写方便,格式紧凑,修改方便,容易看懂,也便于向计算机语言算法(即程序)过渡。

用伪代码写算法并无固定的、严格的语法规则,可以用英文表示,中国人也可以中英文混用。只要把意思表达清楚,便于书写和阅读即可,书写的格式要写成清晰易读的形式。

【例1.8】 求5!的算法可以用伪代码表示如下:

```
begin              (算法开始)
  1⇒sum
  2⇒i
  while i≤5
    {sum * i⇒sum
     i +1⇒i
    }
  print t
end                (算法结束)
```

在本算法中采用当型循环(第 4 行到第 7 行是一个当型循环)。while 的意思为"当……",它表示当 i≤5 时执行循环体(花括号中两行)的操作。

可以看到:伪代码书写格式比较自由,可以随手写下去,尤其对英语国家更感方便易懂,容易表达出设计者的思想。同时,用伪代码写的算法很容易修改,例如加一行或删一行,或将后面某一部分调到前面某一位置,都是很容易做到的,而这却是用流程图表示算法时所不便处理的。用伪代码很容易写出结构化的算法,例如上面例子就是结构化的算法。但是用伪代码写算法不如流程图直观,可能会出现逻辑上的错误(例如循环或选择结构的范围搞错等)。

上面介绍了常用的表示算法的几种方法,在程序设计中读者可以根据需要和习惯选用。软件专业人员由于比较熟练,一般习惯使用伪代码。考虑到国内广大初学人员的情况,为便于理解,在本书中主要采用形象化的 N-S 图表示算法。但是,读者应对其他方法也有所了解,以便在阅读其他书刊时不致发生困难。

5. 用计算机语言表示算法

要完成一项工作,包括设计算法和实现算法两个部分。例如,作曲家创作一首乐谱就是**设计算法**,但它仅仅是一个乐谱,并未变成音乐,而作曲家的目的是希望使人们听到悦耳动人的音乐。演奏家按照乐谱的规定进行演奏,就是**实现算法**。在没有人实现它时,乐谱是不会自动发声的。一个菜谱是一个算法,厨师炒菜就是在实现这个算法。设计算法的目的是为了实现算法。因此,不仅要考虑如何设计一个算法,也要考虑如何实现一个算法。

到目前为止,只讲述了描述算法,即用不同的方法来表示操作的步骤。要得到运算结果,就必须实现算法。实现算法的方式可能不止一种。例如,有了求 5! 的算法,可以用人工心算的方式实现而得到结果,也可以用笔算或算盘、计算器来求出结果,这都是实现算法。

我们考虑的是用计算机解题,也就是要用计算机实现算法,而计算机是无法识别流程图和伪代码的,只有用计算机语言编写的程序才能被计算机执行,因此在用流程图或伪代码描述一个算法后,还要将它转换成计算机语言程序。用计算机语言表示的算法是计算机能够执行的算法。

用计算机语言表示算法必须严格遵循所用的语言的语法规则,这是和伪代码不同的。下面将前面介绍过的算法用 C 语言表示。

【例 1.9】 将求 5! 的算法用 C 语言表示。

解题思路:根据例 1.7 和例 1.8 表示的算法,用 C 语言写出程序。

```
#include <stdio.h>
int main()
{
  int i,sum;
  sum=1;
  i=2;
  while(i<=5)
  {
    sum=sum*i;
    i=i+1;
  }
  printf("%d\n",sum);
  return 0;
}
```

读者很容易看懂这个程序。在以后各章中将会陆续介绍 C 语言有关的使用规则。

前面介绍了三种基本结构和结构化的算法。一个结构化程序就是用计算机语言表示的结构化算法(如例 1.9),这种程序便于编写、阅读、修改和维护。这就减少了程序出错的机会,提高了程序的可靠性,保证了程序的质量。

应当强调说明的是,写出了 C 程序,仍然只是描述了算法,并未实现算法。只有运行程序才是实现算法。

1.8 结构化程序设计方法

前面已介绍了用三种基本结构可以构成一个结构化的算法,写出结构化的程序。前面的例子是比较简单的,很容易直接写出算法。如果遇到的问题比较复杂,规模比较大,是难于一下子写出一个层次分明、结构清晰、算法正确的程序的。这就需要找到合适的方法,把复杂难解的问题分解为简单易解的问题。

沃思(Niklaus Wirth)于 1971 年首次提出了**"结构化程序设计"**(structure programming)方法。结构化程序设计方法的基本思路是:把一个复杂问题的求解过程分阶段进行,每个阶段处理的问题都控制在人们容易理解和处理的范围内。即不要求一步就写出具体详尽的算法和编制出完善的程序,而是分若干步进行。第一步写出的算法抽象度最高,第二步写出的算法抽象有所降低……最后一步写出的算法就很具体了,可以直接写成程序语句。这种方法的要点是"**自顶向下,逐步细化**"。

在接受一个任务后应怎样着手进行呢?有两种不同的方法:一种是自顶向下,逐步细化;一种是自下而上,逐步积累。以写工作报告为例来说明这个问题。有的人准备报告时胸有全局,先设想好整个报告分哪几个部分,然后再进一步考虑每一部分讲哪几个问题,每一问题分哪几点,每一点应包含什么内容,如图1.18所示。用这种方法逐步分解,直到作者认为可以直接将各小段表达为文字语句为止。这种方法就叫做"自顶向下,逐步细化"。

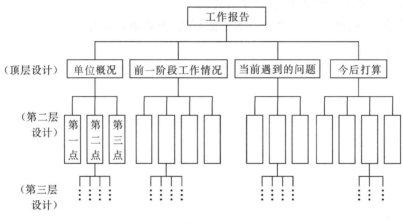

图 1.18

而有些人写文章时不拟提纲,如同写信一样提起笔就写,想到哪里就写到哪里,直到他认为把想写的内容都写出来了为止。这种方法叫做自下而上,逐步积累。

显然,用第一种方法考虑周全,结构清晰,层次分明,作者容易写,读者容易看。如果发现某一部分中有一段内容不妥,需要修改,只须找出该部分,修改有关段落即可,与其他部分无关。提倡用这种方法设计程序,这就是用工程的方法设计程序。

设计房屋就是用自顶向下、逐步细化的方法。先进行整体规划,然后确定建筑物方案,再进行各部分的设计,最后进行细节的设计(如门窗、楼道等),而绝不会在未有整体设计前,先设计楼道和厕所。在完成设计,有了图纸之后,在施工阶段则是自下而上地实施的,用一砖一瓦先实现一个局部,然后由各部分组成一个建筑物。

应当掌握自顶向下、逐步细化的设计方法。这种设计方法的过程是将问题求解由抽象逐步具体化的过程。如图1.18所示,最开始拿到的题目是写"工作报告",这是一个很笼统而抽象的任务,经过初步考虑之后把它分成4大部分。这就比刚才具体一些了,但还不够具体。这一步只是粗略地划分,称为"顶层设计"。然后一步一步细化,依次称为第二层、第三层设计,直到不需要细分为止。

用这种方法编程看似复杂,实际上优点很多,可使程序易读、易写、易调试、易维护、易保证其正确性及验证其正确性。在向下一层展开之前应仔细检查本层设计是否正确,只有上一层是正确的才能向下细化。如果每一层设计都没有问题,则整个算法就是正确的。由于每一层向下细化时都不太复杂,因此容易保证整个算法的正确性。检查时也是由上而下逐层检查,这样做思路清楚,有条不紊,一步一步地进行,既严谨又方便。结构化程序设计强调程序设计风格和程序结构的规范化,提倡清晰的结构。

在程序设计中常采用模块设计的方法,尤其当程序比较复杂时,更有必要。在拿到一个程序模块(实际上是程序模块的任务书)以后,根据程序模块的功能将它划分为若干个子模块,如果这些子模块的规模还嫌大,可以再划分为更小的模块。这个过程采用自顶向下的方法来实现。

程序中的子模块在C语言中通常用函数来实现(有关函数的概念将在第6章中介绍)。

程序中的子模块一般不超过50行,即把它打印输出时不超过一页,这样的规模便于组织,也便于阅读。划分子模块时应注意模块的独立性,即使用一个模块完成一项功能,耦合性越少越好。模块化设计的思想实际上是一种"分而治之"的思想,把一个大任务分为若干个子任务,每一个子任务就相对简单了。

在设计好一个结构化的算法之后,还要善于进行结构化**编码**(coding)。所谓编码就是将已设计好的算法用结构化的语言来表示,根据已经细化的算法正确地写出计算机程序。结构化的语言(如 Pascal,C 和 Visual Basic 等)都有与三种基本结构对应的语句,进行结构化编程序是不困难的。

综合起来,采取以下方法来保证得到一个结构化的程序:①自顶向下;②逐步细化;③模块化设计;④结构化编码。

结构化程序设计方法用来解决人脑思维能力的局限性和被处理问题的复杂性之间的矛盾。它在程序设计领域引发了一场革命,成为程序开发的一个标准方法,尤其是在后来发展起来的软件工程中获得广泛应用。有人评价说 Wirth 提出的结构化程序设计方法"完全改变了人们对程序设计的思维方式"。

本书所介绍的例题相对比较简单,因此没有必要采用自顶向下、逐步细化的方法,而是直接写出算法(相当于直接进行底层的设计),但是读者应当知道,在处理复杂、规模大的问题时,要用自顶向下、逐步细化的方法。

本章的内容是十分重要的,是学习后面各章的基础。学习程序设计的目的不只是学习某一种特定的语言,而应当学习进行程序设计的一般方法。掌握了算法就是掌握了程序设计的灵魂,再学习有关的计算机语言的知识,就能够顺利地编写出任何一种语言的程序。脱离具体的语言去学习程序设计是困难的。但是,学习语言只是为了设计程序,它本身绝不是目的。高级语言有许多种,每种语言也都在不断发展,因而千万不能拘泥于一种具体的语言,而应当能举一反三。关键是设计算法。有了正确的算法,用任何语言进行编码都不应当有什么困难。

在本章中只是初步介绍了有关算法的基本知识,并没有深入介绍如何设计各种类型的算法。在以后各章中将结合程序实例陆续介绍有关的算法。

1.9 学习程序设计,培养科学思维

信息技术的发展,不仅全面深刻地改变了人类的生活方式和工作方式,也深刻地改变了人类的思维方式。计算机对人类的影响,远远超越了技术层面,许多人惊喜地发现,由

于计算机和网络的迅猛而深入的发展,现在社会各阶层人们处理问题时的思维方式和所采取的方法,已经与几十年前大不一样了(例如人们已习惯于通过网络参与社会生活了),我们要重视并积极推动这种影响。

1972年,图灵奖得主Edsger Dijkstra说"我们所使用的工具影响着我们的思维方式和思维习惯,从而也将深刻地影响着我们的思维能力",这就是著名的"工具影响思维"的论点。电动机的出现催生了自动化的思维,计算机的出现催生和发展了智能化的思维。对现代人来说,计算机不仅仅起着先进工具的作用,而且能促使人们改变旧的思维方式和工作方式,培养现代的科学思维方式和工作方式,懂得现代社会处理问题的科学方法。这个意义是更为深远的,学习计算机,不仅要学习和掌握计算机的工具特点,用好计算机,而且要注意从中学习用计算机处理问题的方法,培养科学的思维方式。

近年来,国内外有的专家提出要重视研究计算思维,认为:"计算思维是运用计算机科学的基础概念去进行问题求解、系统设计和理解人类行为的思维活动。计算思维的本质是抽象和自动化。"学习程序设计课程能很有效地学习和培养计算思维。例如,把一个复杂具体的问题进行分析,归纳为数学公式建立模型,这就是抽象。用计算机解题,编写程序,就体现了自动化。不要把计算思维想得太玄乎和高不可攀,不可捉摸,它是融化和体现在各个环节之中的。

算法思维就是典型的计算思维。在设计算法时,把一个复杂的问题进行分解,分解为若干子问题,层层分解,就把一个看似复杂的问题变成一个容易解决的问题了,这就是计算思维。如用连乘方法求阶乘($n!$),这是递推算法,而采用迭代方法来处理,这就是一种计算思维。

计算思维是一种科学思维,所有大学生都应学习和培养。计算思维是在学习和应用计算机过程中不断学习和培养的,它是学习和应用计算机的自然结果,而不是孤立抽象地进行的。正如学习数学的过程就是培养理论思维的过程,学习物理的过程就是培养实证思维的过程一样,学习程序设计的过程就是培养计算思维的过程,我们要从不自觉到自觉地培养,这样效果会更好,收获会更大。

培养和推进计算思维包含两个方面:一是深入掌握计算机解决问题的思路,具有利用计算机的强烈意识,善于把计算技术与本领域紧密结合,有效解决实际问题,更好地利用计算机;二是把计算机处理问题的思路和方法渗透并应用于各个领域,推动在各个领域中运用计算思维,更好地与信息技术相结合。在各领域中引入跨学科元素,可以推动各个领域的深入发展。例如,用网络的概念和方法分析社会生活中的组织结构;把信息技术引入生物领域,建立新的学科"计算生物学";与医学领域相结合,建设"医学信息学"等。显然,这改变了各个领域工作者的思维方式,提高了各个领域的水平,开辟了新的领域。

学习程序设计和其他计算机课程,不仅能培养计算思维,也能培养其他科学思维(例如逻辑思维、实证思维、系统思维、创造性思维等)。大学生需要培养多种思维,对于一般的学习者来说,没有必要刻意纠缠哪种方法属于计算思维,哪种方法不属于计算思维。只要能提高学生科学思维的,都应当提倡和研究。

学习程序设计,就是培养科学思维(包括计算思维)的过程。读者不应当把主要精力花在计算机语言的细节上,尤其不要死记一些语法规则,而要把重点放在学习和掌握处理问题的方法上,在遇到一个问题时,知道怎样分析问题,设计算法,然后用计算机实现。

为了使读者能更好地实现这一要求,本教材由浅入深地精选了不同类型、不同难度的典型算法,并在每个例题的讲解中,首先分析解题思路,通俗而清晰地分析处理问题的算法以及如何用 C 语言去实现它,在此基础上才进行编写程序,这对于读者掌握处理问题的方法和培养科学思维是很有好处的。

本 章 小 结

(1) 计算机是由程序控制的,要使计算机按照人们的意图工作,必须用计算机语言编写程序。

(2) 机器语言和汇编语言依赖于具体计算机,属于低级语言,难学难用,无通用性。高级语言接近人类自然语言和数学语言,容易学习和推广,不依赖于具体计算机,通用性强。

(3) C 语言是目前在世界上使用最广泛的一种计算机语言,语言简洁紧凑,使用方便灵活,功能很强,既有高级语言的优点,又具有低级语言的功能,既可用于编写系统软件,又可用于编写应用软件。掌握 C 语言程序设计是程序设计人员的一项基本功。

(4) 一个 C 语言程序是由一个或多个函数构成的,必须有一个 main 函数。程序由 main 函数开始执行。在函数体内可以包括若干语句,语句以分号结束。一行内可以写多个语句,一个语句可以分写为多行。

(5) 上机运行一个 C 程序必须经过 4 个步骤:编辑、编译、连接、执行。要熟练掌握上机技巧。

(6) 程序设计的任务应当包括:①问题分析;②设计算法和数据结构;③编写程序;④对源程序进行编辑、编译和连接;⑤运行程序、分析结果;⑥调试和测试程序;⑦编写程序文档。

(7) 算法+数据结构=程序。程序设计有 4 个要素:算法是灵魂,数据结构是加工对象,语言是工具,编程采用结构化程序设计方法。算法是解题方法的精确描述。

(8) 表述算法可以用:自然语言、传统流程图、结构化流程图、伪代码和计算机语言等工具。

(9) 结构化程序的三种基本结构是:顺序结构、选择结构和循环结构。由三种基本结构可以构成一个结构化程序。

(10) 写出程序只是用计算机语言表示了算法,只有运行程序才是实现了算法。

(11) 对于规模较大任务,应当采取结构化程序设计方法,其要点是:自顶向下,逐步细化。在编程时还要注意用模块化设计和结构化编程。

(12) 学习程序设计时要把重点放在学习分析问题和处理问题的方法上,这样有利于培养科学思维(包括计算思维)。

习 题

1.1 上机运行本章 3 个例题,熟悉所用系统的上机方法与步骤。

1.2 请参照本章例题,编写一个 C 程序,输出以下信息:

```
*****************************
         Very good!
*****************************
```

1.3 编写一个 C 程序,输入 a,b,c 三个值,输出其中最大者。

1.4 先后输入 50 个学生的学号和成绩,要求将其中成绩在 80 分以上的学生的序号和成绩立即输出。请用传统流程图表示其算法。

1.5 求 $1+\dfrac{1}{2}+\dfrac{1}{3}+\dfrac{1}{4}+\cdots+\dfrac{1}{99}+\dfrac{1}{100}$。请用传统流程图和结构化流程图表示其算法。

1.6 输入一个年份 year,判定它是否是闰年,并输出它是否是闰年的信息。请用结构化流程图表示其算法。

1.7 给出一个大于或等于 3 的正整数,判断它是不是一个素数。请用伪代码表示其算法。

1.8 请尝试根据习题 1.4 的算法,用 C 语言编写出程序,并上机运行。

1.9 请尝试根据习题 1.5 的算法,用 C 语言编写出程序,并上机运行。

1.10 请尝试根据习题 1.6 的算法,用 C 语言编写出程序,并上机运行。

1.11 请尝试根据习题 1.7 的算法,用 C 语言编写出程序,并上机运行。

第2章 最简单的 C 程序设计 ——顺序程序设计

有了第1章的基础,从本章起开始循序渐进地学习用C语言编写程序。学习C程序设计,主要包括两方面的内容:一是学习解题的思路,即学习算法;二是学习编程的方法,这就需要学习和掌握C语言。这二者是密不可分的,不宜孤立地学习算法,也不宜孤立地学习C语言的语法。

本书的做法是:**以程序设计为主线,把算法和语法紧密结合起来**,引导读者由易及难地学会编写C程序。对于简单的程序,算法比较简单,程序中牵涉到的语法现象也比较简单(一般只用到简单的变量、简单的输出格式)。对于比较复杂的算法,程序中用到的语法现象也比较复杂(例如要使用数组、指针和结构体等)。我们先从简单的程序开始,介绍简单的算法,同时介绍最基本的语法现象,使读者具有编写简单程序的能力。在此基础上,逐步介绍复杂一些的程序,介绍比较复杂的算法,同时介绍较深入的语法现象,把算法与语法有机地结合起来,步步深入,由浅入深,由简单到复杂,使读者很自然地、循序渐进地学会编写程序。

本书的写法采取"**提出问题—解决问题—归纳分析**"的教学三部曲。实践证明,这种方法读者容易理解,效果比较好。

2.1 顺序程序设计举例

顺序程序结构是最简单的一种程序结构,其中各语句都是按自上而下的顺序执行的,不发生流程的跳转,不出现选择和循环的操作。若干小的顺序结构可以构成一个大的顺序结构,甚至一个程序。

【例2.1】 输入三角形的三边长,求三角形面积。

解题思路:假设输入的三个边长 a,b,c 符合构成三角形的条件。从数学知识已知求三角形面积(area)的公式为

$$area = \sqrt{s(s-a)(s-b)(s-c)}$$

其中,$s = \dfrac{a+b+c}{2}$。对于这样简单的问题,可以直接写出程序,只须加上输入输出即可。

编写程序：

```c
#include <stdio.h>
#include <math.h>
int main()
{
    float a,b,c,s,area;
    scanf("%f,%f,%f",&a,&b,&c);
    s=(a+b+c)/2.0;
    area=sqrt(s*(s-a)*(s-b)*(s-c));
    printf("a=%f \nb=%f \nc=%f \narea=%f \n",a,b,c,area);
    return 0;
}
```

运行结果：

3.4,4.5,5.6↙　　　(输入)
a=3.400000
b=4.500000
c=5.600000
area=7.649173

程序分析：

（1）变量 a,b,c,area 不一定是整数，故不应定义为 int 类型，今定义为实型变量，float 是实型变量的类型符，用来定义实型变量。

（2）程序第 8 行中 sqrt 函数是求平方根的函数。由于要调用数学函数库中的函数，必须在程序的开头加一条#include 指令，把头文件"math.h"包含到程序中来。注意，以后凡在程序中要用到数学函数库中的函数，都应当"包含"math.h 头文件。

（3）可以看到：用 scanf 函数输入实型变量和用 printf 函数输出实型变量时，在函数中指定的格式声明为"%f"。用"%f"输出实型数据时，实数的表示形式为：小数点前面有（必须而且只能有）一位数字，后面输出 6 位小数，这是用%f 格式输出的规范化的形式。

也可以按照用户的要求，自己指定输出数据的字段的宽度和小数的位数。如将 printf 语句改变如下（请注意有下画线的部分）：

printf("a=%10.2f \nb=%10.2f \nc=%10.2f \narea=%7.2f \n",a,b,c,area);

其中的%10.2f 表示指定字段宽度为 10，其中有 2 位小数。

此时的运行情况如下：

3.4,4.5,5.6↙　　　(输入)
a=　　　3.40　　　(等号后面有 6 个空格)
b=　　　4.50
c=　　　5.60
area=　　7.65

可以看到输出的前 3 个实数中有 2 位小数，小数点前有一位数字，此数字前有 6 个空格,加上一个小数点,输出的字段共占 10 位(称字段宽度为 10)。最后一个实数用"%7.2"格式输出,字段宽度为 7。用这种方法可以使输出的各行按小数点对齐。

(4) 在用 Visual C++ 6.0 集成环境对此程序编译时,对第 7 行和第 8 行提出两个警告(warning)信息"'=': conversion from 'double' to 'float',possible loss data"。这是因为编译系统把所有实数都作为双精度数处理。因此,第 7 行的"(a+b+c)/2.0"是双精度型,而赋值号左侧的变量 s 是 float(单精度变量),因此提醒用户"在用赋值号进行赋值时,从双精度(double)型转换为单精度(float)型,可能会丢失数据(影响精度)"。出现这类"警告",并非说明程序出错,实际上是一种提醒,使用户知道有此情况。如果用户认为能接受这个现实,可以让程序继续进行连接和运行,得到运行结果,只是精度受些影响。如果用 GCC 编译系统,则不会出现此"警告"信息。

【例 2.2】 中国在 2010 年 11 月 1 日第 6 次全国人口普查,全国人口为 1370536875 人,假设年增长率为 0.5%,计算到 2050 年有多少人口。

解题思路:这个问题的算法很简单,关键在于找到计算公式。根据算术知识,如果设人口基数为 p0,则 y 年后的人口数 p1 为

$$p1 = p0 \times (1+r)^y$$

据此可以用 N-S 图表示算法,见图 2.1。

每一个步骤都是简单的操作,并且这是一个简单的顺序结构,不包含选择结构和循环结构。

编写程序:有了 N-S 图,很容易用 C 语言表示,写出求此问题的 C 程序。

图 2.1

```
#include <stdio.h>
#include <math.h>
int main ()
{
    double p0,p1,r;            //定义双精度型变量
    int y;
    p0 = 1370536875;
    y = 2050 - 2010;
    r = 0.005;
    p1 = p0 * pow(1 + r,y);
    printf("p1 = %f\n",p1);
    return 0;
}
```

运行结果:

p1 =1673143517.890622892548   (即约 16.73 亿人)

程序分析:

(1) 为了提高运算精度,把 p0、p1 和 r 定义为双精度型变量。C 语言中的实数有两种:float(单精度实数)和 double(双精度实数),float 型数据能表示 7 位精度,double 型数据能表示 15 位精度。编译此程序时不会出现上例的"警告",能提供较高的精度。

(2) 第10行中的 pow 是 C 语言函数库提供的幂函数,pow(a,b)的作用是求 a^b,pow(1+r,y)的值是$(1+r)^y$。

(3) 为了调用 pow 函数,在程序的开头必须有预处理指令:#include <math.h>。math.h 是头文件,其中包含调用数学函数时所需要的信息。有关数学函数可参阅本书附录 E。

(4) 也可以把第8~9行两个赋值语句改用以下 scanf 函数输入 p0 和 r:

scanf("%lf,%lf",&p0,&r);   //用"%lf"格式符输入双精度数,字母 l 表示 long

运行情况如下:

<u>1370536875,0.005</u>↙   (本行为输入)
p1=1673143517.890622   (本行为输出)

(5) 得到的结果为一个实数,显然,其小数部分是没有意义的,可以在输出时不输出小数部分。将 printf 函数改成:

printf("p1=%12.0f\n",p1);

输出结果为

p1=1673143518   (对小数部分四舍五入)

【例2.3】 求 $ax^2+bx+c=0$ 方程的根。a,b,c 由键盘输入,设 $b^2-4ac \geq 0$。

解题思路:根据代数知识,如果 $b^2-4ac \geq 0$,一元二次方程的根为

$$x_1 = \frac{-b+\sqrt{b^2-4ac}}{2a}, \quad x_2 = \frac{-b-\sqrt{b^2-4ac}}{2a}$$

可以将上面的分式分为两项:

$$p = \frac{-b}{2a}, \quad q = \frac{\sqrt{b^2-4ac}}{2a}$$

则可以表示为

$$x_1 = p+q, \quad x_2 = p-q$$

编写程序:

```
#include <stdio.h>
#include <math.h>
int main()
{ double a,b,c,disc,x1,x2,p,q;
  scanf("%lf,%lf,%lf",&a,&b,&c);
  disc=b*b-4*a*c;
  p=-b/(2*a);
  q=sqrt(disc)/(2*a);
  x1=p+q;x2=p-q;
  printf("x1=%5.2f\nx2=%5.2f\n",x1,x2);
  return 0;
}
```

运行结果:

1,3,2↙   (输入)
x1=-1.00
x2=-2.00

程序分析：本程序正常运行的前提是：$b^2-4ac \geq 0$，如果某次运行时输入的a,b,c不满足$b^2-4ac \geq 0$，会出现什么情况？如某次在Visual C++ 6.0平台上运行的情况为

2.5,3.5,4.5↙
x1=-1.#J
x2=-1.#J

结果显然不对，原因是q的值为虚数，无法输出。这样的程序是不完善的，没有考虑特殊情况。请读者考虑应如何修改此程序。

2.2 数据的类型及存储形式

在第1章1.7节中说明了一个程序包括两个方面的内容：一是对数据的描述，二是对操作的描述。在第2.1节介绍的3个程序中可以清楚地看到这一点。在这几个程序中，都包括对变量的声明，指定变量的类型（如int,float,double等），这就是对数据的描述。同时程序中有若干语句，是对操作的描述。

数据是程序加工的对象，因此应当对数据有清晰的了解。本节主要介绍数据的类型及其属性。

2.2.1 C语言的数据类型

C语言要求在声明变量时，必须指定变量的类型。为什么要指定数据的类型呢？在数学中，数值是不分类型的，数值的运算是绝对准确的。数学是一门研究抽象的学科，数和数的运算都是抽象的。而在计算机中，数据是存放在存储单元中的，它是具体存在的，而且存储单元是由有限的字节(byte)构成的，每一个存储单元中存放数据的范围是有限的，不可能存放"无穷大"的数，也不能存放循环小数。

所谓类型，就是对数据分配存储单元的安排，包括存储单元的长度（占多少字节）以及数据的存储形式。不同的类型分配不同的长度和存储形式。

C语言提供了丰富的数据类型，见图2.2。

不同类型的数据在内存中占用的存储单元长度是不同的（例如，Visual C++ 6.0为char型(字符型)数据分配1个字节，为int型(基本整型)数据分配4个字节），存储数据的方法也是不同的。

本节主要介绍基本类型，其他类型将在以后各章中陆续介绍。

2.2.2 数据的表现形式——常量和变量

在计算机高级语言中，数据有两种表现形式：常量和变量。

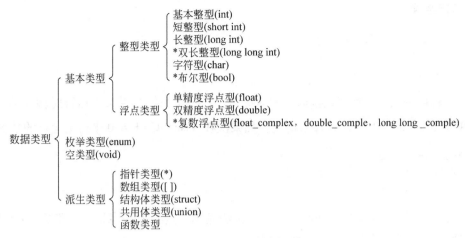

图2.2 （有 * 号的为 C99 所增加的）

（1）**常量**。在程序运行过程中,其值不能被改变的量称为**常量**。如 1000,30.0036, -0.225,0.0 是常量。数值常量就是数学中的常数。

数值型常量包括：

- **整型常量**：如 1000,12345,0,-345 等都是整型常量。
- **实型常量**：有两种表示形式：

① **十进制小数形式**：由数字和小数点组成。如：123.456,0.345,-56.79,0.0, 12.0,0.0 等。

② **指数形式**：如：12.34e3（代表 12.34×10^3）,-346.87e-25（代表 -346.87×10^{-25}）,0.145E25（代表 0.145×10^{25}）等。由于在计算机输入或输出时,无法表示上角或下角,故规定以字母 e 或 E 代表以 10 为底的指数。但应注意：e 或 E 之前必须有数字,且 e 或 E 后面必须为整数。如不能写成 e4,12e2.5。

（2）**变量**。变量代表内存中具有特定属性的一个存储单元,它用来存放数据,也就是存放变量的值。在程序运行期间,这些值是可以改变的。一个变量应该有一个名字,以便被引用。变量名实际上是以一个名字代表一个内存地址。

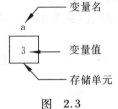

图 2.3

请注意区分**变量名**和**变量值**,这是两个不同的概念,见图2.3。图中 a 是变量名,3 是变量 a 的值,即存放在变量 a 的内存单元中的数据。变量名实际上是以一个名字代表的一个存储地址。在对程序进行编译连接时,由编译系统给每一个变量名分配对应的内存地址。所谓"从变量中取值",实际上是通过变量名找到相应的内存地址,从该存储单元中读取数据。

变量必须**先定义,后使用**。在定义时指定该变量的名字和类型。定义变量的一般形式是：

类型名 变量名 = 初值；

可以一次同时定义多个同类型的变量。如：

```
int a,b,c;              //定义 a,b,c 为整型变量
float m=3.5,n=-7.8,p;   //定义 m,n,p 为浮点型变量并对 m 和 n 指定初值
```

变量的名字必须符合 C 语言对**标识符**的规定。用来标识对象名字(包括变量、函数、数组、类型等)的有效字符序列称为**标识符**(identifier)。简单地说,标识符就是一个对象的名字。

C 语言规定标识符只能由字母、数字和下画线 3 种字符组成,且第一个字符必须为字母或下画线。下面列出的是合法的标识符,可以作为变量名:

sum,average,_total,Class,day,month,Student_name,tan,lotus_1_2_3,BASIC,li_ling

下面是不合法的标识符,不能作为变量名:

MR.Dicson,$123,C++

编译系统将大写字母和小写字母认为是两个不同的字符。因此,sum 和 SUM 是两个不同的变量名,同样,Class 和 class 也是两个不同的变量名。一般,变量名用小写字母表示,与人们日常习惯一致,以增加可读性。

在选择变量名和其他标识符时,应注意做到"见名知义",即选有含义的英文单词(或其缩写)作标识符,如 count,day,month,class,total,country 等。

🔔**注意**:要区分类型与变量。有些读者弄不清类型和变量的关系,往往把它们混为一谈。应当看到它们是有联系而有区别的两个概念。每一个变量都属于一个确定的类型,类型是变量的共性。类型相当于建造房屋的图纸,按照同一套图纸可以建造出许多套外形和结构完全相同的房屋,它们具有相同的特征。但图纸是不能住人的,只有建成的房屋才能住人。类型是抽象的,不占用存储单元,不能用来存放数据。而变量是具体的,变量占存储单元,可以用来存储数据。例如:

```
int a=3;           //正确,把 3 赋给变量 a
int=3;             //错误,企图向类型赋值
```

2.2.3 整型数据

1. 整型常量的三种形式

在 C 语言中,整常数可用以下 3 种形式表示。

(1) **十进制整数**,如 123,-456,4。

(2) **八进制整数**,以 0 开头的数是八进制数。如 0123 表示八进制数 123,即 $(123)_8$,其值为 $1×8^2+2×8^1+3×8^0$,等于十进制数 83, -011 表示八进制数 -11,即十进制数 -9。

(3) **十六进制整数**,以 0x 开头的数是十六进制数。如 0x123,代表十六进制数 123,即 $(123)_{16}=1×16^2+2×16^1+3×16^0=256+32+3=291$;-0x12 等于十进制数 -18。

以上 3 种表示形式都是合法的、有效的。在程序中,18,022,0x12 都代表十进制数 18。

2. 整型数据在内存中的存储方式

数据在内存中是以二进制形式存放的。如果定义了一个整型变量 i:

```
int i;             //定义 i 为整型变量
i=10;              //给 i 赋以整数 10
```

十进制数10的二进制形式为1010,图2.4(a)是数据存放的示意图,图2.4(b)是数据在内存中实际存放的情况。

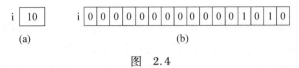

图 2.4

实际上,数值是以补码(complement)表示的。一个正整数的补码和该数的原码(即该数的二进制形式)相同。如果数值是负的,在内存中如何用补码形式表示呢?求负数的补码的方法是:将该数的绝对值的二进制形式,按位取反再加1,例如,−10的补码是1111111111110110,见图2.5。

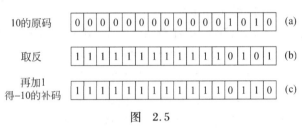

图 2.5

可知:在存放整数的存储单元中,从最左面的一位可以看出数值的符号,如果该位为**0**,表示数值为正;如果该位为**1**则数值为负。

如果给短整型变量分配2个字节,则存储单元中能存放的最大值为0111111111111111,第1位为0代表正数,后面15位为全1,此数值是$(2^{15}-1)$,即十进制数32767。最小值为1000000000000000,此数是-2^{15},即−32768。因此,一个短整型变量的值的范围是−32768~32767。超过此范围,就出现数值的"溢出"。

关于补码的知识不属于本书的范围,但学习C语言应该比学习其他高级语言对数据在内存中的表示形式有更多的了解,这样才能理解不同类型数据间转换的规律。

3. 整型数据的分类

在C语言中常用的有以下几类整型变量:

(1)**基本整型**,以int表示。

(2)**短整型**,以short int表示,或以short表示(int可以省写)。

(3)**长整型**,以long int表示,或以long表示。

(4)**双长整型**,以long long int或longlong表示,这是C99增加的。

ANSI C标准没有具体规定以上各类数据所占内存的字节数,只要求long型数据长度不短于int型,short型不长于int型。具体如何实现,由各计算机系统自行决定。早期的C语言编译系统(如Turbo C 2.0)给short和int型数据都分配2个字节(16位),对long型数据分配4个字节(32位)。后来的编译系统(包括GCC和Visual C++)则给short型数据分配2个字节(16位),对int和long型数据都是分配4个字节(32位)。此时,short型数据的范围是−32768~32767,int和long型数据的范围是$-2^{31}\sim(2^{31}-1)$,即−2147483648~2147483647,约正负21亿。

许多编译系统对此的做法是：把 long 定为 32 位，把 short 定为 16 位，而 int 可以定为 16 位，也可以是 32 位。

4. 整型数据的溢出

如果系统给一个短整型变量分配 2 个字节，则变量的最大允许值为 32767，如果再加 1，会出现什么情况？

【例 2.4】 整型数据的溢出。

编写程序：

```
#include <stdio.h>
int main()
{ short int a,b;
  a = 32767;
  b = a + 1;
  printf("a = %d,a + 1 = %d\n",a,b);
  return 0;
}
```

运行结果：

a = 32767,a + 1 = -32768

有些初学者对此现象感到难以理解。

从图 2.6 可以看到，变量 a 的最左面一位为 0，后 15 位全为 1。加 1 后变成第 1 位为 1，后面 15 位全为 0。而它是 -32768 的补码形式，所以输出变量 b 的值为 -32768。请注意：一个 2 字节的短整型变量只能容纳 -32768 ~ 32767 的数，无法表示大于 32767 或小于 -32768 的数。遇到此情况就发生"溢出"。它好像汽车里程表一样，达到最大值以后，又从最小值(0)开始计数。所以，32767 加 1 得不到 32768，而得到 -32768。运行时对此情况并不报错，但结果却和程序编制者的原意不同。需要程序员的细心和经验来保证结果的正确。如果将变量 b 改成 int 或 long 型就可得到预期结果 32768。

图　2.6

> 说明：用计算机实现计算和数学上的纯理论计算是不相同的，计算机的计算是用工程的方法实现的。在学习和使用计算机时应当知道计算机是怎样实现此计算的，由此可能出现什么问题，这点是在学习 C 语言时必须强调的。

*5. 无符号整型变量

一般情况下，存储整数时存储单元中的第一个二进位(即最高位)是用来代表数值符号的(0 为正，1 为负)。如果分配给短整型数据 2 个字节(16 个二进位)，实际用来存放数值本身的只有 15 位，其值的范围为 -32768 ~ 32767。在实际应用中，有些变量的值常常是正的(如学号、库存量、年龄、存款额等)。为了充分利用变量的数值的范围,在需要时可以将变量定义为"无符号"类型,此时应声明变量为 unsigned int 类型,即**无符号短整型**。这样存储单元中 16 位全部用来存放数值本身,而不包括符号,数值范围就成为 0~65535。可见,一个无符号整型变量中可以存放的正数的范围比一般整型变量中正数的范围扩大一倍。但应注意:无符号型变量只能存放不带符号的整数,如 123,4687 等,而不能存放负数,如 -123,-3。

在定义 int,short int 和 long int 类整型变量时,都可以加上修饰符 unsigned,以指定为"无符号数"。如果加修饰符 signed,则表示指定的是"有符号数"。如果既不指定为 signed,也不指定为 unsigned,则隐含为有符号(signed)。实际上,signed 是可以省写的。归纳起来,在 C 语言中,可以定义和使用以下 6 种整型变量。即有符号基本整型(int),无符号基本整型(unsigned int),有符号短整型(short),无符号短整型(unigned short),有符号长整型(long),无符号长整型(unsigned long)。

表 2.1 列出 Visual C++ 6.0 对整数类型分配的字节数和其数值范围,可供查阅参考。

表 2.1 整型数据的存储空间和数值范围

类　　型	字节数	取值范围
[signed] int (基本整型)	4	-2 147 483 648 ~ 2 147 483 647,即 $-2^{31} \sim (2^{31}-1)$
unsigned int (无符号基本整型)	4	0 ~ 4 294 967 295,即 $0 \sim (2^{32}-1)$
[signed] short [int] (短整型)	2	-32768 ~ 32767,即 $-2^{15} \sim (2^{15}-1)$
unsigned short [int] (无符号短整型)	2	0 ~ 65535,即 $0 \sim (2^{16}-1)$
long [int](长整型)	4	-2 147 483 648 ~ 2 147 483 647,即 $-2^{31} \sim (2^{31}-1)$
unsigned long [int] (无符号长整型)	4	0 ~ 4 294 967 295,即 $0 \sim (2^{32}-1)$
long long [int] (双长型)(c99 支持)	8	-9 223 372 036 854 775 808 ~ 9 223 372 036 854 775 807 即 $-2^{63} \sim (2^{63}-1)$
unsigned long long [int] (无符号双长整型) (c99 支持)	8	0 ~ 18 446 744 073 709 551 615,即 $0 \sim (2^{64}-1)$

说明:

(1) 表 2.1 中类型中的方括号表示其中的内容是可选的,既可以有,也可以没有,效果相同。

(2) 如果不知道所用的 C 编译系统对变量分配的空间,可以用 C 语言提供的 sizeof 运算符查询,如:

```
printf("%d,%d,%d\n",sizeof(int), sizeof(short),sizeof(long));
```

可以查出基本整型、短整型和长整型数据的字节数。

(3) 对无符号整型数据用"%u"格式输出。"%u"表示用无符号十进制数的格式输出。如：

```
unsigned short price =50;        //定义price为无符号短整型变量
printf("%u\n",price);            //指定用无符号十进制数的格式输出
```

在将一个变量定义为无符号整型后，不应向它赋予一个负值，否则会得到错误的结果。如：

```
unsigned short price =-1;        //不应把一个负整数存储在无符号变量中
printf("%u\n",price);
```

得到结果为65535。显然与原意不符。

思考：这是为什么？

原因：系统先把-1转换成补码形式，就是全部二进位都是1(见图2.7)，然后把它存入变量price中。由于指定了price是无符号短整型变量，其最高位不代表数值的符号，按"%u"格式输出，就是65535。如果用"%d"输出price的值，也得到65535。

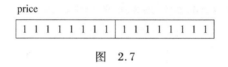

图 2.7

对以上补码的表示有初步了解即可，暂时可不深究。

*6. 怎样确定整型常量的类型

从前面的介绍已知：整型变量可分为int，short int，long int等类型，那么整型常量是否也有这些类型？有人以为常量就是常数，怎么会有类型呢？其实，在C语言中，常量是有类型的，因为数据是要存储的，不同类型的数据所分配的字节和存储方式是不同的。既然整型变量有类型，那么整型常量也应该有类型，才能在赋值时匹配。

从整型常量的字面上就可以决定它是什么类型的。如果short型数据在内存中占2个字节，int和long型数据占4个字节，整型常量的类型按下面的规则处理：

(1) 对-32768~32767的整数，作为short型处理，分配2个字节。它可以赋值给short，int和long int型变量。

(2) 超过了上述范围而在-2147483648~2147483647的整数，则认为它是int型，分配4个字节。可以将它赋值给一个int或long int型变量。

(3) 超过了上述范围而又在long long型的范围内的整数，作为long long型处理，分配8个字节。可以将它赋值给一个long long型变量。

(4) 在一个整常量后面加一个字母l或L，则认为是long int型常量，例如123l，432L，0L等。这往往用于函数调用中，用此方法可保证实参和形参的类型都是long int型。如果函数的形参为long int型，则要求实参也为long int型。

(5) 一个整常量后面加一个字母u或U，认为是unsigned int型，如12345u在内存中按unsigned int规定的方式存放(存储单元中最高位不作为符号位，而用来存储数据)。

2.2.4 字符型数据

由于字符是按其代码(整数)形式存储的,因此 C99 把字符型数据作为整数类型的一种。但是字符型数据在使用上有自己的特点,因此我们把它单独列为一小节来介绍。

1. 字符常量

(1) 普通字符

C 语言的字符常量是用单撇号括起来的一个字符。如:'a','x','D','?',' $ '等都是字符常量。请注意:单撇号只是界限符,字符常量只能是一个字符,不包括单撇号;'a'和'A'是不同的字符常量;字符常量只能包括一个字符,不能写成'ab'或'01'。

并不是任意写一个字符,C 编译系统都能识别的。例如圆周率 π 是不能被识别的。在程序中只能使用系统规定的字符集中的字符,目前大多数系统采用 ASCII 字符集。各种字符集(包括 ASCII 字符集)的基本集都包括了 127 个字符。其中包括:

字母:大写英文字母 A~Z,小写英文字母 a~z。

数字:0~9。

专门符号:29 个:! " # & ' ( ) * + , - . / : ; < = > ? [\ ] ^ _ { | } ~

空格符:空格、水平制表符(tab)、垂直制表符、换行、换页(form feed)。

不能显示的字符:空(null)字符(以'\0'表示)、警告(以'\a'表示)、退格(以'\b'表示)、回车(以'\r'表示)等。

字符常量在计算机中存储时,并不是把字符(如 a,z,#等)本身存放在存储单元中,而是以其代码(一般采用 ASCII 代码)存储的,例如字符'a'的 ASCII 代码是 97,因此,在存储单元中存放的是 97(以二进制形式存放)。ASCII 字符与代码对照表见附录 B。

注意:字符'1'和整数 1 是不同的概念,字符'1'只是代表一个形状为'1'的符号,在需要时按原样输出,在内存中以 ASCII 码存储,占 1 个字节,见图 2.8(a),而整数 1 是以整数存储方式(二进制补码方式)存储的,占 2 个或 4 个字节,见图 2.8(b)。

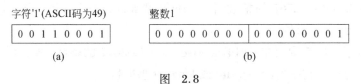

图 2.8

(2) 转义字符

除了以上形式的字符常量外,C 还允许用一种特殊形式的字符常量,就是以一个字符"\"开头的字符序列。例如,前面已经遇到过的,在 printf 函数中的'\n',它代表一个"换行"符。这是一种**控制字符**,在屏幕上是不能显示的,在程序中也无法用一个一般形式的字符表示,只能采用特殊形式来表示。

常用的以"\"开头的特殊字符见表 2.2。

表2.2 转义字符及其作用

字符形式	含 义	ASCII 代码
\n	换行,将当前位置移到下一行开头	10
\t	水平制表(跳到下一个 Tab 位置)	9
\b	退格,将当前位置移到前一列	8
\r	回车,将当前位置移到本行开头	13
\f	换页,将当前位置移到下页开头	12
\a	发出铃声	7
\\	代表一个反斜杠字符"\"	92
\'	代表一个单撇号字符	39
\"	代表一个双撇号字符	34
\ddd	以1~3位八进制数所代表的字符	
\xhh	以1~2位十六进制数所代表的字符	

表2.2中列出的字符称为"转义字符",意思是将反斜杠"\"后面的字符转换成另外的意义。如'\n'中的"n"不代表字母n而作为"换行"符。

表2.2中倒数第二行是用一个八进制数表示一个字符,例如'\101'代表ASCII码为八进制数101的字符'A'。因为八进制数101相当于十进制数65,从附录A可以看到ASCII码(十进制数)为65的字符是大写字母'A'。'012'代表八进制数12(即十进制数的10)的ASCII码所对应的字符"换行"符。用'\376'代表图形字符"■"。请注意'\0'或'\000'是代表ASCII码为0的控制字符,即"空操作"字符,它常用在字符串中。最后一个转义字符'xhh'是用一个十六制数表示一个字符,例如'\x41'代表ASCII码为十六进制数41的字符,十六制数41相当于十进制数$4 \times 16 + 1 = 65$,它是字符'A'的ASCII代码。用表2.2中的方法可以表示任何可输出的字母字符、专用字符、图形字符和控制字符。

2. 字符变量

用类型符char定义字符变量。char是英文character(字符)的缩写,见名知义。如:

```
char c1,c2;    //定义 c1 和 c2 为字符型变量,在其中可以存放一个字符
```

如果将一个字符常量放到字符变量中,实际上并不是把该字符本身放到变量的内存单元中去,而是将该字符的对应的ASCII代码放到变量的存储单元中。例如:

大写字母'A'的ASCII代码是十进制数65,二进制形式为1000001

小写字母'a'的ASCII代码是十进制数97,二进制形式为1100001

数字字符'1'的ASCII代码是十进制数49,二进制形式为0110001

空格字符''的ASCII代码是十进制数32,二进制形式为0100000

专用字符'%'的ASCII代码是十进制数37,二进制形式为0100101

转义字符'\n'的ASCII代码是十进制数10,二进制形式为0001010

可以看到:以上字符的ASCII代码最多用7个二进位就可以表示。所有127个字符都可以用7个二进位来表示(ASCII代码为127时,二进制形式为1111111,7位全1)。所以在C中,给字符变量分配1个字节(8位)足够了。

如果有赋值语句:

```
c1 = 'a';
c2 = 'b';
```

在内存中,变量c1,c2的值如图2.9(a)所示。实际上是以二进制形式存放的,如图2.9(b)所示。

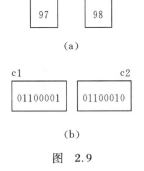

图 2.9

既然字符数据是以整数形式存储在内存单元中,那么它和整型变量有什么不同呢？实际上,可以把字符变量看成只有一字节的整型变量。只是由于它常用来存放字符,所以称它为**字符变量**。在C99中,把字符变量归类在整型变量中,作为整型变量的一种特殊形式。由于它只占一个字节,因此只能存放0～255范围内的整数。这个特点就使字符型数据和整型数据之间可以通用。在输出字符变量的值时,可以选择以十进制整数形式输出,或以字符形式输出。用格式符"%c"按字符形式输出,用格式符"%d"按整数形式输出。以字符形式输出时,系统先将存储单元中的ASCII码转换成相应字符,然后输出。以整数形式输出时,直接将ASCII码作为整数输出。

可以对字符数据进行算术运算,如c1+c2,按字符的ASCII码相加。

【例2.5】 向字符变量赋予整数。

编写程序:

```
#include <stdio.h>
int main()
{ char c1,c2;
  c1 = 97;
  c2 = 98;
  printf("c1 = %c,c2 = %c\n",c1,c2);     //用字符形式输出
  printf("c1 = %d,c2 = %d\n",c1,c2);     //用十进制数形式输出
  return 0;
}
```

运行结果:

```
c1 = a,c2 = b                           (用%c输出字符)
c1 = 97,c2 = 98                         (用%d输出十进制整数)
```

程序分析:

c1和c2被定义为字符变量。在第4和第5行中,将整数97和98分别赋给c1和c2,如图2.9所示。第6行用格式符"%c"输出字符变量c1和c2的值,此时系统先把97和98转换成字符'a'和'b',然后输出。第7行用格式符"%d"输出字符变量c1和c2的值,则直接输出十进制整数97和98。见图2.10。

如果把第4和第5行改为

```
c1 = 'a';
c2 = 'b';
```

运行结果与前相同。请读者自己分析。

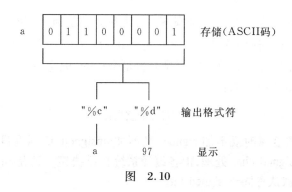

图 2.10

思考：如果程序其他部分不变，只把第 3 行改为

```
int c1,c2;            //定义 c1,c2 为整型变量
```

运行结果怎样？为什么？读者可以上机试一下。

【例 2.6】 把大写字母转换为相应的小写字母。

解题思路：先要找到大小写字母之间转换的规律。大写的'A'和小写的'a'之间有什么联系？从附录 A 可以看到：'A'的 ASCII 码为十进制数 65，而'a'的 ASCII 码为 97，二者之差为 32。从 ASCII 代码表中可以看到每一个小写字母比它相应的大写字母的 ASCII 代码大 32。C 语言允许字符数据与整数直接进行算术运算。即'A'+32 会得到整数 97，'a'-32 会得到整数 65。找到此规律，问题就迎刃而解了。

编写程序：

```
#include <stdio.h>
int main()
{ char c1,c2;
  c1 = 'a';                   //将 97 存入 c1
  c2 = 'b';                   //将 98 存入 c2
  c1 = c1 - 32;               //c1 的值为 65
  c2 = c2 - 32;               //c2 的值为 66
  printf("%c,%c\n",c1,c2);    //以字符形式输出 c1 和 c2
  return 0;
}
```

运行结果：

A,B

前面介绍了整型变量可以用 signed 和 unsigned 修饰符表示符号属性。那么，字符类型也属于整型，是否也可以用 signed 和 unsigned 修饰符呢？答案是可以的。字符型数据的存储空间和值的范围见表 2.3。

表 2.3 字符型数据的存储空间和值的范围

类 型	字节数	取 值 范 围
［signed］char（有符号字符型）	1	$-128 \sim 127$，即 $-2^7 \sim (2^7-1)$
unsigned char（无符号字符型）	1	$0 \sim 255$，即 $0 \sim (2^8-1)$

💡 **说明**：在使用有符号字符型变量时，允许存储的值为 -128~127，但字符的代码不可能为负值，所以在存储字符时实际上只用到 0~127 这一部分，其第 1 位都是 0。

如果将一个负整数赋给有符号字符型变量是合法的，但它不代表一个字符，而作为一字节整型变量存储负整数。如：

```
signed char c=-10;          //按有符号的整数存储
```

如果在定义字符变量时既不加 signed，又不加 unsigned，C 标准没有规定是按 signed char 处理还是按 unsigned char 处理，由各编译系统自己决定。这是和其他整型变量处理方法不同的(如 int 默认等同于 signed int)。

3. 字符串常量

前面已提到，字符常量是由一对单撇号括起来的单个字符(如'?')。C 语言除了允许使用字符常量外，还允许使用字符串常量。字符串常量是一对双撇号括起来的字符序列。例如下面是合法的字符串常量：

" How do you do. " , " CHINA " ," a " ," $ 123. 45"

可以用 printf 函数输出一个字符串，例如：

```
printf("How do you do.");
```

不要将字符常量与字符串常量混淆。'a'是字符常量，" a" 是字符串常量，二者不同。假设 c 被指定为字符变量：

```
char c;
c = 'a';
```

是正确的。而

```
c = "a";
```

是错误的。

```
c = "CHINA";
```

也是错误的。不能把一个字符串常量赋给一个字符变量。

有人不能理解：'a'和" a" 究竟有什么区别？C 规定：在每一个字符串常量的结尾加一个"字符串结束标志"，以便编译系统据此判断字符串是否结束。C 规定以字符'\0'作为字符串结束标志。'\0'是一个 ASCII 码为 0 的字符，从附录 A 中可以看到 ASCII 码为 0 的字符是"空操作字符"，即它不引起任何控制动作，也不是一个可显示的字符。如果有一个字符串常量" CHINA"，实际上在内存中是：

| C | H | I | N | A | \0 |

它占内存单元不是 5 个字节，而是 6 个字节，最后一个字符为'\0'，但在输出时不输出'\0'。例如 printf(" CHINA")，从第一个字符开始逐个输出字符，直到遇到最后附加的'0'字符，就知道字符串结束，停止输出。

💡 **注意**：在写字符串时不必加'\0'，否则会画蛇添足。'\0'字符是系统自动加上的。

字符串"a"实际上包含2个字符:'a'和'\0',因此,想把它赋给只能容纳一个字符的字符变量c显然是不行的。

在C语言中没有专门的字符串变量,如果想将一个字符串存放在变量中以便保存,必须使用字符数组,即用一个字符型数组来存放一个字符串,数组中每一个元素存放一个字符。这将在第5章中介绍。

2.2.5 浮点型数据

1. 什么是浮点数

浮点型数就是实数。为什么把实数称为浮点数呢?实数可以用指数形式表示。一个实数表示为指数可以有不止一种形式,如123.456,用指数形式表示可以有:123.456e0, 12.3456e1,1.23456e2,0.123456e3,0.0123456e4,0.00123456e5等。可以看到:小数点的位置是可以在123456几个数字之间或它之前或之后(小数点前加0)浮动的,只要在小数点位置浮动的同时改变指数的值,就可以保证它的值不会改变。由于小数点位置可以浮动,所以实数的指数形式称为**浮点数**。

在以上多种表示形式中把1.23456e2称为"**标准化的指数形式**"。即在字母e(或E)之前的小数部分中,小数点左边应有一位(且只能有一位)非零的数字。例如2.3478e2, 3.0999E5,6.46832e12 都属于标准化的指数形式,而12.908e10,0.4578e3,756e0则不属于标准化的指数形式。一个浮点数在用指数形式输出时,是按**标准化的指数形式**输出的。例如,若指定将实数5689.65按指数形式输出,输出的形式只能是5.68965e+003,而不会是0.568965e+004或56.8965e+002。注意字母e(或E)之前必须有数字,且e后面的指数必须为整数,如e3,2.1e3.5,.e3,e等都不是合法的指数形式。

2. 浮点数类型数据的分类

浮点数类型数据常用的有以下几种:
- float(单精度浮点型)
- double(双精度浮点型)
- long double(长双精度浮点型)

ANSI C并未具体规定每种类型数据的长度、精度和数值范围。一般的C编译系统为单精度(float)型数据分配4个字节,为双精度(double)型数据分配8个字节。对于长双精度(long double)型,不同的系统的做法差别很大,有的和double型一样,分配8个字节(如Visual C++ 6.0),有的分配16个字节,也有的分配10个字节。

一般占4个字节的单精度数据的数值范围为$10^{-38} \sim 10^{38}$,有效位数为6~7位,占8个字节的双精度数据的数值范围为$10^{-308} \sim 10^{308}$,有效位数为15~16位。占16个字节的双精度数据的数值范围为$10^{-4932} \sim 10^{4932}$,有效位数为18~19位。long double型用得较少,读者只要知道有此类型即可。

*3. 浮点数在内存中的存储形式

数值以规范化的二进制数指数形式存放在存储单元中。在存储时,系统将实型数据分成小数部分和指数部分两个部分,分别存放,小数部分的小数点前面的数为0。如3.14159在内存中的存放形式可以用图2.11表示。

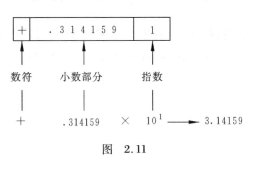

图 2.11

图2.11是用十进制数来示意的,实际上在计算机中是用二进制数来表示小数部分以及用2的幂次来表示指数部分的。在4个字节(32位)中,究竟用多少位来表示小数部分,多少位来表示指数部分,C标准并无具体规定,由各C语言编译系统自定。

有的C语言编译系统以24位表示小数部分(包括符号),以8位表示指数部分(包括指数的符号)。由于用二进制形式表示一个实数以及存储单元的长度是有限的,因此不可能得到完全精确的值,只能得到有限的精确度。小数部分占的位(bit)数越多,数的有效数字越多,精度也就越高。指数部分占的位数越多,则能表示的数值范围越大。

表2.4列出用 Visual C++时实型数据的有关情况。

表2.4 实型数据的有关情况

类 型	字节数	有效数字	数值范围(绝对值)
float	4	6~7	0以及$1.2 \times 10^{-38} \sim 3.4 \times 10^{38}$
double	8	15~16	0以及$2.3 \times 10^{-308} \sim 1.7 \times 10^{308}$
long double	8 16	15~16 18~19	0以及$2.3 \times 10^{-308} \sim 1.7 \times 10^{308}$ 0以及$3.4 \times 10^{-4932} \sim 1.1 \times 10^{4932}$

4. 浮点型常量的类型

浮点型常量是以小数形式或指数形式出现的实数(如1.2,10.0,67.9e6),它们在内存中都以二进制形式的指数形式存储。那么对浮点型常量是按单精度处理还是按双精度处理呢?**C编译系统把所有的浮点型常量都按双精度处理**,分配8个字节。这是为了使运算能得到较高的精度。

例如想求两个值的乘积,可以定义一个双精度浮点型变量d,执行如下语句:

```
d=2.45678 * 4523.65;
```

系统把2.45678和4523.65作为双精度数,然后进行相乘的运算,得到的乘积也是一个双精度数,最后赋给双精度浮点型变量d。由于双精度数可以提供15~16位有效数字,这样做可以使计算结果更精确(但运算速度会降低)。

如果把一个浮点型常量赋给一个单精度浮点变量f,如:

```
f=3.14159;
```

在编译此行时,系统给出**警告**(warning):" truncation from 'const double' to 'float'" ,提醒用户:你把一个double常量赋给float型变量,精度会受损失。虽然3.14159的有效位数未超过7位,但是系统把所有浮点型变量都作为双精度数,所以提出上述警告,这和本章例2.1所出现的情况相似。出现警告并不影响连接和运行,但是用户应了解警告中提出的问题是否影响运行的结果。如果已定义变量f是单精度浮点型变量,若有以下赋值语句:

```
f=12345.67890123;
```

则在赋值后只能保证6~7个有效位数,第7位之后的数字不起作用。

如果执意不想把浮点型常量作为双精度处理,可以在数值的后面加字母f或F(如1.65f,654.87F),这样编译系统就会把它们按单精度处理,分配4个字节。显然,此时数值范围和有效位数都减小了。

*5. 浮点型数据的舍入误差

由于浮点型变量是由有限的存储单元组成的,因此能提供的有效数字总是有限的。在有效位以外的数字将被舍去。由此可能会产生一些误差,例如,将3.1415926赋给一个float型变量,但它只能保证前7位是有效的。

【**例2.7**】 检查浮点型数据的舍入误差。

解题思路:将一个双精度数赋给一个单精度浮点型变量,检查其误差。

编写程序:

```
#include <stdio.h>
int main()
{ float a;
  a=3.141592612;
  printf("a=%f\n",a);
  return 0;
}
```

在程序编译阶段,系统给出上述的警告(" truncation from 'const double' to 'float'"),如不理会此警告,执行程序,可得如下结果。

运行结果:

```
3.141593
```

可以看到:输出的值与给定的值之间有一些误差。这是由于a是单精度浮点型变量,只能提供7位有效数字,后面几位被忽略了。

💡 **说明**:在计算机上的计算不是理论计算,必须建立工程观点,要了解计算是怎样实现的,在什么环节会出现误差。

2.3 用表达式进行数据的运算

几乎每一个程序都需要进行运算,对数据进行加工处理,否则程序就没有意义了。

2.3.1 C 表达式

数据的运算主要是通过表达式进行的。C表达式是指把符合C语言规定的、用运算符和括号将数据(包括常量、变量、函数)连接起来的式子。如例2.1程序中的"(a+b+c)/2.0"和"sqrt(s*(s-a)*(s-b)*(s-c))"都是合法的C表达式。注意表达式的最后没有分号,如"a+1"是表达式,而"a+1;"不是合法的表达式。

C语言中的表达式的概念与数学上的表达式不完全相同,它包括的范围很广,除了算术表达式,还有其他类型的表达式。C语言有以下几类表达式:

算术表达式。如 $2+6.7*3.5+\sin(0.5)$。

关系表达式。如 $x>0, y<z+6$。

逻辑表达式。$x>0$ && $y>0$ (表示 $x>0$ 与 $y>0$ 同时成立,&& 是逻辑运算符,代表"与")。

赋值表达式。如 $a=5.6$。

逗号表达式。如 $a=3, y=4, z=8$(用逗号连接若干个表达式,顺序执行这些表达式,整个逗号表达式的值是最后一个表达式的值,今为8)。

2.3.2 C运算符

为了构成C表达式,显然需要用运算符,C语言的运算符比较丰富,有以下几种:

(1) 算术运算符(+ - * / % ++ --)。

(2) 关系运算符(> < == >= <= !=)。

(3) 逻辑运算符(! && ||)。

(4) 位运算符(<< >> ~ | ^ &)。

(5) 赋值运算符(=及其扩展赋值运算符)。

(6) 条件运算符(? :)。

(7) 逗号运算符(,)。

(8) 指针运算符(* &)。

(9) 求字节数运算符(sizeof)。

(10) 强制类型转换运算符((类型))。

(11) 分量运算符(. ->)。

(12) 下标运算符([ ])。

(13) 其他(如函数调用运算符( ))。

可以看到,C语言的运算符范围很宽,除了控制语句外的几乎所有的基本操作都用运算符来处理,例如将赋值符"="作为赋值运算符、圆括号( )作为函数运算符,方括号[ ]作为下标运算符等。本章只介绍算术运算符和算术表达式,在以后各章中结合有关内容将陆续介绍其他运算符和其他表达式。运算符见本书附录C。

最常用的算术运算符见表2.5。

表2.5 最常用的算术运算符

运算符	含 义	举例	结 果
+	正号运算符(单目运算符)	+a	a 的值
-	负号运算符(单目运算符)	-a	a 的算术负值
*	乘法运算符	a*b	a 和 b 的乘积

续表

运算符	含义	举例	结果
/	除法运算符	a/b	a除以b的商
%	求余运算符	a%b	a除以b的余数
+	加法运算符	a+b	a和b的和
−	减法运算符	a−b	a和b的差
++	自加	a++,++a	a的值加1
−−	自减	a−−,−−a	a的值减1

说明：

(1) 运算符"÷"以"/"代替。两个实数相除的结果为双精度实数；两个整数相除的结果为整数，如10/3的结果值为3，舍去小数部分。但是，如果除数或被除数中有一个为负值，则舍入的方向是不固定的。例如，−10/3，有的系统中得到的结果为−3，有的系统中则得到结果为−4。多数C编译系统(如Visual C++)采取"向零取整"的方法，即10/3=3，−10/3=−3，取整后向零靠拢。

(2) %运算符要求参加运算的运算对象必须是整数，结果也是整数。如10%3，结果为1。

(3) 除了%和++、−−以外的其他运算符，参加运算的数据可以是任何算术类型。

(4) **自增运算符**(++)和**自减运算符**(−−)是C语言特有的运算符，其作用是使变量的值递增(加1)或递减(减1)。它们可以作为"前序运算符"出现在变量的左侧，如：

++i,−−i   使i的值加(减)1,++i的值是i加1后的值

也可以作为"后序运算符"出现在变量的右侧，如：

i++,i−−   使i的值加(减)1,i++的值是i加1前的值

粗略地看，++i和i++的作用都相当于i=i+1。但应注意++i和i++的不同之处：如果它们出现在表达式中，++i的作用是先使i加1，然后以i的新值参加运算；而i++的作用虽然也使i加1，但它是用i的原值参加表达式的运算。

如果i的原值等于3，请分析下面的赋值语句：

j=++i;   (i先加1,i的值变为4,把4赋给j,j的值为4。可理解为++i的值为4)
j=i++;   (把i的原值3赋给j,j的值为3,i加1变为4。可理解为i++的值为3)

又如：

printf("%d",++i);

输出4。若改为

printf("%d\n",i++);

则输出3[①]。

———————

[①] 对于自增运算符(++)和自减运算符(−−)，系统实际上是这样操作的：如果作为前序运算符，如j=++i，系统会直接使变量i的值加1，然后赋给变量j。如果把++作为后序运算符，如j=i++，系统会自动生成一个临时的中间变量，先把i的值赋给此中间变量暂时保存，然后使i自加1，最后把中间变量的值(即i的原值)赋给变量j。这样就得到上面正文中所叙述的结果。对初学者来说，对此有一定了解即可，不必深究。

注意：自增运算符(++)和自减运算符(--)只能用于整型变量,而不能用于常量或表达式,如 5++ 或 (a+b)++ 都是不合法的。因为 5 是常量,常量的值不能改变。(a+b)++ 也不可能实现,假如 a+b 的值为 5,那么自增后得到的 6 放在什么地方呢? 没有变量可供存放。

自增(减)运算符常用于循环语句中,使循环变量自动加 1;也用于指针变量,使指针指向下一个地址。这些将在以后的章节中介绍。

专业人员喜欢在使用 ++ 和 -- 运算符时,采取一些技巧,以体现程序的专业性,但使用 ++ 和 -- 运算符时,常常会出现一些人们想不到的副作用,最好只用最简单的形式,如 i++,i--,++i,--i,而且把它作为独立的表达式,不要把它作为一个表达式的组成部分,如:

```
a=++i ---j +3
```

就很不直观,很易出错。

注意:程序应当清晰第一,效率第二。

2.3.3 运算符的优先级与结合性

在表达式求值时要考虑运算符的优先级,按运算符的优先级别高低次序执行,例如先乘除后加减。如有表达式 a-b*c,在 b 的左侧为减号,右侧为乘号,而乘号优先于减号,因此,它相当于 a-(b*c)。如果在一个运算对象两侧的运算符的优先级别相同,如 a-b+c,则按 C 语言规定的"**结合方向**"处理。

C 语言规定了各种运算符的结合方向(也称为**结合性**),算术运算符的结合方向为"自左至右",即先左后右,因此在求 a-b+c 时,b 先与减号结合,执行 a-b 的运算,再执行加 c 的运算。"自左至右的结合方向"又称"**左结合性**",即运算对象先与左面的运算符结合。有些运算符(如 ++,--)的结合方向为"自右至左",即**右结合性**。关于"结合性"的概念是 C 的特点之一,初学者对它有所了解即可,不必深究。编程时若没把握,加上括号即可。在看别人写的程序时如搞不清楚,可查一下规定。本书附录 C 列出了所有运算符以及它们的优先级别和结合性。

2.3.4 不同类型数据间的混合运算

在程序中经常会遇到不同类型的数据进行运算,如 5*4.5。如果一个运算符的两侧的数据类型不同,则先自动进行类型转换,使二者具有同一种类型,然后进行运算。在 C 语言表达式中,数值型(包括整型、实型、字符型等)数据可以进行混合运算。例如:

```
25 +'Z' +4.56/'b' *4.2
```

是合法的。在进行运算时,运算符两侧的数据要先转换成同一类型,然后进行运算。转换的规则如图 2.12 所示。

图 2.12 中横向向左的箭头表示运算时必定发生的转换,如 char 和 short 型数据在参加运算前会先换为 int 型,

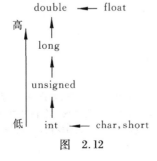

图 2.12

float 型数据在运算时一律先转换成双精度型(即使是两个 float 型数据相加,也先都化成 double 型,然后再相加)。

纵向的箭头表示当运算对象为不同类型时转换的方向。例如,int 型与 double 型数据进行运算时,先将 int 型的数据转换成 double 型,然后在两个同类型(double 型)数据间进行运算,结果为 double 型。

💡**注意**:箭头方向只表示数据类型级别的高低,由低向高转换。不要理解为 int 型先转换成 unsigned int 型,再转成 long 型,再转成 double 型。如果一个 int 型数据与一个 double 型数据运算,是直接将 int 型转成 double 型。同理,一个 int 型与一个 long 型数据运算,直接将 int 型转换成 long 型。

如果参加运算的两个数据中有一个是 float 型或 double 型,则两个数据都要先转换为 double 型,运算结果为 double 型。如果参加运算的两个数据中最高级别为 long 型,则另一数据先转换为 long 型,运算结果为 long 型。其他以此类推。

假设已指定 i 为整型变量,f 为 float 变量,d 为 double 型变量,n 为 long 型,若有下面式子:

```
50+'b'+i*f-d/n
```

在计算机执行时从左至右扫描,运算次序如下:

① 进行 50+'b'的运算,先将'b'转换成整数 98,运算结果为 148。

② 由于"*"比"+"优先,先进行 i*f 的运算。先将 i 与 f 都转成 double 型,运算结果为 double 型。

③ 整数 148 与 i*f 的积相加。先将整数 148 转换成双精度数(按双精度型数据存储),结果为 double 型。

④ 将变量 n 化成 double 型,d/n 结果为 double 型。

⑤ 将 50+'b'+i*f 的结果与 d/n 的商相减,结果为 double 型。

上述的类型转换是由系统自动进行的,不必人工干预。

*2.3.5 强制类型转换

除了前面介绍的系统自动进行的类型转换以外,C 语言还允许利用强制类型转换运算符将一个变量或表达式转换成所需类型。例如:

```
(double)a          (将 a 转换成 double 类型)
(int)(x+y)         (将 x+y 的值转换成 int 型)
(float)(5%3)       (将 5%3 的值转换成 float 型)
```

其一般形式为

(类型名)(表达式)

注意,表达式应该用括号括起来。如果写成

```
(int)x+y
```

则只将 x 转换成整型,然后与 y 相加。

需要说明的是,在强制类型转换时,得到一个所需类型的中间数据,而原来变量的类型未发生变化。例如:

```
a = (int)x
```

如果已定义 x 为 float 型变量,a 为整型变量,进行强制类型运算(int)x 后得到一个 int 类型的临时值,它的值等于 x 的整数部分,把它赋给 a,注意 x 的值和类型都未变化,仍为 float 型。该临时值在执行下一语句时就不再存在了。

当自动类型转换不能实现目的时,可以用强制类型转换。如"%"运算符要求其两侧均为整型量,若变量 f 为 float 型,则"f % 3"不合法,必须写成"(int)f % 3"。从附录 D 可以查到,强制类型转换运算优先于 % 运算,因此先进行(int)f 的运算,得到一个整型的中间变量,然后再对 3 求余。此外,在函数调用时,有时为了使实参与形参类型一致,可以用强制类型转换运算符得到一个所需类型的参数。

2.4 最常用的 C 语句——赋值语句

2.4.1 C 语句综述

C 程序结构可以用图 2.13 表示。即一个 C 程序可以由若干个源程序文件(编译时以文件模块为单位)组成,一个源文件可以由若干个函数和预处理指令以及全局变量声明部分组成(关于"全局变量"第 6 章会详细介绍)。

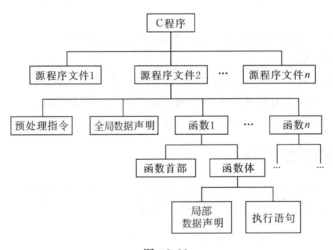

图 2.13

一个函数由数据声明部分和执行语句组成。执行部分是由语句组成的,语句的作用是向计算机系统发出操作指令,要求执行相应的操作。一个 C 语句经过编译后产生若干条机器指令,而声明部分不是语句,它不产生机器指令,只是对有关数据的声明。

C 语句包括以下 5 类。

(1) **控制语句**。控制语句用于完成一定的控制功能。C 只有 9 种控制语句,它们的形式如下:

① if( )…else…　　　　　(条件选择语句)
② for( )…　　　　　　　(循环语句)

③ while ( )…   （循环语句）
④ do…while ( )   （循环语句）
⑤ continue   （结束本次循环的语句）
⑥ break   （中止执行 switch 或循环的语句）
⑦ switch   （多分支选择语句）
⑧ return   （从函数返回语句）
⑨ goto   （转向语句，在结构化程序中基本不用 goto 语句）

上面 9 种语句表示形式中的括号"( )"表示括号中是一个"判别条件"，"…"表示内嵌的语句。例如上面的"if( )…else…"的具体语句可以写成：

```
if (x > y) z = x; else z = y;
```

其中，"x > y"是一个"判别条件"，"z = x;"和"z = y;"是内嵌的 C 语句，这两个语句是内嵌在 if…else 语句中的。这个 if…else 语句的作用是：先判别条件"x > y"是否成立，如果 x > y 成立，就执行内嵌语句"z = x;"，否则就执行内嵌语句"z = y;"。

(2) **函数调用语句**。函数调用语句由一个函数调用加一个分号构成，例如：

```
printf("This is a C statement.");
```

其中，printf("This is a C statement.")是一个函数调用，加一个分号成为一个语句。

(3) **表达式语句**。表达式语句由一个表达式加一个分号构成，最典型的是，由赋值表达式构成一个赋值语句。例如：

```
a = 3
```

是一个赋值表达式，而

```
a = 3;
```

是一个赋值语句。可以看到一个表达式的最后加一个分号就成了一个语句。一个语句必须在最后有一个分号，分号是语句中不可缺少的组成部分。例如：

```
i = i + 1        (是表达式，不是语句)
i = i + 1;       (是语句)
```

任何表达式都可以加上分号而成为语句，例如：

```
i + +;
```

是一个语句，作用是使 i 值加 1。又例如：

```
x + y;
```

也是一个语句，作用是完成 x + y 的操作，它是合法的，但是并没有把 x + y 的结果赋给另一变量，所以它并无实际意义。

表达式能构成语句是 C 语言的一个重要特色。其实"函数调用语句"也是属于表达式语句，因为函数调用（如 sin(x)）也属于表达式的一种。只是为了便于理解和使用，才把"函数调用语句"和"表达式语句"分别介绍。

(4) **空语句**。下面是一个空语句：

```
;
```

此语句只有一个分号,它什么也不做。那么它有什么用呢？可以用来作为流程的转向点(流程从程序其他地方转到此语句处),也可用来作为循环语句中的循环体(循环体是空语句,表示循环体什么也不做)。

(5) **复合语句**。可以用{}把一些语句和声明括起来成为**复合语句**(又称**语句块**)。例如下面是一个复合语句：

```
{
    double =3.14159, r=2.5, area;        //定义变量
    area=pi*r*r;
    printf("area=%f",area);
}
```

如果复合语句中包含声明部分(如上面的第2行),C99允许将声明部分放在复合语句中的任何位置,但习惯上把它放在语句块开头位置。复合语句常用在 if 语句或循环中,此时程序需要连续执行一组语句。

注意：复合语句中最后一个语句中最后的分号不能忽略不写。

2.4.2 赋值表达式

程序中的计算功能大部分是由赋值语句实现的,几乎每一个有实用价值的程序都包括赋值语句。有的程序中的大部分语句都是赋值语句。一个赋值语句是在一个赋值表达式后面加一个分号构成的。因此要首先了解赋值表达式和赋值运算符。

1. 赋值运算符

赋值符号"="就是赋值运算符,它的作用是将一个数据赋给一个变量。如"a=5"的作用是执行一次赋值操作(或称**赋值运算**)。把常量5赋给变量a。也可以将一个表达式的值赋给一个变量。

2. 赋值表达式

由赋值运算符将一个变量和一个表达式连接起来的式子称为"赋值表达式"。它的一般形式为

变量　赋值运算符　表达式

赋值表达式的作用是将一个表达式的值赋给一个变量,因此赋值表达式具有计算和赋值的双重功能。如"a=3*5"是一个赋值表达式。对赋值表达式求解的过程是：先求赋值运算符右侧的"表达式"的值,然后赋给赋值运算符左侧的变量。既然赋值表达式是一个表达式,它就应当有一个值。赋值表达式的值就是被赋值的变量的值。例如赋值表达式"a=3*5"的值和变量a的值都是15。

赋值运算符左侧应该是一个可修改的"**左值**"(left value,简写为 lvalue)。左值的意思是它可以出现在赋值运算符的左侧,它的值是可以改变的。并不是任何形式的数据都

可以作为左值的,变量可以作为左值,而算术表达式a+b就不能作为左值,常量也不能作为左值,因为常量不能被赋值。能出现在赋值运算符右侧的表达式称为"**右值**"(right value,简写为rvalue)。显然左值也可以出现在赋值运算符右侧,因而凡是左值都可以作为右值。例如:

```
b=a;                //b 是左值
c=b;                //b 也是右值
```

赋值表达式中的"表达式",又可以是一个赋值表达式。例如:

```
a=(b=5)
```

括号内的"b=5"是一个赋值表达式,它的值等于5。执行表达式"a=(b=5)",就是先执行"b=5",然后把"b=5"的值赋给a。因此a的值等于5,整个赋值表达式a=(b=5)的值也等于5。从附录D可以知道赋值运算符按照"自右而左"的结合顺序,因此,"(b=5)"外面的括号可以不要,即"a=(b=5)"和"a=b=5"作用相同,下面是赋值表达式的例子:

```
a=b=c=5             (赋值表达式值和变量a,b,c值均为5)
a=5+(c=6)           (c 的值为6,a 的值为11,赋值表达式的值为11)
a=(b=4)+(c=6)       (c 的值为6,b 的值为4,a 的值为10,赋值表达式的值为10)
a=(b=10)/(c=2)      (c 的值为2,b 的值为10,a 的值为5,赋值表达式的值为5)
```

请分析下面的赋值表达式:

```
a=b=3*4
```

将3*4的值先赋给变量b,然后把变量b的值赋给变量a,最后a和b的值都等于12。

把赋值表达式作为表达式的一种,就使得赋值操作不仅可以出现在赋值语句中,而且可以以表达式的形式出现在其他语句中(如输出语句、循环语句等),如:

```
printf("%d",a=b);
```

如果b的值为3,则输出表达式a=b的值为3。在一个printf函数中完成了赋值和输出双重功能。这是C语言灵活性的一种表现。以后将进一步看到这种应用及其优越性。

3. 复合的赋值运算符

在赋值符"="之前加上其他运算符,可以构成复合的运算符。如果在"="前加一个"+"运算符就成了复合运算符"+="。例如:

```
a+=3         等价于   a=a+3
x*=y+8       等价于   x=x*(y+8)
x%=3         等价于   x=x%3
```

以"a+=3"为例来说明,它相当于使a进行一次自加3的操作。先使a加3,再赋给a。同样,"x*=y+8"的作用是先使x乘以(y+8),然后再赋给x。

凡是二元(二目)运算符,都可以与赋值符一起组合成复合赋值符。有关算术运算的

复合赋值运算符有:

$$+=,\quad -=,\quad *=,\quad /=,\quad \%=$$

C语言采用这种复合运算符,一是为了简化程序,使程序精练,二是为了提高编译效率,能产生质量较高的目标代码。专业人员喜欢使用复合运算符,程序显得专业一点,对初学者来说,不必多用,首要的是保持程序清晰易懂。我们在此作简单的介绍,是为了便于阅读别人编写的程序。

本小节内容可不作为必学,可以自学,知道即可。

4. 赋值过程中的类型转换

如果赋值运算符两侧的数据都是数值型数据,可以进行赋值,这种情况称为**赋值兼容**。其中包括两种情况:

一种是赋值运算符两侧的类型一致,则直接进行赋值。如:

    i=54321;   //设已定义i为整型变量

此时直接将整数54321存入变量i的存储单元中。

另一种是赋值运算符两侧的类型不一致,但都是算术类型时,在赋值时要进行类型转换。转换的规则是:

(1) 将浮点型数据(包括单、双精度)赋给整型变量时,先对浮点数取整,即舍弃小数部分,然后赋予整型变量。如果i为整型变量,执行"i=3.56"的结果是使i的值为3,并以整数形式存储在整型变量i中。

(2) 将整型数据赋给单、双精度变量时,数值不变,但以浮点数形式存储到变量中。如果有float型变量f,执行"f=23;",先将整数23转换成实数23.0,并按指数形式存储在float型变量f中。如将23赋给double型变量d,即执行"d=23;",则将整数23转换成双精度实数23.0,然后以双精度浮点数形式存储到变量d中。

(3) 将一个double型数据赋给float变量时,先将双精度数转换为单精度,即只取6、7位有效数字,存储到float变量的4个字节中。应注意双精度数值的大小不应超过float型变量的数值范围。例如,将一个double型变量d的值赋给一个float型变量f。

    double d=123.456789e100;   //指数为100,超过了float数据的最大范围
    f=d;

f无法容纳如此大的数,f的值会出错。

将一个float型数据赋给double变量时,数值不变,在内存中以8个字节存储,有效位数扩展到16位。

(4) 字符型数据赋给整型变量时,将字符的ASCII代码赋给整型变量。如:

    i='A';   //已定义i为整型变量

由于'A'字符的ASCII代码为65,因此赋值后i的值为65。

(5) 将一个占字节多的整型数据赋给一个占字节少的整型变量或字符变量(例如把占4个字节的int型数据赋给占2个字节的short变量或占1个字节的char变量)时,只将其低字节原封不动地送到被赋值的变量中(即发生"截断")。例如:

```
int i=289;
char c='a';
c=i;
```

赋值情况见图2.14。c的值为33,如果用"%c"输出c,将得到字符"!"(其ASCII码为33)。

又如:

```
int a=32767;
short b;
b=a+1;
```

理论上应得到32768,但输出的结果却是 -32768。有人感到莫名其妙,其实原因很简单,因为短整型数据只占2个字节,最大能表示32767,无法表示32768。见图2.15。

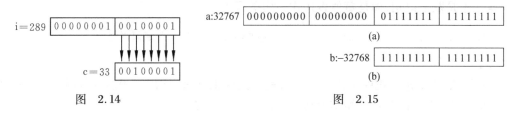

图 2.14   图 2.15

图2.15(a)表示int型变量用4个字节存储32767的情况,加1以后,两个低字节的16位为全1。把它传送到short变量b中,见图2.15(b)。由于整型变量的最高位代表符号,第1位是1,代表此数是负数,它就是 -32768的补码形式。如果希望深入研究此问题,应当了解有关补码的知识。对一般初学者来说,只需要注意不同类型数据的数值范围即可。

要避免把占字节多的整型数据向占字节少的整型变量赋值,因为赋值后数值可能发生严重失真。如果一定要进行这种赋值,应当确保赋值后数值不会发生变化,即所赋的值在变量的允许数值范围内。如果把上面的 a 值改为12345,就不会失真。

(6) 将有符号整型变量赋给长度相同的无符号整型变量时,按字节原样赋值(连原有表示符号的最高位也作为数值一起传送)。将无符号整型变量赋给长度相同的有符号整型变量时,应注意不要超出有符号整型变量的数值范围,否则会出错。在此不详述,读者可自己分析并上机验证。

说明:以上的赋值规则看起来比较复杂,其实不必死记。只要知道:整型数据之间的赋值,按存储单元中的存储形式直接传送。实型数据之间以及整型与实型之间的赋值,是先转换(类型)后赋值。

在不同类型数据之间赋值时,常常会出现数据的失真,而且这不属于语法错误,编译系统并不提示出错,全靠程序员的经验去发现问题。这就要求编程人员对出现问题的原因有所了解。

2.4.3 赋值语句

1. 区分赋值表达式和赋值语句

在C程序中,赋值语句是用得最多的语句。但是在2.4.1节的C语句分类中,并没有看到赋值语句,实际上,C语言的赋值语句属于表达式语句,由一个赋值表达式加一个分号组成。其他一些高级语言(如 BASIC,FORTRAN,Pascal 等)有赋值语句,而无"赋值表达式"这一概念。这是 C 语言的一个特点,使之应用灵活方便。

前面已经提到,在一个表达式中可以包含另一个表达式。赋值表达式既然是表达式,那么它就可以出现在其他表达式之中。例如:

```
if ((a=b)>0) max=a;
```

按一般理解,if 后面的括号内应该是一个"条件",例如可以是

```
if (a>0) max=a;
```

现在,在 a 的位置上换上一个赋值表达式"a=b",其作用是:先进行赋值运算(将 b 的值赋给 a),然后判断 a 是否大于 0,如大于 0,执行 max=a。请注意,在 if 语句中的"a=b"不是赋值语句,而是赋值表达式。如果写成

```
if ((a=b;)>0) max=a;              //"a=b;"有分号,是赋值语句
```

就错了。

可以看到,C 语言把赋值语句和赋值表达式区别开来,增加了表达式的种类,使表达式的应用几乎"无孔不入",能实现其他语言中难以实现的功能。

注意:要区分赋值表达式和赋值语句。赋值表达式的末尾没有分号,而赋值语句的末尾必须有分号。在一个表达式中可以包含一个或多个赋值表达式,但绝不能包含赋值语句。

2. 对变量赋初值

从前面的程序中可以看到:可以用赋值语句对变量赋值,也可以在定义变量时对变量赋以初值。这样可以使程序简练。如:

```
int a=3;              //指定 a 为整型变量,初值为 3
float f=3.56;         //指定 f 为浮点型变量,初值为 3.56
char c='a';           //指定 c 为字符变量,初值为'a'
```

也可以使被定义的变量的一部分赋初值。例如:

```
int a,b,c=5;
```

指定 a,b,c 为整型变量,但只对 c 初始化,c 的初值为 5。

如果对几个变量赋予同一个初值,应写成

```
int a=3,b=3,c=3;
```

表示 a,b,c 的初值都是 3。不能写成

```
int a=b=c=3;
```

变量初始化不是在编译阶段完成的(只有在静态存储变量和外部变量的初始化是在编译阶段完成的),而是在程序运行时执行本函数时赋予初值的,相当于执行一个赋值语

句。例如：

```
int a=3;
```

相当于

```
int a;              //指定 a 为整型变量
a=3;                //赋值语句,将 3 赋给 a
```

又如：

```
int a,b,c=5;
```

相当于

```
int a,b,c;          //指定 a、b、c 为整型变量
c=5;                //将 5 赋给 c
```

【例 2.8】 有两个整型变量 a 和 b,要求把它们的值互换。

解题思路：关键是想出把两个变量的值互换的方法。不能把两个变量直接互相赋值,如为了将 a 和 b 对换,不能用下面的办法：

```
a=b;                //把变量 b 的值赋给变量 a,a 的值等于 b 的值
b=a;                //再把变量 a 的值赋给变量 b,变量 b 值没有改变
```

可以这样考虑：将两个杯子中的水互换,用两个杯子的水倒来倒去的办法是无法实现的。必须借助于第三个杯子 C,先把 A 杯的水倒在 C 杯中,再把 B 杯的水倒在 A 杯中,最后再把 C 杯的水倒在 A 杯中,这就实现了两个杯子中的水互换。C 杯是一个临时用的杯子。这是在程序中实现两变量换值的算法。

为了实现两个变量的值互换,必须借助于第三个变量。

编写程序：

```
#include <stdio.h>
int main ()
{
    int a=3,b=4,temp;
    temp=a;             //以下 3 行的作用是把 a 和 b 的值互换
    a=b;
    b=temp;
    printf("a=%d,b=%d\n",a,b);
    return 0;
}
```

运行结果：

```
a=4,b=3
```

程序分析：程序中的变量 temp 是临时的中间变量,temp 是英文 temporary 的缩写,见名知义。

2.5 数据的输入输出

2.5.1 C语言中输入输出的概念

从前面的程序可以看到,几乎每一个C程序都包含输入输出。因为要进行运算,就必须给出数据,而运算的结果当然需要输出,以便人们应用。没有输出的程序是没有意义的。输入输出是程序中最基本的操作之一。

在讨论程序的输入输出时首先要注意以下几点。

(1) **所谓输入输出是以计算机主机为主体而言的**。从计算机向输出设备(如显示器、打印机等)输出数据称为**输出**,从输入设备(如键盘、磁盘、光盘、扫描仪等)向计算机输入数据称为**输入**。见图2.16。

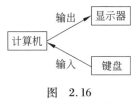

图 2.16

(2) **C语言本身不提供输入输出语句,输入和输出操作是由C标准函数库中的函数来实现的**。在C标准函数库中提供了一些输入输出函数,例如printf函数和scanf函数。读者在使用它们时,千万不要误认为它们是C语言提供的"输入输出语句"。printf和scanf不是C语言的关键字,而只是库函数的名字。实际上可以不用printf和scanf这两个名字,而另外编写一个输入函数和一个输出函数,用来实现输入输出的功能,采用其他名字作为函数名。

C提供的标准函数以库的形式在C的编译系统中提供,它们不是C语言文本中的组成部分。不把输入输出作为C语句的目的是使C语言编译系统简单精练,因为将语句翻译成二进制的指令是在编译阶段完成的,没有输入输出语句就可以避免在编译阶段处理与硬件有关的问题,可以使编译系统简化,而且通用性强,可移植性好,在各种型号的计算机和不同的编译环境下都能适用,便于在各种计算机上实现。

各种C编译系统提供的系统函数库是各软件公司编制的,包括了C标准建议的全部标准函数,还根据用户的需要补充一些常用的函数。它们在程序连接阶段与由源程序经编译而得到的目标文件(.obj文件)相连接,生成一个可执行的目标程序(.exe文件)。如果在源程序中有printf函数,编译系统根据头文件"stdio.h"能识别它是一个库函数,在连接阶段把目标文件(.obj文件)与系统函数库相连接后,在执行阶段调用函数库中的printf函数。

不同的编译系统所提供的函数库中,函数的数量、名字和功能是不完全相同的。不过,有些通用的函数(如printf和scanf等),各种编译系统都提供,是各种系统的标准函数。

C语言函数库中有一批"标准输入输出函数",它是以标准的输入输出设备(一般为终端设备)为输入输出对象的。其中有:putchar(输出字符)、getchar(输入字符)、printf(格式输出)、scanf(格式输入)、puts(输出字符串)、gets(输入字符串)。

(3) **在使用系统库函数时,要在程序文件的开头用预编译指令"#include"把有关头文件放在本程序中**。在调用标准输入输出库函数时,文件开头应该有以下预编译指令:

```
#include <stdio.h>
```

或

```
#include "stdio.h"
```

把头文件"stdio.h"包括到用户源文件中。"stdio.h"头文件包含了与标准 I/O 库有关的变量定义和宏定义以及对函数的声明。stdio 是 standard input & output(标准输入和输出)的缩写。文件后缀中 h 是 header 的缩写。在对程序进行编译预处理时,编译系统把 stdio.h 头文件中的内容取代本行的#include 指令。这样在本程序模块中就可以使用这些内容了。

以上两种"#include"指令形式的区别是:用尖括号形式(如<stdio.h>)时,编译系统从存放 C 编译系统的子目录中去找所要包含的文件(如 stdio.h 文件),这称为**标准方式**。如果用双撇号形式(如"stdio.h"),在编译时,编译系统先在用户的当前目录(一般是用户存放源程序文件的子目录)中寻找要包含的文件,若找不到,再按标准方式查找。

如果用"#include"指令是为了使用系统库函数,用标准方式为宜。如果用户想包含的头文件不是系统提供的相应头文件,而是用户自己编写的文件(这种文件一般都存放在用户当前目录中),这时应当用双撇号形式,否则会找不到所需的文件。如果该头文件不在当前目录中,可以在双撇号中写出文件路径(如#include "C:\temp\file1.h"),以便系统能从中找到所需的文件。

注意:应养成这样的习惯:在本程序文件中使用标准输入输出库函数时,一律加上#include <stdio.h> 指令。

2.5.2 用 printf 函数输出数据

在 C 程序中用来实现输出和输入的,主要是 printf 函数和 scanf 函数。这两个函数是**格式输入输出函数**。用这两个函数时,程序设计人员必须指定输入输出数据的格式,即根据数据的不同类型指定不同的格式。

说明:C 提供的输入输出格式比较多,也比较烦琐,初学时不易掌握,更不易记住。用得不对就得不到预期的结果,不少编程人员由于掌握不好这方面的知识而浪费了大量调试程序的时间。为了使读者便于掌握,本章主要介绍最基本的格式输入输出,有了这些基本知识,就可以顺利地进行一般的编程工作了。随着应用的深入,可以进一步学习较复杂的格式输入输出。

在前面的例题中已经多次用 printf 函数输出数据,下面再作比较系统的介绍。

printf 函数(格式输出函数)用来向终端(或系统隐含指定的输出设备)输出若干个任意类型的数据。

1. printf 函数的一般格式

printf 函数的一般格式为
printf(格式控制,输出表列)
例如:

```
printf("%d,%c\n",i,c)
```

括号内包括两部分:

(1)"**格式控制**"是用双撇号括起来的一个字符串,称"**转换控制字符串**",简称"**格式字符串**"。它包括两个信息:

① **格式声明**。格式声明由"%"和**格式字符**组成,如%d,%f 等。它的作用是将输出的数据转换为指定的格式然后输出。格式声明总是由"%"字符开始的。

② **普通字符**。普通字符即需要在输出时**原样输出**的字符。例如上面 printf 函数中双撇号内的逗号、空格和换行符,也可以包括其他字符。

(2)"**输出表列**"是程序需要输出的一些数据,可以是常量、变量或表达式。

下面是 printf 函数的具体例子:

```
printf("a = %d b = %d\n",a,b)
```
          格式声明   输出表列

printf 函数中的双撇号内的字符,除了两个"%d"以外,还有非格式声明的**普通字符**(如 a = ,b = ,空格以及'\n'),它们全部按原样输出。如果 a 和 b 的值分别为 3 和 4,则输出为

<u>a</u> = 3 <u>b</u> = 4

'\n'使输出控制移到下一行的开头,从显示屏幕上可以看到光标已移到下一行的开头。

上面输出结果中有下画线的字符是 printf 函数中的"格式控制字符串"中的普通字符,按原样输出结果。3 和 4 是 a 和 b 的值(注意 3 和 4 这两个数字前和后都没有外加空格),其数字位数由 a 和 b 的值而定。假如 a = 12,b = 123,则输出结果为

<u>a</u> = 12 <u>b</u> = 123

由于 printf 是函数,因此"格式控制字符串"和"输出表列"实际上都是函数的参数。printf 函数的一般形式可以表示为

printf(**参数 1**,**参数 2**,**参数 3**,……,**参数 n**)

参数 1 是格式控制字符串,参数 2 ~ 参数 n 是需要输出的数据。执行 printf 函数时,将参数 2 ~ 参数 n 按参数 1 所指定的格式进行输出。

2. 基本的格式字符

从前面的例子中已知:在输出时,对不同类型的数据要指定不同的格式声明,而格式声明中最重要的内容是**格式字符**。常用的有以下几种格式字符。

(1) **d 格式符**。d 的含义是 decimal。输出时,按**十进制整型数据**的实际长度输出,正数的符号不输出。可以在格式声明中指定输出数据的**域宽**(所占的列数),如用"%5d",指定输出数据占 5 列,输出的数据显示在此 5 列区域的右侧。如:

```
printf("%5d\n%5d\n",12,-345);
```

输出结果为

   12   (12 前面有 3 个空格)
 -345   (-345 前面有 1 个空格)

若输出 long(长整型)数据,在格式符 d 前加小写字母 l(代表 long),即"%ld"。若输

出long long(双长整型)数据,在格式符d前加两个小写字母l(代表long),即"%lld"。

(2) **c格式符**。c的含义是character,用来输出一个**字符**。例如:

```
char ch = 'a';
printf("%c",ch);
```

运行时输出

a

也可以指定域宽,如:

```
printf("%5c",ch);
```

运行时输出

    a   (a前面有4个空格)

一个整数,如果在0~127范围中,也可以用"%c"使之按字符形式输出,在输出前,系统会将该整数作为ASCII码转换成相应的字符;如:

```
short a =121;
printf("%c",a);
```

运行时,输出字符'y'。如果整数比较大,则把它的最后一个字节的信息以字符形式输出。如:

```
int a =377;
printf("%c",a);
```

也输出字符'y'。见图2.17。因为用"%c"格式输出字符时,只考虑一个字节,存放a的存储单元中最后一个字节中的信息是01111001,即十进制的121,它是'y'的ASCII代码。

图 2.17

(3) **s格式符**。s的含义是string。用来输出一个**字符串**。如:

```
printf("%s","CHINA");
```

执行此函数时在显示屏上输出字符串"CHINA"(不包括双引号)。

(4) **f格式符**。f的含义是float。用来输出**实数**(包括单、双精度、长双精度),以小数形式输出,有几种用法:

① **基本型,用%f**。

不指定输出数据的长度,由系统根据数据的实际情况决定数据所占的列数。系统处理的方法一般是:实数中的整数部分全部输出,小数部分输出6位。

【例2.9】 用%f输出实数。

```
#include <stdio.h>
int main()
{ double a,b;
  a =11.1111111111;
```

```
      b = 22.2222222222;
      printf("a+b=%f\n", a+b);
      return 0;
}
```

运行结果:

a+b=33.333333

程序分析: a 和 b 是双精度型变量,从程序中可以看到它们的值有 12 位数字,其中,小数点后有 10 位数字,其和也是一个双精度型度,它包含 10 位小数,但是用 %f 格式声明只能输出 6 位小数。

② 指定数据宽度和小数位数。用 %m.nf。

例 2.3 已经用"%5.2f"格式指定了输出的数据占 5 列,其中包括 2 位小数。对其后一位采取四舍五入的方法处理。如果把例 2.9 的 printf 函数中的格式声明改为"%15.10f",则输出:

　　33.3333333333　　(输出的数据占 15 列,其中有 10 位小数,第一个数字 3 前有 2 个空格)

如果把小数部分指定为 0,则不仅不输出小数,而且小数点也不输出。如果有:

```
printf("%5.0f\n", 1/3.0);
```

由于输出的数值为 0.333333…,其整数部分为 0,因此输出结果为 0。所以不要轻易指定小数的位数为 0。

一个双精度数只能保证 15 位有效数字的精确度,即使指定小数位数为 50(如用 %55.50f),并不能保证输出的 50 位都是有效的数字。读者可以上机试一下。

注意: 在用 %f 输出时要注意数据本身能提供的有效数字,如 float 型数据的存储单元只能保证 6 位有效数字。double 型数据能保证 15 位有效数字。不要以为计算机输出的所有数字都是绝对精确有效的。

(5) e 格式符。e 的含义是 exponent。格式声明 %e 指定以**指数形式**输出实数。如果不指定输出数据所占的宽度和数字部分的小数位数,许多 C 编译系统(如 Visual C++)会自动给出数字部分的小数位数为 6 位,指数部分占 5 列(如 e+002,其中"e"占 1 列,指数符号占 1 列,指数占 3 列)。数值按标准化指数形式输出(即小数点前必须有而且只有 1 位非零数字)。例如:

```
printf("%e", 123.456);
```

输出如下:

1.234560 e+002
　6 列　　5 列

所输出的实数共占 13 列宽度(不同系统的规定略有不同)。

也可以用"%m.ne"形式的格式声明,如:

```
printf("%13.2e", 123.456);
```

输出为

  1.23e+002 (数的前面有 4 个空格)

格式符 e 也可以写成大写 E 形式,此时输出的数据中用来表示指数的符号不是以小写字母 e 表示而以大写字母 E 表示,如 1.23460E+002。

(6) **u 格式符**。u 的含义是 unsigned。用来输出无符号(unsugned)型数据,以十进制整数形式输出。

以上几种输出格式是常用的,在以后各章中会结合实际问题具体应用,读者会在实际应用中逐步掌握它们。

C 语言还提供其他一些输出格式符,由于初学时用得不多,不作详细介绍。

综合上面的介绍,格式声明的一般形式可以表示为

% 附加字符 格式字符

以上介绍的加在格式字符前面的字符(如 l,m,n,- 等)就是"**附加字符**",又称为"**修饰符**",起补充声明的作用。

表 2.6 中列出了 printf 函数中用到的格式字符,不必死记,只供必要时查阅。

*表 2.6 printf 格式字符

格式字符	说 明
d,i	以带符号的十进制形式输出整数(正数不输出符号)
o	以八进制无符号形式输出整数(不输出前导符 0)
x,X	以十六进制无符号形式输出整数(不输出前导符 0x)。用 x 则输出十六进制数的 a~f 时以小写形式输出。用 X 时,则以大写字母输出
u	以无符号十进制形式输出整数
c	以字符形式输出,只输出一个字符
s	输出字符串
f	以小数形式输出单、双精度数,隐含输出 6 位小数
e,E	以指数形式输出实数,用 e 时指数以"e"表示(如 1.2e+02),用 E 时指数以"E"表示(如 1.2E+02)
g,G	选用%f 或%e 格式中输出宽度较短的一种格式,不输出无意义的 0。用 G 时,若以指数形式输出,则指数以大写表示

在格式声明中,在%和上述格式字符间可以插入表 2.7 中列出的几种附加符号(又称修饰符)。

*表 2.7 printf 的附加格式说明字符

字 符	说 明
l(小写字母)	用于长整型整数,可加在格式符 d,o,x,u 前面
m(代表一个正整数)	数据最小宽度
n(代表一个正整数)	对实数,表示输出 n 位小数;对字符串,表示截取的字符个数
-	输出的数字或字符在域内向左靠

💡 **说明**：在初学时重点掌握最常用的一些规则即可。其他部分可在需要时随时查阅。学习这部分的内容时最好边看书边上机练习，通过编写和调试程序的实践逐步深入而自然地掌握输入输出的应用。

2.5.3 用 scanf 函数输入数据

在本章例 2.1 程序中已经看到了怎样用 scanf 函数输入数据。下面再作比较系统的说明。

1. scanf 函数的一般形式

scanf(格式控制,地址表列)

"格式控制"的含义同 printf 函数。"地址表列"是由若干个地址组成的表列,可以是若干个变量的地址或字符串的首地址。

2. scanf 函数中的格式声明

与 printf 函数中的格式声明相似,以 % 开始,以一个格式字符结束,中间可以插入附加的字符。

例 2.1 中的 scanf 函数是比较简单的。可以把 scanf 函数改写成以下形式:

scanf("a=%f,b=%f,c=%f",&a,&b,&c);

在上面的格式字符串中除了有格式声明 %f 以外,还有一些普通字符(如"a=","b=","c="和",")。

3. 使用 scanf 函数时应注意的问题

(1) scanf 函数中的"格式控制"后面应当是**变量地址**,而不是变量名。例如,若 a 和 b 为整型变量,如果写成

scanf("%f%f%f",a,b,c);

是不对的,应将"a,b,c"改为"&a,&b,&c"。许多初学者很容易犯此错误。

(2) 如果在"格式控制字符串"中除了格式声明以外还有其他字符,则在输入数据时在对应的位置上应输入与这些字符相同的字符。如有以下的输入语句:

scanf("%f,%f,%f",&a,&b,&c);   //在两个 %f 之间有一个逗号

在输入数据时,应在格式字符串中有附加字符的位置上,输入同样的字符。即输入:

1,3,2↙   (两个数之间有一个逗号)

如果输入:

1 3 2↙   (两个数之间有空格,无逗号)

就错了。因为系统会把它和 scanf 函数中的格式字符串逐个字符对照检查的,只是在 %f 的位置上代以一个浮点数。

如果 scanf 函数改为

```
scanf("a=%f  b=%f  c=%f",&a,&b,&c);
```

由于在两个%f间有两个空格,因此在输入时,两个数据间应有两个或更多的空格字符。例如:

a=1　　b=3　　c=2✓　　　　　　　　(两个数据间应有两个或更多的空格字符,正确)

如果改为

```
scanf("%d: %d: %d",&h,&m,&s);    //在两个%d之间有一个冒号和一个空格
```

输入应该用以下形式:

12: 23: 36✓　　　　　　　　　　　(两个数据间有一个冒号和一个以上的空格,正确)

(3) 在用"%c"格式声明输入字符时,空格字符和"转义字符"中的字符都作为有效字符输入,例如:

```
scanf("%c%c%c",&c1,&c2,&c3);
```

在执行此函数时应该连续输入3个字符,中间不要有空格。如:

abc✓　　　　　　　　　　　(字符间没有空格,正确)

若在两个字符间插入空格就不对了。如:

a b c✓

系统把第1个字符'a'送给变量c1,第2个字符是空格字符' ',送给变量c2,第3个字符'b'送给变量c3。而并不是把'a'送给c1,把'b'送给c2,把'c'送给c3。

提示:输入数值时,在两个数值之间需要插入空格(或其他分隔符),以使系统能区分两个数值。在连续输入字符时,在两个字符之间不要插入空格或其他分隔符(除非在scanf函数中的格式字符串中有普通字符,这时在输入数据时要在原位置插入这些字符),系统能区分两个字符。

(4) 在输入数值数据时,如输入空格、回车、Tab 键或遇非法字符(不属于数值的字符),认为该数据结束。例如:

```
scanf("%d%c%f",&a,&b,&c);
```

若输入

1234a123o.26✓
 ↓   ↓   ↓
 a   b   c

第一个数据对应%d格式,在输入1234之后遇字符'a',因此系统认为数值1234后已没有数字了,第一个数据应到此结束,就把1234送给变量a。把其后的字符'a'送给字符变量b,由于%c只要求输入一个字符,系统判定该字符已输入结束,因此输入字符a之后不需要加空格。字符'a'后面的数值应送给变量c。如果由于疏忽把本来应为1230.26错打成123o.26,由于123后面出现字母'o',系统就认为该数值到此结束,将123送给变量c。后

面几个字符没有被读入。

（5）可以指定输入数据所占的列数,系统自动按它截取所需数据。例如：

scanf("%3d%3d",&a,&b);

如果输入：

123456↙

系统自动将第 1~3 列的 123 赋给变量 a,第 4~6 列的 456 赋给变量 b。此方法也适用于字符型：

scanf("%3c",&ch);

如果从键盘连续输入 3 个字符"abc",由于变量 ch 只能容纳一个字符,系统就把第一个字符'a'赋给字符变量 ch。

（6）输入数据时不能规定精度,例如：

scanf("%7.2f",&a);

是不合法的,不能企图用这样的 scanf 函数输入以下数据而使 a 的值为 12345.67。

1234567↙

以上这些内容是基本的,应当掌握,否则就会在编程和上机运行时出错。

除此之外,有关 scanf 函数的格式字符串还有一些其他规定,表 2.8 和表 2.9 列出 scanf 函数所用的格式字符和附加字符。它们的用法和 printf 函数中的用法差不多。

表 2.8　scanf 函数所用的格式字符

格式字符	说　明
d,i	用来输入有符号的十进制整数
u	用来输入无符号的十进制整数
o	用来输入无符号的八进制整数
x, X	用来输入无符号的十六进制整数（大小写作用相同）
c	用来输入单个字符
s	用来输入字符串,将字符串送到一个字符数组中,在输入时以非空白字符开始,以第一个空白字符结束。字符串以串结束标志'\0'作为其最后一个字符
f	用来输入实数,可以用小数形式或指数形式输入
e, E, g, G	与 f 作用相同,e 与 f,g 可以互相替换（大小写的作用相同）

表 2.9　scanf 函数所用的附加字符

字　符	说　明
l(小写字母)	用于输入长整型数据(可用%ld,%lo,%lx,%lu)以及 double 型数据(用%lf 或%le)
h	用于输入短整型数据(可用%hd,%ho,%hx)
域宽	指定输入数据所占宽度(列数),域宽应为正整数
*	表示本输入项在读入后不赋给相应的变量

这两个表是为了备查用的,初学时不常用到,会用比较简单的形式输入数据即可。

2.5.4 字符数据的输入输出

除了可以用 printf 函数和 scanf 函数输出和输入字符外,C 函数库还提供了一些专门用于输入和输出字符的函数。它们是很简单的,很容易理解和使用。

1. 用 putchar 函数输出一个字符

想从计算机向显示器输出一个字符,可以调用系统函数库中的 putchar 函数(字符输出函数)。

putchar 函数的一般形式为

putchar(c)

putchar 是 put character(给字符)的缩写,很容易记忆。C 语言的函数名大多是可以见名知义的,不必死记。putchar(c)的作用是输出字符变量 c 的值,显然它是一个字符。

【例 2.10】 先后输出 B,O,Y 3 个字符。

解题思路:定义 3 个字符变量,分别赋以初值'B','O','Y',然后用 putchar 函数输出这 3 个字符变量的值。

编写程序:

```
#include <stdio.h>
int main ()
{
    char a = 'B',b = 'O',c = 'Y';       //定义3个字符变量并初始化
    putchar(a);                          //向显示器输出字符 B
    putchar(b);                          //向显示器输出字符 O
    putchar(c);                          //向显示器输出字符 Y
    putchar ('\n');                      //向显示器输出一个换行符
    return 0;
}
```

运行结果:

```
BOY                               (连续输出 B,O,Y 3 个字符,然后换行)
```

从此例可以看出:用 putchar 函数既可以输出能在显示器屏幕上显示的字符,也可以输出屏幕控制字符,如 putchar('\n')的作用是输出一个换行符,使输出的当前位置移到下一行的开头。

如果把上面的程序中的第 4 行改为以下一行,请分析输出结果。

```
int a = 66,b = 79,c = 89;         //定义3个整型变量,并初始化
```

在前面的介绍已知:字符类型也属于整数类型,因此将一个字符赋给字符变量和将字符的 ASCII 代码赋给字符变量作用是完全相同的(但应注意,整型数据应在 0~127 的范围内)。putchar 函数是输出字符的函数,它输出的是字符而不能输出整数。66 是字符

B 的 ASCII 代码,因此,putchar(66)输出字符 B。其他类似。

💡 说明:putchar(c)中的 c 可以是字符常量、整型常量、字符变量或整型变量(其值在字符的 ASCII 代码范围内)。

可以用 putchar 函数输出转义字符,例如:

```
putchar('\101')      (输出字符 A)
putchar('\'')        (输出单撇号字符')
putchar('\015')      (八进制数 15 等于十进制数 13,从附录 B 查出 13 是"回车"的 ASCII
                      代码,因此输出回车,不换行,使输出的当前位置移到本行开头)
```

2. 用 getchar 函数输入一个字符

为了向计算机输入一个字符,可以调用系统函数库中的 getchar 函数(字符输入函数)。getchar 函数的一般形式为

getchar( )

getchar 是 get character(取得字符)的缩写,getchar 函数没有参数,它的作用是从计算机终端(一般是显示器的键盘)输入一个字符,即计算机获得一个字符。getchar 函数的值就是从输入设备得到的字符。getchar 函数只能接收一个字符。如果想输入多个字符就要用多个 getchar 函数。

【例 2.11】 从键盘输入 B,O,Y 3 个字符,然后把它们输出到屏幕。

解题思路:用 3 个 getchar 函数先后从键盘向计算机输入 B,O,Y 3 个字符,然后用 putchar 函数输出。

编写程序:

```
#include <stdio.h>
int main()
{ char a,b,c;                //定义字符变量 a,b,c
  a=getchar();               //从键盘输入一个字符,送给字符变量 a
  b=getchar();               //从键盘输入一个字符,送给字符变量 b
  c=getchar();               //从键盘输入一个字符,送给字符变量 c
  putchar(a);                //将变量 a 的值输出
  putchar(b);                //将变量 b 的值输出
  putchar(c);                //将变量 c 的值输出
  putchar('\n');             //换行
  return 0;
}
```

运行结果:

```
BOY↙                         (从键盘输入 B,O,Y 并按 Enter 键)
BOY
```

💡 说明:在用键盘输入信息时,并不是在键盘上敲一个字符,该字符就立即送到计算机中去的。这些字符先暂存在键盘的缓冲器中,只有按了 Enter 键才把这些字符一起

输入到计算机中,然后按先后顺序分别赋给相应的变量。

思考:如果在运行时,在输入一个字符后马上按 Enter 键,会得到什么结果?什么原因?

用 getchar 函数得到的字符可以赋给一个字符变量或整型变量,也可以不赋给任何变量,而作为表达式的一部分,在表达式中利用它的值。例如,例 2.10 可以改写如下:

```
#include <stdio.h>
int main ()
{ putchar(getchar());         //将接收到的字符输出
  putchar(getchar());         //将接收到的字符输出
  putchar(getchar());         //将接收到的字符输出
  putchar('\n');              //换行
  return 0;
}
```

运行情况:

BOY↙   (从键盘输入 B,O,Y 并按 Enter 键)
BOY

也可以在 printf 函数中输出刚接收的字符:

printf("%c",getchar());   //%c 是输出字符的格式声明

在执行此语句时,先从键盘输入一个字符,然后用输出格式符%c 输出该字符。

思考:可以用 printf 函数和 scanf 函数输入或输出字符,也可以用字符输入输出函数输入或输出字符,请比较这两个方法的特点,在什么情况下用哪一种方法为宜。

本 章 小 结

(1) 在 C 语言中,数据都是属于一定的类型的。不同类型的数据在计算机中所占的空间大小和存储方式是不同的。整数以其二进制数(补码)形式存储,字符型数据以其对应的 ASCII 代码形式存储,实数以指数形式存储。程序中定义变量的作用是对变量指定类型,并据此分配存储空间(以便存放数据)。要了解所用的 C 编译系统为各类型数据所分配的存储单元数。

(2) 要区分类型与变量。类型是抽象的,不占存储单元,变量是具体存储的,占用存储空间。

(3) 标识符用来标识一个对象(包括变量、符号常量、函数、字符、数组、文件、类型等)。变量名必须符合 C 标识符的命名规则,不要使用系统已有定义的关键字和系统预定义的标识符。变量名要尽量"见名知义"。

(4) 要区别字符和字符串。'a'是一个字符,"a" 是一个字符串,它包括'a'和'\0'两个字符。一个字符(char)型变量只能存放 1 个字符。

(5) 不仅要注意运算符的优先级,还要注意其结合方向。多数运算符的结合方向是自左而右,要注意那些自右而左的运算符。

(6) 使用++（自加）和--（自减）是 C 的一个特色，可以使程序清晰、简练，但用得不适当，也会产生副作用。初学时一般只使用最简单的形式，如 i++,p--。

(7) C 语言中的语句的作用是使计算机执行特定的操作，所以称为执行语句。程序中对变量的定义是在程序编译时处理的，在程序运行时不产生相应的操作，它们不是 C 语句。

(8) 表达式加一个分号就成为一个 C 语句。赋值表达式加一个分号就成为赋值语句。C 程序中的计算功能主要是由赋值语句来实现的。

(9) 在赋值时要注意赋值号（"="）两侧的数据类型是否一致。如果都是数值型数据可以进行赋值，这种情况称为赋值兼容。但若两侧的数据的具体的数值类型不一致，在赋值时要进行类型转换，将赋值号右侧的数据转换成赋值号左侧的变量的类型，然后再赋值。注意可能发生的数据失真。

(10) 在 C 程序中，数据的输入输出主要是通过调用 scanf 函数和 printf 函数实现的。scanf 和 printf 不是 C 语言标准中规定的语句，而是 C 编译系统提供的函数库中提供的标准函数。要熟练掌握 scanf 函数和 printf 函数的应用。

(11) 熟悉几个名词：

格式控制（**也称转换控制字符串或格式字符串**）：scanf 函数和 printf 函数中双撇号中的部分。

格式声明：由%和格式字符组成，如%d,%c,%7.2f。

格式字符，用来指定各种输出格式，如 d,c,f,e,g 等。

附加格式字符（**也称修饰符**）：对格式字符的作用作补充说明，如% 3d,% 7.2f,% -10.3f 中有下画线的字符。

(12) 赋值语句和输入输出语句是顺序程序结构中最基本的语句，它们不产生流程的跳转。学习编写简单的程序，并上机调试。

习　题

2.1　求下面算术表达式的值：

(1) x + a%3 * (int)(x + y)%2/4

设 x = 2.5,a = 7,y = 4.7

(2) (float)(a + b)/2 + (int)x%(int)y

设 a = 2,b = 3,x = 3.5,y = 2.5

2.2　分析面程序的运行结果，然后上机验证之。

```
#include <stdio.h>
int main()
{ int i,j,m,n;
  i=8;
  j=10;
  m=++i;
  n=j++;
```

```
    printf("%d,%d,%d,%d,%d\n",i,j,m,n);
    return 0;
}
```

2.3 上机运行下面的程序,分析输出结果(其中有些输出格式在本章中没有详细介绍,但在表 2.6 和表 2.7 中可以查到。可以通过运行此程序了解各种格式输出的应用)。

```
#include <stdio.h>
int main()
{
  int a=5,b=7;
  float x=67.8564,y=-789.124;
  char c='A';
  long n=1234567;
  unsigned u=65535;
  printf("%d%d\n",a,b);
  printf("%3d%3d\n",a,b);
  printf("%f,%f\n",x,y);
  printf("%-10f,%-10f\n",x,y);
  printf("%8.2f,%8.2f,%.4f,%.4f,%3f,%3f\n",x,y,x,y,x,y);
  printf("%e,%10.2e\n",x,y);
  printf("%c,%d,%o,%x\n",c,c,c,c);
  printf("%ld,%lo,%x\n",n,n,n);
  printf("%u,%o,%x,%d\n",u,u,u,u);
  printf("%s,%15s\n","COMPUTER", "COMPUTER");
  return 0;
}
```

2.4 用下面的 scanf 函数输入数据,使 a=3,b=7,x=8.5,y=71.82,c1='A',c2='a'。问在键盘上如何输入?

```
#include <stdio.h>
int main()
{
  int a,b;
  float x,y;
  char c1,c2;
  scanf("a=%d b=%d",&a,&b);
  scanf("%f %e",&x,&y);
  scanf("%c %c",&c1,&c2);
  return 0;
}
```

2.5 输入一个华氏温度,要求输出摄氏温度。公式为

$$C = \frac{5}{9}(F-32)$$

输出要有文字说明,取 2 位小数(式中 F 表示华氏温度)。

2.6 设圆半径 r=1.5,圆柱高 h=3,求圆周长、圆面积、圆球表面积、圆球体积、圆柱体积。用 scanf 输入数据,输出计算结果,输出时要求有文字说明,取小数点后 2 位数字。请编程序。

2.7 从银行贷了一笔款 d,准备每月还款额为 p,月利率为 r,计算多少月能还清。设 d 为 300000 元,p 为 6000 元,r 为 1%。对求得的月份取小数点后一位,对第二位按四舍五入处理。

提示:计算还清月数 m 的公式如下:

$$m = \frac{\log p - \log(p - d \times r)}{\log(1 + r)}$$

可以将公式改写为

$$m = \frac{\log\left(\dfrac{p}{p - d \times r}\right)}{\log(1 + r)}$$

C 的库函数中有求对数的函数 log10,是求以 10 为底的对数,上面的 log(p)表示以 10 为底 p 的对数。

2.8 请编程序将"China"译成密码,密码规律是:用原来的字母后面第 4 个字母代替原来的字母。例如,字母"A"后面第 4 个字母是"E",用"E"代替"A"。因此,"China"应译为"Glmre"。请编一程序,用赋初值的方法使 c1,c2,c3,c4,c5 这 5 个变量的值分别为'C','h','i','n','a',经过运算,使 c1,c2,c3,c4,c5 分别变为'G','l','m','r','e',并输出。

2.9 编程序,用 getchar 函数读入两个字符给 c1,c2,然后分别用 putchar 函数和 printf 函数输出这两个字符。思考以下问题:

(1) 变量 c1,c2 应定义为字符型或整型?或二者皆可?

(2) 要求输出 c1 和 c2 值的 ASCII 码,应如何处理?用 putchar 函数还是 printf 函数?

(3) 整型变量与字符变量是否在任何情况下都可以互相代替?如:

    char c1,c2;

与

    int c1,c2;

是否无条件地等价?

第 3 章 选择结构程序设计

在顺序结构中,各语句是按排列的先后次序顺序执行的,是无条件的,不必事先作任何判断。但在实际中,常常有这样的情况:要根据某个条件是否成立决定是否执行指定的任务。例如:
- 如果你在家,我去拜访你; （需要判断你是否在家）
- 如果考试不及格,要补考; （需要判断是否及格）
- 周末我们去郊游; （需要判断是否是周末）
- 如果 a>b,输出 a。 （需要判断 a 是否大于 b）

判断的结果应该是一个逻辑值:"是"或"否",在计算机语言中用"真"和"假"表示。例如,当 a>b 时,满足"a>b"条件,就称条件"a>b"为真,如果 a≤b,不满足"a>b"条件,就称条件"a>b"为假。

由于程序需要处理的问题往往比较复杂,因此,在大多数程序中都会包含条件判断。选择结构就是根据指定的条件是否满足,决定执行不同的操作(从给定的两组操作中选择其一)。

3.1 简单的选择结构程序

先通过以下几个程序,初步了解怎样在 C 语言程序中用选择结构处理问题。

【例 3.1】 输入两个实数,按代数值由小到大的顺序输出这两个数。

解题思路:有两个变量 a 和 b,若 a≤b,则两个变量的值不必改变,若 a>b,则把 a 和 b 的值互换,然后顺序输出 a 和 b,即可实现题目要求。因此此题的算法是:做一次比较,然后决定是否进行值的交换。关于两个变量互换值的方法,已在例 2.8 中介绍了。

类似这样简单的问题可以不必先写出算法或画流程图,而直接编写程序。或者说,算法在编程者的脑子里,相当于在算术运算中对简单的问题可以"心算"而不必在纸上写出来一样。

编写程序:

```
#include <stdio.h>
int main()
```

```
{
  float a,b,temp;
  printf("please enter a and b: ");
  scanf("%f,%f",&a,&b);
  if(a>b)
    {temp=a;a=b;b=temp;}
  printf("%7.2f,%7.2f\n",a,b);
  return 0;
}
```

运行结果：

```
please enter a and b: 3.6,-3.2↙
  -3.20,   3.60
```

【例3.2】 输入 a,b,c 三个数，要求按由小到大的顺序输出。

解此题的算法比上一题稍复杂一些。现在先用伪代码写出算法：

```
begin
if a>b 将 a 和 b 对换      (a 是 a,b 中的小者)
if a>c 将 a 和 c 对换      (a 是 a,c 中的小者,因此 a 是三者中最小者)
if b>c 将 b 和 c 对换      (b 是 b,c 中的小者,也是三者中次小者)
输出 a,b,c 的值
end
```

编写程序： 按以上算法编写程序。

```
#include <stdio.h>
int main ()
{
  float a,b,c,temp;
  printf("please enter a,b,c: ");
  scanf("%f,%f,%f",&a,&b,&c);
  if(a>b)
    {temp=a;a=b;b=temp;}              //实现 a 和 b 的互换
  if(a>c)
    {temp=a;a=c;c=temp;}              //实现 a 和 c 的互换
  if(b>c)
    {temp=b;b=c;c=temp;}              //实现 b 和 c 的互换
  printf("%7.2f,%7.2f,%7.2f\n",a,b,c);
  return 0;
}
```

运行结果：

```
please enter a,b,c: 33.52,-27.65,100.45↙
 -27.65, 33.52, 100.45
```

3.2 选择结构中的关系运算

第3.1节的程序中,在 if 语句括号中给出一个需要判别的条件,例如 a>b,a>c,b>c。这些"条件"在程序中是用一个表达式来表示的。类似这种表示判别条件的表达式还有:

```
a + b > c
b * b - 4 * a * c > 0
'a' < 'v'
```

这种式子显然不是数值表达式,它包括了"<"和">"这样的比较符号,这些式子的值并不是一个普通的数值,而是一个逻辑值("真"或"假")。例如,问对方:"你是中国人吗?"回答只有两个:"是"或"不是",而不能回答:"3"或"4"。

用来进行比较的符号称为**关系运算符**(或比较运算符,它用来比较运算符两侧的数据),上面这些表达式称为**关系表达式**。

3.2.1 关系运算符及其优先次序

C 语言提供 6 种关系运算符:

① <　　　　(小于)　　　　　　┐
② <=　　　(小于或等于)　　　├ 优先级相同(高)
③ >　　　　(大于)　　　　　　│
④ >=　　　(大于或等于)　　　┘
⑤ ==　　　(等于)　　　　　　┐
⑥ !=　　　(不等于)　　　　　┴ 优先级相同(低)

关于优先次序的说明:

(1) 前4种关系运算符(<,<=,>,>=)的优先级别相同,后2种也相同。前4种高于后2种。例如,">"优先于"==",而">"与"<"优先级相同。

(2) 关系运算符的优先级低于算术运算符。

(3) 关系运算符的优先级高于赋值运算符。

以上关系见图 3.1。

例如:

c > a + b	等效于	c > (a+b)
a > b == c	等效于	(a>b) == c
a == b < c	等效于	a == (b<c)
a = b > c	等效于	a = (b>c)

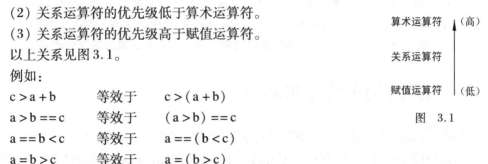

图 3.1

3.2.2 关系表达式

用关系运算符将两个表达式(可以是算术表达式或关系表达式、逻辑表达式、赋值表达式、字符表达式)连接起来的式子,称**关系表达式**。例如,下面都是合法的关系表达式:

```
a + b > b + c
(a = 3) > (b = 5)
'a' < 'z'
(a > b) > (b < c)
```

前面已说明,条件判断的结果是一个逻辑值("真"或"假")。同理,关系表达式的值也是一个逻辑值。例如,关系表达式"5 == 3"的值为"假","5 > 0"的值为"真"。

在 C99 之前,C 语言没有逻辑型数据(C++有逻辑变量和逻辑型常量,以 True 表示"真",以 False 表示"假")。在 C 的关系运算中,以"1"代表"真",以"0"代表"假"。例如,当 a = 3,b = 2,c = 1 时,则:

- 关系表达式"a > b"的值为"真",表达式的值为 1。
- 关系表达式"(a > b) == c"的值为"真"(因为 a > b 的值为 1,等于 c 的值),表达式的值为 1。
- 关系表达式"b + c < a"的值为"假",表达式的值为 0。

说明:从本质上来说,关系运算的结果(即关系表达式的值)不是数值,而是逻辑值,但是由于 C 语言追求精练灵活,没有提供逻辑型数据(其他高级语言如 Pascal,FORTRAN,C++都允许定义和使用逻辑型数据,C99 也增加了逻辑型数据,用关键字 bool 定义逻辑型变量)。为了便于处理关系运算和逻辑运算的结果,C 语言以 1 代表"真",以 0 代表"假",并在编译系统中按此实现(这种规定只是 C 语言的特殊处理方法,不要误认为是所有计算机语言的普遍规则)。用 C 语言的人要注意这样的规定。

由于用了 1 和 0 代表真和假,而 1 和 0 又是数值,所以在 C 程序中还允许把关系运算的结果(即 1 和 0)看作和其他数值型数据一样,可以参加数值运算,或把它赋值给数值型变量。例如,若 a,b,c 的值为 3,2,1。请分析下面的赋值表达式:

```
d = a > b       d 的值为 1
f = a > b > c   f 的值为 0(因为">"运算符是自左至右的结合方向,先执行 a > b,得值为 1,再
                执行关系运算 1 > c,得值 0,赋给 f)
```

这是 C 的灵活性的一种表现,允许把关系表达式作为一般数值来处理,对有经验的人,可以利用它实现一些技巧,使程序精练专业,但是对初学者来说,可能会不好理解,容易弄错。在学习阶段,还是应当强调程序的清晰易读,不要写出别人不懂的程序。

3.3 选择结构中的逻辑运算

有时需要判断的条件不是一个简单的条件,而是一个复合的条件,如:

- 是中国公民,且在 18 岁以上才有选举权。这就要求同时满足两个条件:中国公民和大于 18 岁。
- 5 门课都及格,才能升级。这就要求同时满足 5 个条件。
- 70 岁以上的老人和 10 岁以下儿童,入公园免票。这就要对入园者检查两个条件,即 age > 70 或 age < 10,必须满足其中之一。

以上问题仅用一个关系表达式是无法表示的,需要用一个逻辑运算符把两个关系表

达式组合在一起才能处理。在 BASIC 和 Pascal 语言用 AND,OR 和 NOT 作为逻辑运算符,分别代表逻辑运算符"与""或""非"。

例如:

(a＞b) AND (x＞y)

其中的 AND 是**逻辑运算符**,代表"与",即运算符两侧的关系表达式(或其他逻辑量)的值都为"真"(二者的条件都满足)。上面表达式意思是:"a＞b"与"x＞y"两个条件都同时满足。如果已知 a＞b 和 x＞y,则上面的表达式的值为"真"。

3.3.1 逻辑运算符及其优先次序

在 C 语言中不直接用 AND,OR 和 NOT 作为逻辑运算符,而用其他符号代替。见表 3.1。

表 3.1　C 语言逻辑运算符及其含义

运算符	含义	举例	说　明
&&	逻辑与	a && b	如果 a 和 b 都为真,则结果为真,否则为假
‖	逻辑或	a ‖ b	如果 a 和 b 有一个或一个以上为真,则结果为真,二者都为假时,结果为假
!	逻辑非	!a	如果 a 为假,则!a 为真,如果 a 为真,则!a 为假

"&&"和"‖"是双目(元)运算符,它要求有两个运算对象(操作数),如(a＞b)&&(x＞y)和(a＞b)‖(x＞y)。"!"是一目(元)运算符,只要求有一个运算对象,如!(a＞b)。

表 3.2 为逻辑运算的"真值表"。用它表示当 a 和 b 的值为不同组合时,各种逻辑运算得到的值。

表 3.2　逻辑运算的真值表

a	b	!a	!b	a && b	a ‖ b
真	真	假	假	真	真
真	假	假	真	假	真
假	真	真	假	假	真
假	假	真	真	假	假

怎样看这个表呢? 以表中第 2 行为例,当 a 为真,b 为假时,!a 为假,!b 为真,a && b 为假,a ‖ b 为真。这是很简单的,也是最基本的。

如果在一个逻辑表达式中包含多个逻辑运算符,如:

!a && b ‖ x＞y && c。怎样确定它的运算次序呢? C 规定按以下的优先次序:

(1) !(非)→&&(与)→‖(或),即"!"为三者中最高的。

(2) 逻辑运算符中的"&&"和"‖"低于关系运算符,"!"高于算术运算符,见图 3.2。

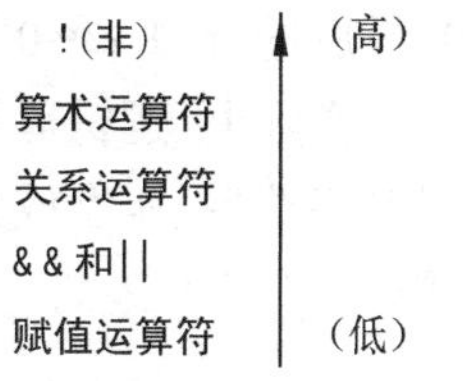

例如:

!(非)　　　　　(高)
算术运算符
关系运算符
&& 和‖
赋值运算符　　　(低)

图　3.2

(a>b)&&(x>y)可写成a>b && x>y
(a==b)||(x==y)可写成a==b || x==y
(!a)||(a>b)可写成!a || a>b

3.3.2 逻辑表达式

用逻辑运算符将关系表达式或逻辑量连接起来的式子就是逻辑表达式。

逻辑表达式的值是一个逻辑量"真"或"假"。前已说明：C语言编译系统在表示逻辑运算结果时，以数值1代表"真"，以0代表"假"。但是在判断一个逻辑量是否为"真"时，测定它的值是0还是非0，如果是0就代表它为"假"，如果是非0则认为它是"真"。因为逻辑量只有两种可能值，所以把被测定的对象划分为两种情况(0和非0)，以便于处理。

例如：

（1）若a=4，则!a的值为0。因为a的值为非0，被认作"真"，对它进行"非"运算，得"假"，"假"以0代表。

（2）若a=4，b=5，则a&&b的值为1。因为a和b均为非0，被认为是"真"，因此a&&b的值也为"真"，值为1。

（3）a,b的值分别为4和5，则a||b的值为1。因为a和b均为非0，即"真"。

（4）a,b的值分别为4,5，则!a||b的值为1。因为!a为"假"，而b为"真"。

（5）4&&0||2的值为1。因为4&&0为"假"而2为非0，故进行"或"运算结果为"真"。

通过这几个例子可以看出，由系统给出的逻辑运算结果不是0就是1，不可能是其他数值。而在逻辑表达式中作为参加逻辑运算的运算对象(操作数)可以是0("假")或任何非0的数值(按"真"对待)。如果在一个表达式中不同位置上出现数值，应区分哪些是作为数值运算或关系运算的对象，哪些作为逻辑运算的对象。例如：

```
5>3 && 8<4-!0
```

表达式自左至右扫描求解。首先处理"5>3"（因为关系运算符优先于逻辑运算符"&&"）。在关系运算符两侧的5和3作为数值参加关系运算，"5>3"的值为1(代表真)。再进行"1 && 8<4-!0"的运算，8的左侧为"&&"，右侧为"<"运算符，根据优先规则，应先进行"<"的运算，即先进行8<4-!0的运算。而4的左侧为"<"，右侧为"-"运算符，而"-"优先于"<"，因此应先进行"4-!0"的运算，由于"!"的级别最高，因此先进行"!0"的运算，得到结果1。然后进行"4-1"的运算，得到结果3，再进行"8<3"的运算，得0，最后进行"1 && 0"的运算，得0。

实际上，逻辑运算符两侧的运算对象不但可以是0和1，或者是0和非0的整数，也可以是字符型、实型或指针型等数据。系统最终以0和非0来判定它们属于"真"或"假"。例如：

```
'c' && 'd'
```

的值为1(因为'c'和'd'的ASCII值都不为0，按"真"处理)，所以1 && 1的值为1。

可以将表3.2改写成表3.3的形式。

表3.3 逻辑运算的真值表

a	b	!a	!b	a && b	a ‖ b
非0	非0	0	0	1	1
非0	0	0	1	0	1
假	非0	1	0	0	1
假	0	1	1	0	0

说明：在计算机对逻辑表达式的求解中，并不是所有的逻辑运算符都被执行，只是在必须执行下一个逻辑运算符才能求出表达式的解时，才执行该运算符。例如：

(1) a && b && c。只有a为真(非0)时，才需要判别b的值，只有a和b都为真的情况下才需要判别c的值。只要a为假，就不必判别b和c(此时整个表达式已确定为假)。如果a为真，b为假，不判别c，见图3.3。

(2) a ‖ b ‖ c。只要a为真(非0)，就不必判断b和c。只有a为假，才判别b。a和b都为假才判别c，见图3.4。

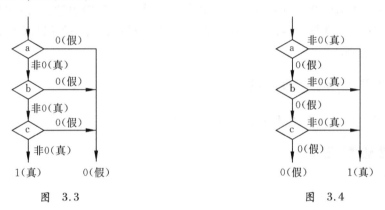

图 3.3　　　　　　　　　　　　　　　图 3.4

也就是说，对 && 运算符来说，只有a≠0，才继续进行右面的运算。对 ‖ 运算符来说，只有a等于0，才继续进行其右面的运算。因此，如果有下面的逻辑表达式：

(m＝a＞b) && (n＝c＞d)

当a＝1,b＝2,c＝3,d＝4,m和n的原值为1时，由于"a＞b"的值为0，因此m＝0，而"n＝c＞d"不被执行，因此n的值不是0而仍保持原值1。这点请读者注意。

熟练掌握C语言的关系运算符和逻辑运算符后，可以巧妙地用一个逻辑表达式来表示一个复杂的条件。

例如，要判别用year表示的某一年是否是闰年。闰年的条件是符合下面二者之一：

①能被4整除，但不能被100整除，如2016。②能被4整除，又能被400整除，如2000(注意，能被100整除，不能被400整除的年份不是闰年，如2100)。可以用一个逻辑表达式来表示：

(year % 4 ==0 && year % 100 !=0) ‖ year % 400 ==0

当 year 为某一整数值时,如果上述表达式值为真(1),则 year 为闰年;否则 year 为非闰年。

可以加一个"!"用来判别非闰年:

!((year % 4 ==0 && year % 100 !=0)|| year % 400 ==0)

若此表达式值为真(1),year 为非闰年。也可以用下面逻辑表达式判别非闰年:

(year % 4 !=0)|| (year % 100 ==0 && year % 400!=0)

若表达式值为真,year 为非闰年。请注意表达式中右边的一对括号内的不同运算符(%,!=,&&,==)的运算优先次序。

3.4 用 if 语句实现选择结构

有了以上的基础,就可以顺利地利用选择结构进行编程了。在 C 语言中,可以用不同的方法实现选择结构(包括 if 语句、条件表达式、switch 语句等),其中 if 语句是最基本的,用得最多。本节先介绍 if 语句。在 if 语句中包含一个逻辑表达式,用它判定所给定的条件是否满足,并根据判定的结果(真或假)决定选择执行哪一种操作(在 if 语句中给出两种可能的选择)。

3.4.1 if 语句的三种形式

C 语言提供了三种形式的 if 语句供用户选用。

1. if(表达式) 语句

例如:

if(x>y) printf("%d\n",x);

这种 if 语句的执行过程见图 3.5(a)。

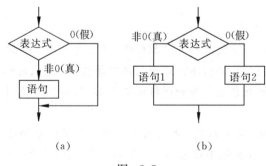

(a)   (b)

图 3.5

2. if(表达式)语句 1 else 语句 2

例如:

```
if (x > y)
    printf("%d\n",x);
else
    printf("%d\n",y);
```

这种 if 语句的执行过程见图 3.5(b)。

3.

if（表达式 1）语句 1
else if（表达式 2）语句 2
else if（表达式 3）语句 3
　　⋮
else if（表达式 m）语句 m
else 语句 n

流程图见图 3.6。

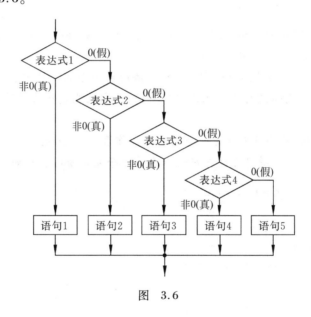

图 3.6

例如：

```
if (number >500) cost =0.15;
else if (number >300) cost =0.10;
else if (number >100) cost =0.075;
else if (number >50) cost =0.05;
else cost =0;
```

💡 说明：

(1) 3 种形式的 if 语句中在 if 后面都有"表达式"，一般为逻辑表达式或关系表达式。例如：

```
if(number >300 && number <=500) cost =0.10;
```

在执行 if 语句时先对括号中的表达式求解,若表达式的值为 0,按"假"处理,若表达式的值为非 0,按"真"处理,执行指定的语句。假如有以下 if 语句:

```
if(3) printf("OK");
```

是合法的,执行结果输出"OK",因为表达式的值为 3,按"真"处理。由此可见,表达式的类型不限于逻辑表达式,可以是任意的数值类型(包括整型、实型、字符型、指针型数据等)。下面的 if 语句也是合法的:

```
if('a') printf("%d",'a');
```

执行时输出'a'的 ASCII 码 97。

(2) if 语句中有内嵌语句,每个内嵌语句都要以分号结束。例如:

```
if (x>0)
    print ("%f\n",x);
else
    printf("%f\n", -x);
```
——行末各有一个分号(;)

分号是 C 语句中不可缺少的部分,即使是 if 语句中的内嵌语句也不能例外。如果无此分号,则出现语法错误。读者可以上机试验一下。

(3) 不要误认为上面是两个语句(一个 if 语句和一个 else 语句)。它们都是属于同一个 if 语句。else 子句不能作为独立语句单独使用,它只能是 if 语句的一部分,与 if 配对使用。

(4) 在 if 和 else 后面可以只含一个内嵌的操作语句(如上例),也可以有多个操作语句,但应当用花括号"{}"将几个语句括起来成为一个复合语句。例如:

```
if (a+b>c && b+c>a && c+a>b)
  {
    s=0.5*(a+b+c);
    area=sqrt(s*(s-a)*(s-b)*(s-c));
    printf("area=%6.2f",area);
  }
else
  printf("it is not a trilateral");
```

注意在 else 上面一行的右花括号"}"外面不需要再加分号。因为{}内是一个完整的复合语句,不需另附加分号。

3.4.2 if 语句的嵌套

在 if 语句中又包含一个或多个 if 语句称为 if 语句的嵌套。一般形式如下:

```
if( )
    if( ) 语句 1        ┐
    else 语句 2         ┘内嵌 if
else
```

```
    if( ) 语句 3  ⎫
    else 语句 4   ⎬ 内嵌 if
```

应当注意 if 与 else 的配对关系。else 总是与它上面的最近的未配对的 if 配对。假如写成：

```
if()
   if()语句 1
else
   if() 语句 2
else 语句 3
```
⎫
⎬ 内嵌 if
⎭

编程序者把第一个 else 写在与第一个 if(外层 if)同一列上,希望第一个 else 与第一个 if 对应,但实际上第一个 else 是与第二个 if 配对的,因为它们相距最近。写成这样的锯齿形式并不能改变 if 语句的执行规则。这个 if 语句实际的配对关系表示如下：

```
if()
   if()语句 1
   else
      if() 语句 2
      else 语句 3
```
⎫
⎬ 内嵌 if
⎭

因此最好使外层 if 和内嵌 if 都包含 else 部分(如 3.4.2 节最早列出的形式),即：

if( )
    if( ) 语句 1
  else
      if( ) 语句 2
      else 语句 3
else 语句 4

这样 if 的数目和 else 的数目相同,从内层到外层一一对应,不致出错。

如果 if 与 else 的数目不一样,为实现程序设计者的企图,可以加花括号来确定配对关系。例如：

```
if ()
    { if () 语句 1 }            //内嵌 if
else 语句 2
```

这时"{ }"限定了内嵌 if 语句的范围,{ }内是一个完整的 if 语句。因此 else 与第一个 if 配对。

通过下面的例子可以具体地了解如何正确地使用 if 的嵌套。

【例 3.3】 有一函数：

$$y = \begin{cases} -1 & (x<0) \\ 0 & (x=0) \\ 1 & (x>0) \end{cases}$$

编程序,要求输入一个 x 值后,输出 y 值。

解题思路：先用伪代码写出算法：

输入 x
若 x < 0,则 y = -1
若 x = 0,则 y = 0
若 x > 0,则 y = 1
输出 y

或

输入 x
若 x < 0,则 y = -1

否则

若 x = 0,则 y = 0
若 x > 0,则 y = 1
输出 y

也可以用流程图表示,见图 3.7。

编写程序：按照上面的算法,有人用 C 语言写出以下几个不同的程序,请读者分析哪个是正确的。

程序 1：

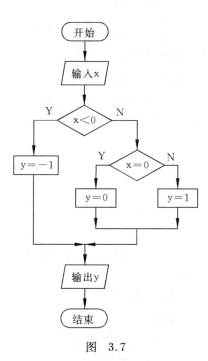

图 3.7

```
#include <stdio.h>
int main()
{ int x,y;
  printf("enter x: ");
  scanf("%d",&x);
  if(x<0)
      y=-1;
  else
      if(x==0) y=0;
      else y=1;
  printf("x=%d,y=%d\n",x,y);
  return 0;
}
```

程序 2：将程序 1 的 if 语句(第 6~10 行)改为

```
if(x>=0)
  if(x>0) y=1;
  else y=0;
else y=-1;
```

程序 3：将上述 if 语句改为

```
y=-1;
if(x!=0)
```

```
if(x>0) y=1;
else y=0;
```

程序 4：将上述 if 语句改为

```
y=0;
if(x>=0)
  if(x>0) y=1;
else y=-1;
```

读者可以分别画出程序 1~程序 4 的流程图，便可以判断出：只有程序 1 和程序 2 是正确的。图 3.7 是程序 1 的流程图，显然它是正确的。图 3.8 是程序 2 的流程图，它也能实现题目的要求。

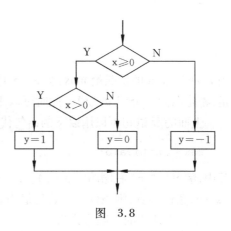

图 3.8

程序 3 的流程图见图 3.9，程序 4 的流程图见图 3.10，它们是不能实现题目要求的。请注意程序中的 else 与 if 的配对关系，例如程序 3 中的 else 子句是和它上一行的内嵌的 if 语句配对，而不与第 2 行的 if 语句配对。

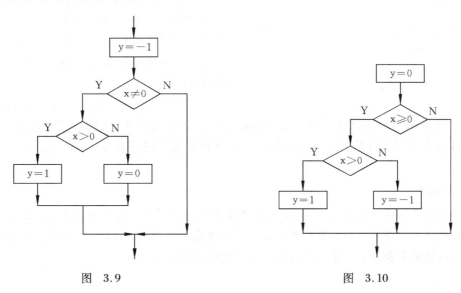

图 3.9　　　　　　　　　　　图 3.10

为了使逻辑关系清晰，避免出错，一般把内嵌的 if 语句放在外层的 else 子句中（如程序 1 那样），这样由于有外层的 else 相隔，内嵌的 else 不会被误认为和外层的 if 配对，而只能与内嵌的 if 配对，这样就不会搞混，如像程序 3 和程序 4 那样写就很容易出错。

*3.5　用条件表达式实现选择结构

有时，在 if 语句中，在被判别的条件为"真"或"假"时，都用一个赋值语句向同一个变量赋值，例如：

```
if(a>b)
    max=a;
else
    max=b;
```

当 a>b 时将 a 的值赋给 max，当 a≤b 时将 b 的值赋给 max。可以看到无论 a>b 是否满足，都是向同一个变量赋值。此时可以用**条件表达式**来处理，使程序更简练。

上面的 if 语句可以用以下的语句代替：

```
max = (a>b)?a:b;
```

其中，赋值号"="右侧的"(a>b)? a: b"是一个"条件表达式"。它是这样执行的：如果 (a>b)条件为真，则条件表达式的值为 a；否则取值 b。然后把此值赋给 max 变量。

条件表达式的一般形式为

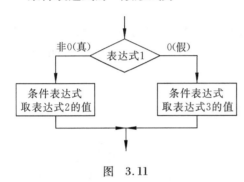

图 3.11

表达式1？表达式 2：表达式 3

在条件表达式"(a>b)?a: b"中，a>b 是"表达式 1"，变量 a 是"表达式 2"，变量 b 是"表达式 3"。条件表达式中的"？"和"："一起构成**条件运算符**。条件运算符"?:"要求有 3 个操作对象，称三目（元）运算符。它是 C 语言中唯一的三目运算符。它的执行过程见图 3.11。

可以看出，条件表达式也是一个选择结构。它和 if 语句不同之处在于：它不能执行任意的内嵌语句（如输入输出），而只是使条件表达式取不同的值。一般的用法是将条件表达式的值赋给一个变量（如上面的 max）。

💡 **说明：**

(1) 条件运算符的执行顺序：先求解表达式1，若为非 0（真）则求解表达式2，此时表达式 2 的值就作为整个条件表达式的值。若表达式 1 的值为 0（假），则求解表达式 3，表达式 3 的值就是整个条件表达式的值。下面的赋值表达式

```
max = (a>b)?a: b
```

执行结果就是将条件表达式的值赋给 max，也就是将 a 和 b 二者中的大者赋给 max。

(2) 条件运算符优先于赋值运算符，因此上面赋值表达式的求解过程是先求解条件表达式，再将它的值赋给 max。

条件运算符的优先级别比关系运算符和算术运算符都低。因此，

```
(a>b)?a:b
```

其中的括号可以不要，可写成

```
a>b?a:b
```

前面加括号是为了清晰，便于理解。如果有

```
a>b?a:b+1
```

相当于

```
a>b?a:(b+1)
```

而不相当于

```
(a>b?a:b)+1
```
。

(3) 条件运算符的结合方向为"自右至左"。如果有以下条件表达式：

```
a>b?a:c>d?c:d
```

相当于

```
a>b?a:(c>d?c:d)
```

先求解右边的条件表达式。如果 a=1,b=2,c=3,d=4,则条件表达式的值等于4。

(4) 条件表达式还可以写成以下形式：

```
a>b?(a=100):(b=100)
```
　　　　　　　　　(表达式2和表达式3是赋值表达式)

或

```
a>b?printf("%d",a): printf("%d", b)
```
　　　(表达式2和表达式3是函数表达式)

即"表达式2"和"表达式3"不仅可以是数值表达式,还可以是赋值表达式或函数表达式。最下面的条件表达式相当于以下 if…else 语句：

```
if (a>b)
  printf("%d", a);
else
  printf ("%d",b);
```

(5) 条件表达式中,表达式1的类型可以与表达式2和表达式3的类型不同。例如：

```
x?'a':'b'
```

如果整型变量 x 的值为非0,条件表达式的值为'a',如为0,条件表达式的值为'b'。

表达式2和表达式3的类型也可以不同,此时条件表达式的值的类型为二者中较高的类型。例如：

```
x>y?1:1.56
```

如果 x≤y,则条件表达式的值为1.56,若 x>y,值应为1,由于1.56是实型,比整型高,因此,将1转换成实型值1.0。表达式的值是实数1.0。

以上规则不必死记,有了此概念,必要时查一下即可。

【例3.4】 输入一个字符,判别它是否是大写字母,如果是,将它转换成小写字母;如果不是,不转换。然后输出最后得到的字符。

解题思路：首先需要判别字母的大小写,因此要用选择结构,判别的结果只有两种可能,都把它放在一个字符变量中输出。这种情况用条件表达式处理最方便。

编写程序：

```
#include <stdio.h>
int main ()
 { char ch;
   scanf("%c",&ch);
   ch = (ch >= 'A' && ch <= 'Z')?(ch + 32): ch;
   printf("%c\n",ch);
   return 0;
 }
```

运行结果：

A↙
a

程序分析：条件表达式"（ch >= 'A' && ch <= 'Z'）?（ch + 32）：ch"的作用是：如果字符变量 ch 的值为大写字母，则条件表达式的值为（ch + 32），即相应的小写字母,32是小写字母和大写字母 ASCII 码的差值。如果 ch 的值不是大写字母,则条件表达式的值为 ch,即不进行转换。最后输出 ch 的值(必然是小写字母)。

善于利用条件表达式,可以使程序写得精练、专业。

3.6 利用 switch 语句实现多分支选择结构

if 语句只有两个分支可供选择,而实际问题中常常需要用到多分支的选择。例如,学生成绩分类(85 分以上为'A'等,70～84 分为'B'等,60～69 分为'C'……)；人口统计分类(按年龄分为老、中、青、少、儿童);工资统计分类;银行存款分类等,当然这些都可以用嵌套的 if 语句来处理,但如果分支较多,则嵌套的 if 语句层数多,程序冗长而且可读性降低。C 语言提供 switch 语句用来处理多分支选择。它的一般形式如下：

switch（表达式）
{
　　case 常量表达式 1：语句 1
　　case 常量表达式 2：语句 2
　　　　　　⋮
　　case 常量表达式 n：语句 n
　　default　　　　　：语句 n + 1
}

【例 3.5】 要求按照考试成绩的等级输出百分制分数段,A 等为 85 分以上,B 等为 70～84 分,C 等为 60～69 分,D 等为 60 分以下。成绩的等级由键盘输入。

解题思路：这是一个多分支选择问题,根据百分制分数将学生成绩分为 4 个等级,如果用 if 语句来处理至少要用 3 层嵌套的 if,进行 3 次检查判断。可以用 switch 语句,进行一次检查即可得到结果。

编写程序：

```c
#include <stdio.h>
int main()
  {
    char grade;
    scanf("%c",&grade);
    printf("Your score: ");
    switch(grade)
    {
      case 'A': printf("85~100 \n");break;
      case 'B': printf("70~84 \n");break;
      case 'C': printf("60~69 \n");break;
      case 'D': printf(" <60 \n");break;
      default: printf("data error! \n");
    }
    return 0;
  }
```

运行结果：

A↙   (从键盘输入大写字母 A，按 Enter 键)
Your score: 85~100   (输出对应的分数段)

💡 **程序分析**：定义 grade 为字符变量，从键盘输入一个大写字母，赋给变量 grade，switch 得到 grade 的值并把它和各 case 中给定的值（'A','B','C','D'之一）相比较，如果和其中之一相同（称为匹配），则执行该 case 后面的语句（即 printf 语句），输出相应的信息。如果输入的字符与'A','B','C','D'都不相同，就执行 default 后面的语句，输出"输入数据有错"的信息。注意在每个 case 后面的语句中，最后都有一个 break 语句，它的作用是使流程转到 switch 语句的末尾（即右花括号处）。流程图见图 3.12。

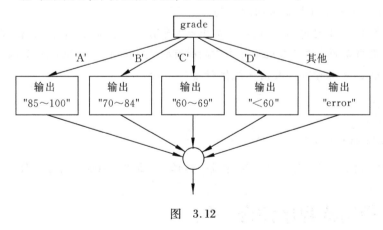

图 3.12

💡 **说明：**

(1) switch 后面括号内的"表达式"，表达式的值应为整型类型（包括字符型）。

(2) switch 下面的花括号内是一个复合语句。这个复合语句包括若干语句,它是 switch 语句的语句体。语句体内包含多个以关键字 case 开头的子句和最多一个以 default 开头的子句。case 后面跟一个常量(或常量表达式),如:case 'A',它们和 default 都是起标号(label 或称标签、标记)的作用,用来标志一个位置。执行 switch 语句时,先计算 switch 后面的"表达式"的值,然后将它与各 case 标号比较,如果与某一个 case 标号中的常量相同,流程就转到此 case 标号后面的语句。如果没有与 switch 表达式相匹配的 case 常量,流程转去执行 default 标号后面的语句。

(3) 可以没有 default 标号,此时如果没有与 switch 表达式相匹配的 case 常量,则不执行任何语句,流程转到 switch 语句的下一个语句。

(4) 每一个 case 常量表达式的值必须互不相同;否则就会出现互相矛盾的现象(对表达式的同一个值,有两种或多种执行方案)。

(5) 各个 case 和 default 的出现次序不影响执行结果。例如,可以先出现"default:…",再出现"case 'D':…",然后是"case 'A':…"。

(6) case 标号只起标记的作用。在执行 switch 语句时,根据 switch 表达式的值找到匹配的入口标号,并不在此进行条件检查,在执行完一个 case 标号后面的语句后,就从此标号开始执行下去,不再进行判断。例如在例 3.6 中,如果在各 case 子句中没有 break 语句,将连续输出:

```
Your score: 85~100
70~84
60~69
<60
enter data error!
```

注意:一般情况下,在执行一个 case 子句后,应该用 break 语句使流程跳出 switch 结构,即终止 switch 语句的执行。最后一个子句(今为 default 子句)可以不加 break 语句,因为流程已到了 switch 结构的结束处。

(7) 在加了 break 语句后,在 case 子句中虽然包含了一个以上执行语句,但可以不必用花括号括起来,会自动顺序执行本 case 子句中的所有的执行语句,当然加上花括号也可以。

(8) 多个 case 标号可以共用一组执行语句,例如:

```
case 'A':
case 'B':
case 'C': printf(">60 \n");break;
```

当 grade 的值为'A','B','C'时都执行同一组语句,输出">60",然后换行。

3.7 选择结构程序综合举例

以上介绍了选择结构的算法以及 C 语言实现选择结构的语句,在此基础上可以进一步学习编写包含选择结构的 C 程序。

【例3.6】 写程序,判断某一年是否是闰年。

解题思路:前面已介绍过判别闰年的方法。现在用图3.13来表示判别闰年的算法(用N-S图表示算法)。用N-S图表示多级选择结构,简单清晰,层次分明。以变量 leap 代表是否是闰年的信息。根据闰年规则逐项进行判断,最后若判定是闰年,就令 leap=1;若非闰年,令 leap=0。最终检查 leap 是否为1(真),若是,则输出"闰年"信息。

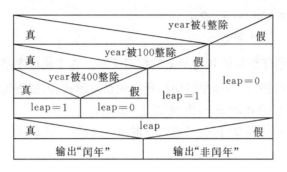

图 3.13

编写程序:

```
#include <stdio.h>
int main()
  {
    int year,leap;
    printf("please enter a year: ");
    scanf("%d",&year);
    if (year%4 ==0)
      {
        if (year%100 ==0)
          {
            if (year%400 ==0)
              leap=1;
            else
              leap=0;
          }
        else
          leap=1;
      }
    else
      leap=0;
    if (leap)
      printf("%d is",year);
    else
      printf("%d is not",year);
```

```
        printf("a leap year.\n");
        return 0;
}
```

运行结果:

① please enter a year: 2016✓
　2016 is a leap year.
② please enter a year: 2100✓
　2100 is not a leap year.

程序分析: 请仔细分析 if 与 else 的配对关系。为了使程序结构清晰,便于他人阅读,也便于日后自己维护,在写程序时应尽量写成锯齿形式,内嵌语句向右缩进 2 列,同一层次的成分(如同一层的 if 和 else)出现在同一列上。

也可以将程序中第 7~20 行改写成以下的 if…else if…else 形式语句(本章 3.4.1 节中介绍的第 3 种 if 语句):

```
if(year%4!=0)
  leap=0;
else if(year%100!=0)
  leap=1;
else if(year%400!=0)
  leap=0;
else
  leap=1;
```

也可以用一个逻辑表达式包含所有的闰年条件(在本章 3.3.2 节的最后已有介绍),将上述 if 语句用下面的 if 语句代替:

```
if((year %4 ==0 && year %100 !=0)||(year %400 ==0))
  leap=1;
else
  leap=0;
```

【**例 3.7**】 求 $ax^2+bx+c=0$ 方程的解。要求能处理任何的 a,b,c 值的组合。

解题思路: 在第 2 章例 2.3 中曾处理此问题,但前提是 a,b,c 的值满足判别式 b^2-4ac 大于或等于 0 的情况,即方程应有有理解。但是根据代数知识,应该有以下几种可能。

① a=0,不是二次方程,而是一次方程。
② $b^2-4ac=0$,有两个相等的实根。
③ $b^2-4ac>0$,有两个不等的实根。
④ $b^2-4ac<0$,有两个共轭复根。

画出 N-S 流程图表示算法(图 3.14),可以看到,用 N-S 流程图表示算法,很容易理解,一目了然。

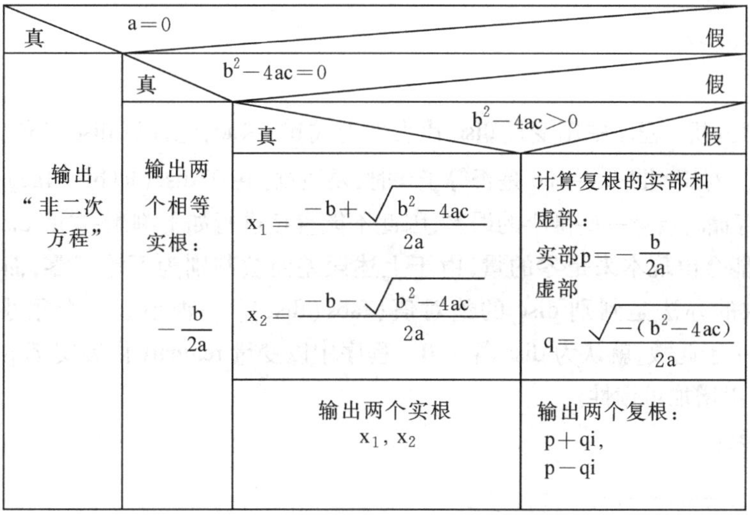

第 3 章 选择结构程序设计

	a=0 真			假
输出 "非二次 方程"	真 $b^2-4ac=0$		假	
	输出两 个相等 实根： $-\dfrac{b}{2a}$	真 $b^2-4ac>0$		假
		$x_1=\dfrac{-b+\sqrt{b^2-4ac}}{2a}$ $x_2=\dfrac{-b-\sqrt{b^2-4ac}}{2a}$	计算复根的实部和 虚部： 实部 $p=-\dfrac{b}{2a}$ 虚部 $q=\dfrac{\sqrt{-(b^2-4ac)}}{2a}$	
		输出两个实根 x_1, x_2	输出两个复根： p+qi, p-qi	

图 3.14

编写程序：

```
#include <stdio.h>
#include <math.h>
int main ()
 {double a,b,c,disc,x1,x2,realpart,imagpart;
  printf("please enter a,b,c: ");
  scanf("%lf,%lf,%lf",&a,&b,&c);
  printf("The equation ");
  if(fabs(a)<=1e-6)
    printf("is not a quadratic \n");
  else
    { disc=b*b-4*a*c;
      if(fabs(disc)<=1e-6)
        printf("has two equal roots: %8.4f\n",-b/(2*a));
      else if(disc>1e-6)
        { x1=(-b+sqrt(disc))/(2*a);
          x2=(-b-sqrt(disc))/(2*a);
          printf("has distinct real roots: %8.4f and %8.4f \n",x1,x2);
        }
      else
        { realpart=-b/(2*a);
          imagpart=sqrt(-disc)/(2*a);
          printf(" has complex roots: \n");
          printf("%8.4f+%8.4fi \n",realpart,imagpart);
          printf("%8.4f-%8.4fi \n",realpart,imagpart);
        }
```

        }
        return 0;
    }

程序分析：程序中用变量 disc 代表判别式 b^2-4ac，先计算 disc 的值，以减少以后的重复计算。对于判断 b^2-4ac 是否等于 0 时，要注意：由于 disc（即 b^2-4ac）是实数，而实数在计算和存储时会有一些微小的误差，因此不能直接进行如下判断："if(disc==0)…"，因为这样可能会出现本来是零的量，由于上述误差而被判别为不等于零，而导致结果错误，所以采取的办法是判别 disc 的绝对值（fabs(disc)）是否小于一个很小的数（例如 10^{-6}），如果小于此数，就认为 disc 等于 0。程序中以变量 realpart 代表实部 p，以 imagpart 代表虚部 q，以增加可读性。

运行结果：

① please enter a,b,c: 1,2,1↙
   The equation has two equal roots: -1.0000
② please enter a,b,c: 1,2,2↙
   The equation has complex roots:
   -1.0000 + 1.0000i
   -1.0000 - 1.0000i
③ please enter a,b,c: 2,6,1↙
   The equation has distinct real roots: -0.1771 and -2.8229

在程序中用格式声明"%8.4f"指定输出格式，表示输出的数据共占 8 列宽度，其中小数点后有 4 位，因此在输出 -1 时，在负号前有一个空格，即 -1.0000。

【例 3.8】 运输公司对用户计算运费。路程（以 s 表示，单位为千米），吨/千米运费越低。标准如下：

　　s < 250　　　　　　没有折扣
　　250 ≤ s < 500　　　2% 折扣
　　500 ≤ s < 1000　　 5% 折扣
　　1000 ≤ s < 2000　　8% 折扣
　　2000 ≤ s < 3000　　10% 折扣
　　3000 ≤ s　　　　　 15% 折扣

解题思路：设吨/千米货物的基本运费为 p（price 的缩写），货物重为 w（weight 的缩写），距离为 s，折扣为 d（discount 的缩写），则总运费 f（freight 的缩写）的计算公式为

$$f = p \times w \times s \times (1-d)$$

经过仔细分析发现折扣的变化是有规律的：从图 3.15 可以看到，折扣的"变化点"都是 250 的倍数（250,500,1000,2000,3000）。利用这一特点，可以在横轴上加一坐标 c，c 的值为 s/250。c 代表 250 的倍数。当 c < 1 时，表示 s < 250，无折扣；1 ≤ c < 2 时，表示 250 ≤ s < 500，折扣 d = 2%；2 ≤ c < 4 时，d = 5%；4 ≤ c < 8 时，d = 8%；8 ≤ c < 12 时，d = 10%；c ≥ 12 时，d = 15%。

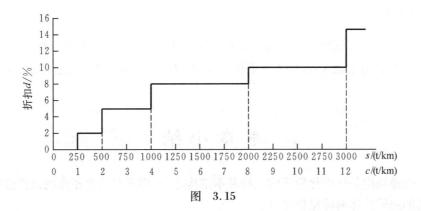

图 3.15

编写程序：

```
#include <stdio.h>
int main ()
  {
    int c,s;
    double p,w,d,f;
    printf("please enter price,weight,distance: ");
    scanf("%lf,%lf,%d",&p,&w,&s);
    if(s>=3000) c=12;
    else c=s/250;
    switch(c)
    {
      case 0: d=0;break;
      case 1: d=2;break;
      case 2:
      case 3: d=5;break;
      case 4:
      case 5:
      case 6:
      case 7: d=8;break;
      case 8:
      case 9:
      case 10:
      case 11: d=10;break;
      case 12: d=15;break;
    }
    f=p*w*s*(1-d/100.0);
    printf("freight=%10.2f\n",f);
    return 0;
  }
```

运行结果：

please enter price,weight,distance: 23,345.7,136✓

```
freight=1081349.60
```

💡 **说明**：c 和 s 是整型变量，因此 c=s/250 为整数。当 s≥3000 时，令 c=12，而不使 c 随 s 增大，这是为了在 switch 语句中便于处理，用一个 case 可以处理所有 s≥3000 的情况。

本 章 小 结

（1）选择结构是结构化程序的三种基本结构之一，用来对一个指定的条件进行判断，根据判断的结果选择两种操作之一。

（2）掌握算术运算符、关系运算符、逻辑运算符以及算术表达式、关系表达式、逻辑表达式的概念和使用。算术表达式的值是一个数值，关系表达式和逻辑表达式的值是一个逻辑量（"真"或"假"）。在 C 语言中约定：在**表示**一个逻辑值（如关系表达式、逻辑表达式的值）时，以 **1 代表真**，**以 0 代表假**。在判别一个逻辑量的值时，以非 **0 作为真**，**0 作为假**。在 C 程序中，逻辑量（包括关系表达式和逻辑表达式）可以作为数值参加数值运算。

（3）在 C 语言中，主要用 **if** 语句实现选择结构，用 **switch** 语句实现多分支选择结构。掌握 if 语句的 3 种形式。注意 if 与 else 的配对规则（else 总是和在它前面最近的未配对的 if 相配对）。为使程序清晰，减少错误，可采取以下方法：①内嵌 if 也包括 else 部分；②把内嵌的 if 放在外层的 else 子句中；③加花括号，限定范围；④程序写成锯齿形，同一层次的 if 和 else 在同一列上。

（4）条件运算符（?:）是 C 语言中唯一的三目（元）运算符。条件表达式可以用来实现特定的选择结构。善于利用条件表达式可以使程序简练和专业。

（5）在用 switch 语句实现多分支选择结构时，"case 常量表达式"只起语句标号作用，如果 switch 后面的表达式的值与 case 后面的常量表达式的值相等，就执行 case 后面的语句。但特别注意：执行完这些语句后不会自动结束，会继续执行下一个 case 子句中的语句。因此，应在每个 case 子句最后加一个 **break** 语句，才能正确实现多分支选择结构。

习　　题

3.1　写出下面各逻辑表达式的值。设 a=3,b=4,c=5。

　　（1）a+b>c && b==c

　　（2）a‖b+c && b-c

　　（3）!(a>b) && !c‖1

　　（4）!(x=a) && (y=b) &&0

　　（5）!(a+b)+c-1 && b+c/2

3.2　有 3 个整数 a,b,c，由键盘输入，输出其中最大的数，请编程序。

3.3　有一个函数：

$$y = \begin{cases} x & x < 1 \\ 2x-1 & 1 \leq x < 10 \\ 3x-11 & x \geq 10 \end{cases}$$

写程序,输入 x,输出 y 值。

3.4 给出一百分制成绩,要求输出成绩等级'A'、'B'、'C'、'D'、'E'。90 分以上为'A',80~89 分为'B',70~79 分为'C',60~69 分为'D',60 分以下为'E'。

3.5 给一个不多于 5 位的正整数,要求:
① 求出它是几位数;
② 分别输出每一位数字;
③ 按逆序输出各位数字,例如原数为 321,应输出 123。

3.6 企业发放的奖金根据利润提成。利润 I 低于或等于 100 000 元的,奖金可提 10%;利润高于 100 000 元,低于 200 000 元(100 000 < I ≤ 200 000)时,低于 100 000 元的部分按 10% 提成,高于 100 000 元的部分,可提成 7.5%;200 000 < I ≤ 400 000 时,低于 200 000 元的部分仍按上述办法提成(下同)。高于 200 000 元的部分按 5% 提成;400 000 < I ≤ 600 000 元时,高于 400 000 元的部分按 3% 提成;600 000 < I ≤ 1 000 000 时,高于 600 000 元的部分按 1.5% 提成;I > 1 000 000 时,超过 1 000 000 元的部分按 1% 提成。从键盘输入当月利润 I,求应发奖金总数。要求:
(1) 用 if 语句编程序;
(2) 用 switch 语句编程序。

3.7 输入 4 个整数,要求按由小到大的顺序输出。

3.8 有 4 个圆塔,圆心分别为(2,2)、(-2,2)、(-2,-2)、(2,-2),圆半径为 1m,见图 3.16。这 4 个塔的高度为 10m,塔以外无建筑物。今输入任一点的坐标,求该点的建筑高度(塔外的高度为零)。

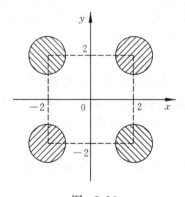

图 3.16

第 4 章 循环结构程序设计

4.1 程序需要循环

用顺序结构和选择结构可以解决简单的、不需要进行重复处理的问题,但是在现实生活中许多问题是需要进行重复处理的。例如,计算一个学生5门课的平均成绩很简单,只需要把5门课的成绩相加,然后除以5即可。但是若想得到一个班50学生每人的平均成绩,就要做50次"把5门课的成绩相加,然后除以5"的工作,如果在程序中重复写50次相同的程序段显然是不胜其烦的。类似的问题是很多的,如工厂各车间的生产日报表、全国各省市的人口统计分析、各大学招生情况统计、全校教职工工资报表等。事实上,大多数的应用程序都包含重复处理。**循环结构就是用来处理需要重复处理的问题的**,所以循环结构又称为**重复结构**。

有两种循环:一种是无休止的循环,如地球围绕太阳旋转,永不终止,每一天24小时,周而复始;另一种是有终止的循环,达到一定条件循环就结束了,如统计完第50名学生成绩后就不再继续了。计算机程序只处理有条件的循环。**算法的特性是有效性、确定性和有穷性**,如果程序将永远不结束,永远得不到结果,是不正常的。

要构成一个有效的循环,应当指定两个条件:①需要重复执行的操作,这称为**循环体**;②**循环结束的条件**,即在什么情况下停止重复的操作。

循环结构是结构化程序设计的基本结构之一,它和顺序结构、选择结构共同作为各种复杂程序的基本构造单元。因此熟练掌握选择结构和循环结构的概念及使用是程序设计最基本的要求。

C 语言提供了几种实现循环结构的语句,主要有 while 语句、do…while 语句和 for 语句。下面分别作介绍。

4.2 用 while 语句和 do…while 语句实现循环

4.2.1 用 while 语句实现循环

先看一个例子:

【例4.1】 求 $\sum_{n=1}^{100} n$，即 $1+2+3+\cdots+100$。

解题思路：先设计算法。分别用传统流程图和 N-S 结构流程图表示算法，见图 4.1(a) 和图 4.1(b)。

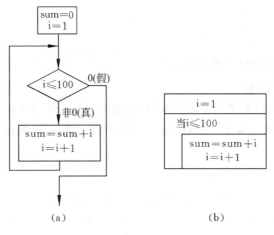

图 4.1

其思路是：变量 sum 是用来存放累加值的，i 是准备加到 sum 的数值，让 i 从 1 变到 100，先后累加到 sum 中。具体步骤如下：

(1) 开始时使 sum 的值为 0，被加数 i 第一次取值为 1。开始进入循环结构。

(2) 判别"i≤100"条件是否满足，由于 i 小于 100，因此"i≤100"的值为真，所以应当执行其下面矩形框中的操作。

(3) 执行 sum=sum+i，此时 sum 的值变为 1，然后使 i 的值加 1，i 的值变为 2，这是为下一次加 2 做准备。流程返回菱形框。

(4) 再次检查"i≤100"条件是否满足，由于 i 的值为 2，小于 100，因此"i≤100"的值仍为真，所以应执行其下面矩形框中的操作。

(5) 执行 sum=sum+i，由于 sum 的值已变为 1，i 的值已变为 2，因此执行 sum=sum+i 后 sum 的值变为 3。再使 i 的值加 1，i 的值变为 3。流程再返回菱形框。

(6) 再次检查"i≤100"条件是否满足……如此反复执行矩形框中的操作，直到 i 的值变成 100，把 i 加到 sum 中，然后 i 又加 1 变成 101。当再次返回菱形框检查"i≤100"条件时，由于 i 已是 101，大于 100，"i≤100"的值为假，不再执行矩形框中的操作，循环结构结束。

编写程序：根据流程图写出程序：

```
#include <stdio.h>
int main()
  { int i,sum=0;
    i=1;
    while (i<=100)
      { sum=sum+i;
        i++;
```

```
        }
    printf("%d\n",sum);
    return 0;
}
```

运行结果:

5050

💡 **说明**: while 语句的一般形式如下:

while（表达式）语句

当表达式为非 0 值(代表逻辑值"真")时,执行 while 语句中的内嵌语句,其流程图见图 4.2。while 循环的特点是: **先判断表达式,后执行语句**。

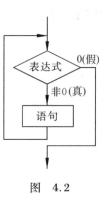

图 4.2

🔔 **注意**:

(1) 循环体如果包含多于一个语句时,应该用花括号括起来,以复合语句形式出现。如果不加花括号,则 while 语句的范围只到 while 后面第一个分号处。例如,本例中 while 语句中如无花括号,则 while 语句范围只到"sum = sum + i;"。

(2) 在循环体中应有使循环趋向于结束的语句。例如,在本例中循环结束的条件是"i>100",因此在循环体中应该有使 i 增值以导致 i>100 的语句,今用"i++;"语句来达到此目的。如果无此语句,则 i 的值始终不改变,循环永不结束。

请读者考虑:如果 while 语句中的条件改为"(i<100)",情况会怎样,输出结果是什么?

4.2.2 用 do…while 语句实现循环

例 4.1 程序是用 while 语句处理的,也可以用 do…while 语句来处理。见下例。

【**例 4.2**】 用 do…while 语句循环求 $\sum_{n=1}^{100} n$,即 $1+2+3+\cdots+100$。

解题思路: while 语句是在循环结构中先进行比较,然后执行循环体。能否换一种思路,先执行循环体,然后再进行条件判断呢? 见图 4.3。

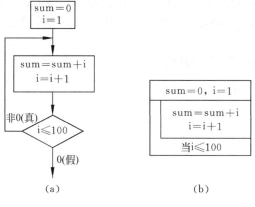

(a)   (b)

图 4.3

在对流程图进行分析后,可以得到结论:能得到正确的结果。

编写程序:

```
#include <stdio.h>
int main()
  { int i,sum=0;
    i=1;
    do
      { sum=sum+i;
        i++;
      }while(i<=100);
    printf("%d\n",sum);
    return 0;
  }
```

运行结果:

5050

结果与例 4.1 相同。

💡 说明:do…while 语句的特点是**先执行循环体**,**然后判断循环条件是否成立**。其一般形式为

do

　　循环体语句

while(表达式);

它是这样执行的:先执行一次循环体语句,然后判别"表达式",当表达式的值为非 0 ("真")时,返回重新执行循环体语句,如此反复,直到表达式的值等于 0("假")为止,此时循环结束。可以用图 4.4 表示其流程,请注意 do…while 循环用 N-S 流程图的表示形式(见图 4.4(b))。

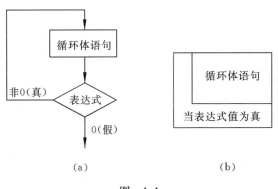

图 4.4

4.2.3　while 循环和 do…while 循环的比较

凡是能用 while 循环处理的情况,一般可以用 do…while 循环处理。反之,do…while 循环结构也可以转换成 while 循环结构。图 4.4 可以改画成图 4.5 的形式,二者完全等

价。而图 4.5 中虚线框部分就是一个 while 结构。可见，do…while 结构是由一个语句加一个 while 结构构成的。若图 4.2 中表达式值为真，则图 4.2 也与图 4.5 等价(因为都要先执行一次语句)。

在一般情况下，用 while 语句和用 do…while 语句处理同一问题时，若二者的循环体部分是一样的，它们的结果也一样。如例 4.1 和例 4.2 程序中的循环体是相同的，得到结果也相同。但是如果 while 后面的表达式一开始就为假(0 值)时，两种循环的结果是不同的。

【例 4.3】 while 和 do…while 两种循环的比较。

如果 while 语句中的循环条件相同，循环体也相同，用 while 循环和 do…while 循环有什么区别？

(1) 用 **while** 循环

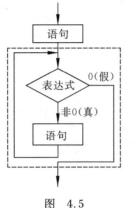

图 4.5

```
#include <stdio.h>
int main ()
  { int sum=0,i;
    scanf("%d",&i);
    while (i<=10)
      { sum=sum+i;
        i++;
      }
    printf("sum=%d\n",sum);
    return 0;
  }
```

运行情况：

1↙
sum=55

再运行一次：

11↙
sum=0

(2) 用 **do…while** 循环

```
#include <stdio.h>
int main()
  {
    int sum=0,i;
    scanf("%d",&i);
    do
      { sum=sum+i;
        i++;
      }while (i<=10);
    printf("sum=%d\n",sum);
    return 0;
  }
```

运行情况:

1↙
sum=55

再运行一次:

11↙
sum=11

可以看到:当输入 i 的值小于或等于 10 时,二者得到结果相同。而当 i>10 时,二者结果就不同了。这是因为此时对 while 循环来说,一次也不执行循环体(表达式"i<=10"为假),而对 do…while 循环语句来说则要执行一次循环体。可以得到结论:**当 while 后面的表达式的第一次的值为"真"时,两种循环得到的结果相同;否则,二者结果不相同**(指二者具有相同的循环体的情况)。

4.2.4 递推与迭代

本章已经介绍了一些简单的例子,实际上已经是用循环处理递推和迭代问题了。为了进一步说明有关算法,下面再分析两个例子。

【例 4.4】 相传古代印度国王舍罕要褒奖他的聪明能干的宰相达依尔(国际象棋发明者),问他需要什么,达依尔回答说:"国王只要在国际象棋的棋盘第一个格子中放一粒麦子,第二个格子中放两粒,第三个格子中放四粒,以后按此比例每一格加一倍,一直放到第 64 格(国际象棋盘是 8×8=64 格),我就感恩不尽了,其他什么也不要了!"见图 4.6。国王想:"这能有多少!太容易了!"让人扛来一袋小麦,但不到一会儿就用没了,再来一袋,很快也没有了,结果全印度的粮食全部用完还不够,国王纳闷,怎样也算不清这笔账。现在用计算机来算一下。

解题思路:这个问题可以用数学式子来表示,需要计算总共需要的小麦粒数:

$$total = 1 + 2 + 2^2 + 2^3 + \cdots + 2^{64}$$

显然,用人工很难完成这个任务。现在考虑用计算机怎样进行,很容易想到用循环来处理。假设开始时已把第一个格子的麦子数(1 粒)放在变量 total 中,每执行一次循环就把下面一格的麦子数加到 total 中,执行 63 次循环,就算出总麦子数了。流程图见图 4.7。

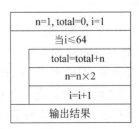

图 4.6   图 4.7

编写程序：

```
#include <stdio.h>
int main()
  { int i=1;
    double n=1,total=0;
    while (i<=64)
    { total=total+n;                  //每次累加一格小麦粒数
      n=n*2;                          //下一格小麦是本格小麦的2倍
      i++;
    }
    printf("total=%22.0f\n",total);
    return 0;
  }
```

运行结果：

total = 18446744073709552000

大约是1844亿亿粒。

程序分析：

（1）程序执行循环共64次（i从1变到64），第一次将2^0（即1）加到total中,第二次将2^1（即2）加到total中……第64次将2^{63}加到total中,然后i变为65,不再执行循环了。

（2）双精度型数的有效数字为15或16位,其后的数字是有误差的（不准确的）。如果把输出语句改为

printf("total=%22.16e\n",total);

则以指数形式输出：

total=1.8446744073709552e019

即约$1.8446744073709552 \times 10^{19}$粒小麦。1立方米小麦约有$1.42 \times 10^8$粒,可以增加一个计算和输出体积的语句：

printf("volume=%22.16e\n",total/1.42e8);

输出：

volume=1.2990664840640529e+011

即约1.3×10^{11}立方米,相当于在全中国960万平方千米的土地上,全铺满1.3厘米的小麦,相当于印度几百年的产量。

请读者分析：①怎样设置循环条件,如果把"i<=64"改为"i<64",结果会怎样？变量i起什么作用？如果没有第8行"i++;",结果会怎样？②为什么把n和total定义为double类型？定义为int型行不行？可以上机试一下。③分析输出格式,为什么在输出小麦粒数total时用"%22.0f",在用指数输出时用"%22.16e"？可对照输出结果进行分析。

算法分析： 本题的结果不是用数学公式直接计算出来的,而是利用计算机的特点,一

项一项累加起来的。求解的过程是采用递推的方法：先算出第 1 格的麦子数，然后在此基础上推算出第 2 格的麦子数(n = n * 2)，把它加到 total 中；再据此推算出第 3 格的麦子数，再加到 total 中……由前一个结果推出下一个结果。所谓**递推是指从前面一些已知的事实推出后面的结果**。递推方法本身并不一定要采用循环算法，但是当递推包含的次数比较多时(如本例)，用循环处理是很有效的。

在使用计算机处理递推算法时，常使用**迭代**(iterate)，即由一个变量的原值推出它的新值，或者说，**不断地用一个新值代替变量的原值**。原值与新值之间存在一定的关系，用迭代公式表示。在上面的程序中，n 和 total 就是迭代变量，迭代公式分别是：n = n * 2 和 total = total + n。从 n 和 total 的初始值出发，利用迭代公式推出 n 和 total 的新值，用循环来控制迭代的次数。

💡 **说明**：递推与迭代是有联系而有区别的两个概念，递推不一定采取迭代。例如，求 4!，可以用：f1 = 1，f2 = f1 * 2，f3 = f2 * 3，f4 = f3 * 4。这是递推，但 f1，f2，f3，f4 是不同的变量，不是用一个新值去取代变量的原值，因此，这不是迭代。在用计算机处理递推问题时，往往采用迭代方法，把递推得到的新的结果仍然存放在原来的变量中(即用同一个变量先后存放不同的值)，以便用循环处理。本章例 4.1、例 4.2 和例 4.3 都是采用迭代方法的例子。

本章的习题 2.4(猴子吃桃问题)是用"倒推法"，其基本思路和递推法是相似的。读者可思考一下怎样处理，也可以参阅《C 程序设计教程(第 3 版)学习辅导》中的"习题解答"部分。

在遇到递推问题时要善于从递推关系写出迭代公式，采取循环处理。

【例 4.5】 用 $\frac{\pi}{4} = 1 - \frac{1}{3} + \frac{1}{5} - \frac{1}{7} + \cdots$ 公式求 π 的近似值，直到某一项的绝对值小于 10^{-6} 为止。

解题思路：这也是一个递推问题，从多项式的第 1 项可以推出第 2 项，从第 2 项可以推出第 3 项……可以看出：第 1 项的分子和分母都是 1。以后各项的规律是：后一项的分子是 1，分母是前一项分母加 2，符号是前一项乘以(-1)。

可以用迭代方法来处理。用 pi 代表多项式的当前值(它的值是不断变化的)，用 n 代表多项式某项的分母的值，t 代表该项的值，第 1 项的值 t = 1，把它加到 pi 中，然后用循环先后计算出每一项的值，并累加到 pi 中。用 N-S 结构化流程图表示算法(见图 4.8)。

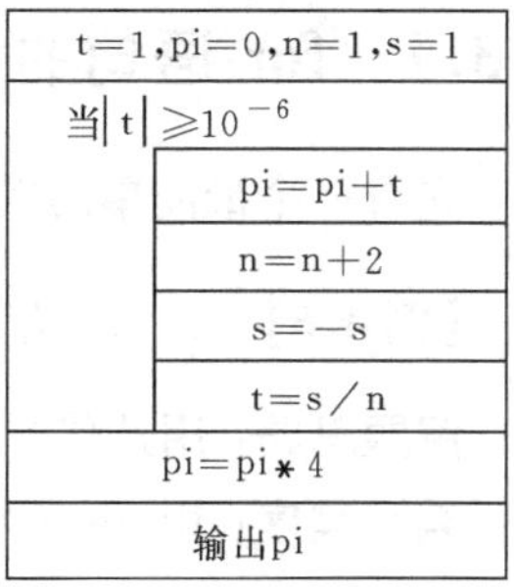

编写程序：

```
#include <stdio.h>
#include <math.h>
int main()
  {
    int s;
    float n,t,pi;
    t=1;pi=0;n=1.0;s=1;
    while(fabs(t)>1e-6)
     { pi=pi+t;              //把当前项的值累加到 pi 中
       n=n+2;                //分母加 2
```

t=1,pi=0,n=1,s=1
当|t|≥10^{-6}
pi=pi+t
n=n+2
s=-s
t=s/n
pi=pi*4
输出 pi

图 4.8

```
           s =-s;                        //符号取反
           t = s/n;                      //计算下一项的值
        }
        pi = pi * 4;                     //计算圆周率
        printf("pi = %10.6f \n",pi);
        return 0;
    }
```

运行结果:

pi = 3.141594

程序分析:

(1) fabs 是"求实数的绝对值"的函数,得到的函数值为双精度型。关于该函数的用法可参阅本书附录 E。

(2) t 是多项式中的某一项,如 1, -1/3, 1/5, -1/7,例如在执行第一次循环时,t 的初值为 1(它是多项式第 1 项的值),pi 的值由 0 变为 1(它代表**已把多项式的第 1 项的值 1 累加到 pi 中了**),然后 n 的值由 1 变为 3,s 的值为 1 变为 −1,t 的值由 1 变为 −1/3(它是多项式第 2 项的值),然后进行 while 循环条件的检查,由于 t 的绝对值大于 10^{-6},所以应执行第 2 次循环,再把 t 的当前值(−1/3)累加到 pi 中,这时 pi 已累加了多项式的前两项了。如此不断循环,把多项式各项先后累加到 pi 中。当执行完某一次循环后,t 的绝对值会小于或等于 10^{-6},这时就不再执行循环了,把到此时为止的 pi 值乘以 4,作为 π 的近似值输出。请读者仔细理解和消化此题的算法。

请读者把它改写为用 do…while 循环的程序。

4.3 用 for 语句实现循环

C 语言中的 for 语句使用最为灵活,不仅可以用于循环次数已经确定的情况,而且可以用于循环次数不确定而只给出循环结束条件的情况,它完全可以代替 while 语句。

4.3.1 for 语句的执行过程

先看一个最简单的例子。

【例 4.6】 用 for 语句实现例 4.1 的要求,求 $\sum_{n=1}^{100} n$,即 $1+2+3+\cdots+100$。

解题思路: 用迭代方法处理,使 sum 不断进行迭代。流程图与图 4.1 相同。

编写程序: 用 for 语句实现循环。

```
#include <stdio.h>
int main()
    { int i,sum = 0;
      for(i = 1;i <= 100;i ++)
         sum = sum + i;                          //实现迭代
```

```
        printf("%d\n",sum);
        return 0;
}
```

运行结果：

5050

可见与用 while 语句实现循环的结果相同。

💡 **说明：**

```
for(i=1;i<=100;i++)
    sum=sum+i;
```

就是一个由 for 语句实现的循环结构。

for 语句的一般形式为

for(表达式 1；表达式 2；表达式 3) 语句

对照程序中的 for 语句，"表达式 1"是"i=1"，"表达式 2"是"i<=100"，"表达式 3"是"i++"，"语句"是"sum=sum+i"。

for 语句的执行过程如下：

(1) 先求解表达式 1。

(2) 求解表达式 2，若其值为真(值为非 0)，则执行 for 语句中指定的内嵌语句，然后执行下面第(3)步。若为假(值为 0)，则结束循环，转到第(5)步。

(3) 求解表达式 3。

(4) 转回上面第(2)步骤继续执行。

(5) 循环结束，执行 for 语句下面的一个语句。

可以用图 4.9 来表示 for 语句的执行过程。

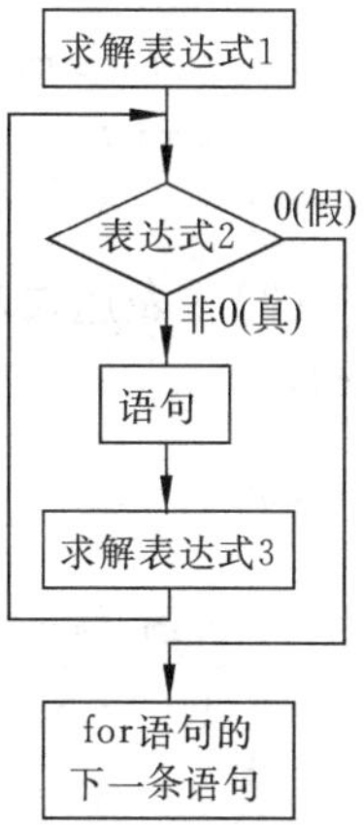

上面 for 语句的一般形式中的三个"表达式"最常用的方式是：

for(循环变量赋初值；循环条件；循环变量增值) 语句

例如：

```
for(i=1;i<=100;i++) sum=sum+i;
```

的执行过程与图 4.1 中的循环结构完全一样。它相当于以下语句：

```
i=1;                    (对循环变量 i 赋以初值)
while(i<=100)           (i<=100 是循环条件)
  { sum=sum+i;          (这就是 for 语句中的循环体，即要执行的"语句")
    i++;                (这相当于 for 语句中的"循环变量增值")
  }
```

图 4.9

显然，用 for 语句简单、方便。

对于以上 for 语句的一般形式可以改写为 while 循环的形式，二者等价：

表达式 1；

while 表达式 2

{

语句

　　　　表达式3;
　　}

4.3.2 for 语句的各种形式

在实际编程中,for 语句相当灵活,形式变化多样。

(1) for 语句的一般形式中的"表达式1"可以省略,此时应在 for 语句之前给循环变量赋初值。注意,省略表达式1时,其后的分号不能省略。例如:

　　　　for(;i<=100;i++) sum=sum+i;

执行时,跳过"求解表达式1"这一步,其他不变。

(2) 如果表达式2省略,即不判断循环条件,循环无终止地进行下去。也就是认为表达式2始终为真,见图4.10。

例如:

　　　　for(i=1; ;i++) sum=sum+i;

"表达式1"是一个赋值表达式,"表达式2"空缺。它相当于

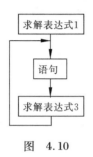

图 4.10

```
i=1;
while(1)
  {
    sum=sum+i;
    i++;
  }
```

(3) "表达式3"也可以省略,但此时程序设计者应另外设法保证循环能正常结束。例如:

```
for(i=1;i<=100;)
  {
    sum=sum+i;
    i++;           (把 i++ 放在循环体中,使循环变量增值)
  }
```

在上面的 for 语句中只有表达式1和表达式2,而没有表达式3。i++ 的操作不放在 for 语句的表达式3的位置处,而作为循环体的一部分,效果是一样的,都能使循环正常结束。

(4) 可以省略表达式1和表达式3,只有表达式2,即只给循环条件。例如:

```
for(;i<=100;)                        while(i<=100)
{                                    {
  sum=sum+i;          相当于           sum=sum+i;
  i++;                                 i++;
}                                    }
```

在这种情况下,完全等同于 while 语句。可见 for 语句比 while 语句功能强,除了可以给出循环条件外,还可以赋初值,使循环变量自动增值等。

(5) 3个表达式都可省略,例如:

```
for(;;) 语句
```

相当于

```
while(1) 语句
```

即不设初值,不判断条件(认为表达式2为真值),循环变量不增值。无终止地执行循环体。

(6) 表达式1可以是设置循环变量初值的赋值表达式,也可以是与循环变量无关的其他表达式。例如:

```
for(sum=0;i<=100;i++) sum=sum+i;
```

表达式3也可以是与循环控制无关的任意表达式。

表达式1和表达式3可以是一个简单的表达式,也可以是逗号表达式,即包含一个以上的简单表达式,中间用逗号间隔。例如:

```
for(sum=0,i=1;i<=100;i++) sum=sum+i;
```

或

```
for(i=0,j=100;i<=j;i++,j--) k=i+j;
```

表达式1和表达式3都是逗号表达式,各包含两个赋值表达式,即同时设两个初值,使两个变量增值,执行情况见图4.11。

(7) 表达式2一般是关系表达式(如i<=100)或逻辑表达式(如a<b && x<y),但也可以是数值表达式或字符表达式,只要其值为非0,就执行循环体。分析下面两个例子:

① `for(i=0;(c=getchar())!='\n';i+=c);`

在表达式2中先从终端接收一个字符赋给c,然后判断此赋值表达式的值是否不等于'\n'(换行符),如果不等于'\n',就执行循环体。此for语句的执行过程见图4.12,它的作用是不断输入字符,将它们的ASCII码相加,直到输入一个"换行"符为止。

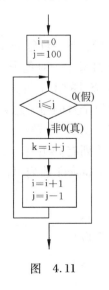

图 4.11

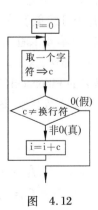

图 4.12

注意：此 for 语句的循环体为空语句，把本来要在循环体内处理的内容放在表达式 3 中，作用是一样的。可见 for 语句功能强，可以在表达式中完成本来应在循环体内完成的操作。

② `for(;(c=getchar())!='\n';)`
　　`printf("%c",c);`

for 语句中只有表达式 2，而无表达式 1 和表达式 3。其作用是每读入一个字符后立即输出该字符，直到输入一个"换行"符为止。请注意，从终端键盘向计算机输入时，是在按 Enter 键以后才将一批数据一起送到内存缓冲区中去的。

运行情况：

<u>Computer</u>✓　　　　　（输入）
Computer　　　　　（输出）

注意运行结果不是

CCoommppuutteerr

即不是从终端输入一个字符马上输出一个字符，而是按 Enter 键后数据送入内存缓冲区，然后每次从缓冲区读一个字符，再输出该字符。

从上面介绍可以知道 C 语言中的 for 语句功能很强。可以把循环体和一些与循环控制无关的操作也作为表达式 1 或表达式 3 出现，这样程序可以短小简洁。但过分地利用这一特点会使 for 语句显得杂乱，可读性降低，最好不要把与循环控制无关的内容放到 for 语句中。

由于 for 语句在 C 程序设计中用得非常广泛，而且很灵活，技巧很多，所以在本小节中比较全面、具体地介绍了 for 语句的特点和用法，使读者对它有比较完整的认识，在以后遇到各种情况都能做到心中有数，应用自如。

4.3.3　for 循环应用举例

通过一个例子了解 for 循环的应用。

【**例 4.7**】　兔子的繁殖。这是一个有趣的古典数学问题：有一对兔子，从出生后第 3 个月起每个月都生一对兔子。小兔子长到第 3 个月后每个月又生一对兔子。假设所有兔子都不死，问每个月的兔子总数为多少？编程序求出前 40 个月的兔子数。

解题思路：从表 4.1 看出兔子繁殖的规律。可以看到每个月的兔子总数依次为 1，1，2，3，5，8，13，…。显然，这是一个递推问题，从前面两个数推出第 3 个数。

这就是著名的 Fibonacci（菲波那契）数列。Fibonacci 数列有如下特点：第 1，2 两个数为 1，1。从第 3 个数开始，该数是其前面两个数之和。Fibonacci 数列可以用下面的数学形式表示：

$$f_1 = 1 \quad (n = 1) \quad （第一个数）$$
$$f_2 = 1 \quad (n = 2) \quad （第二个数）$$
$$f_n = f_{n-1} + f_{n-2} \quad (n \geq 3) \quad （递推公式）$$

表 4.1　兔子繁殖的规律

第几个月	小兔子对数	中兔子对数	老兔子对数	兔子总数
1	1	0	0	1
2	0	1	0	1
3	1	0	1	2
4	1	1	1	3
5	2	1	2	5
6	3	2	3	8
7	5	3	5	13
⋮	⋮	⋮	⋮	⋮

注：不满 1 个月的为小兔子，满 1 个月不满 2 个月的为中兔子，满 3 个月以上的为老兔子。

为了能用计算机方便快速进行处理，宜用迭代方法，只使用 f1 和 f2 两个迭代变量，使用循环处理，在一次循环中递推出数列中后面两个数。按照递推公式写出循环体语句。算法如图 4.13 所示。

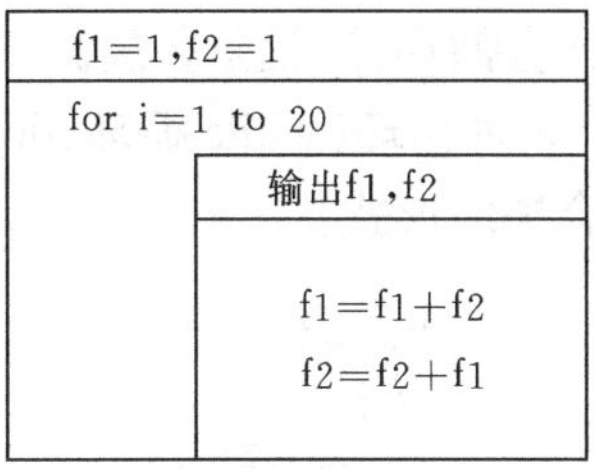

编写程序：

```
#include <stdio.h>
int main()
  {
    int f1,f2,i;
    f1 =1;f2 =1;
    for(i =1; i <=20; i ++)
      {
        printf("%12d %12d ",f1,f2);
        if(i%2 ==0) printf("\n");
        f1 = f1 + f2;
        f2 = f2 + f1;
      }
    return 0;
  }
```

f1=1,f2=1
for i=1 to 20
输出f1,f2
f1=f1+f2
f2=f2+f1

图　4.13

运行结果：

```
           1            1            2            3
           5            8           13           21
          34           55           89          144
         233          377          610          987
        1597         2584         4181         6765
       10946        17711        28657        46368
       75025       121393       196418       317811
      514229       832040      1346269      2178309
     3524578     57022887      9227465     14930352
    24157817     39088169     63245986    102334155
```

程序分析：

（1）在一次循环中输出 2 个数，要输出 40 个数，需要执行 20 次循环。

（2）数列中的前两个数是在程序中给定的（f1=1,f2=1），从第 3 个数开始是根据上面的公式计算出来的，即从前两个数推出当前的数。在一次循环中推出两个数。请注意在程序中是怎样推出这两个数的，仔细分析 f1 和 f2 的瞬时值，分析它们分别代表数列中哪一个数。

（3）if 语句的作用是使输出 4 个数后换行。i 是循环变量，当 i 为偶数时换行，而 i 每增值 1，就要计算和输出 2 个数（f1,f2），因此 i 每隔 2 换一次行相当于每输出 4 个数后换行输出。

4.4 循环的嵌套

一个循环体内又包含另一个完整的循环结构，称为**循环的嵌套**。内嵌的循环中还可以嵌套循环，这就是**多层循环**。各种语言中关于循环的嵌套的概念都是一样的。

3 种循环（while 循环、do…while 循环和 for 循环）可以互相嵌套。例如，下面几种都是合法的形式：

```
(1) while(…)                  (2) do
    {  ⋮                         {  ⋮
       while(…)                     do
          {…}                          {…}while(…);
        ⋮                            ⋮
    }                             }while(…);

(3) for(;;)                   (4) while(…)
    {                             {  ⋮
       for(;;)                       do
          {…}                          {…} while(…);
    }                             ⋮
                                  }

(5) for(;;)                   (6) do
    {  ⋮                         {
       while(…)                     ⋮
          {…}                       for(;;)
        ⋮                             {…}
    }                             }while(…);
```

4.5 用 break 语句和 continue 语句改变循环状态

4.5.1 用 break 语句提前退出循环

在第 4 章中已经介绍过用 break 语句可以使流程跳出 switch 结构，继续执行 switch

语句下面的一个语句。实际上,break 语句还可以用来从循环体内跳出循环体,即提前结束循环,接着执行循环下面的语句。分析下面的程序段:

```
double pi = 3.1415926;
for(r = 1; r <= 10; r ++)
  {
    area = pi * r * r;
    if(area > 100) break;
    printf("r = %f, area = %f\n", r, area);
  }
```

此程序段的作用是计算圆的面积,半径 r 从 1 米开始,每次递增 1 米,直到计算得到的面积 area 大于 100 平方米为止。从上面的 for 循环可以看到:当 area > 100 时,执行 break 语句,提前结束循环,即不再继续执行其余的几次循环。

break 语句的一般形式为

break;

break 语句不能用于循环语句和 switch 语句之外的任何其他语句中。

4.5.2 用 continue 语句提前结束本次循环

continue 语句的一般形式为

continue;

其作用为结束**本次**循环,即跳过循环体中下面尚未执行的语句,接着进行下一次是否执行循环的判定。

注意:continue 语句和 break 语句的区别是:continue 语句只结束本次循环,而不是终止整个循环的执行。而 break 语句则是结束整个循环过程,不再判断执行循环的条件是否成立。

如果有以下两个循环结构:

```
(1) while(表达式 1)
    {
       ⋮
       if(表达式 2) break;
       ⋮
    }
(2) while(表达式 1)
    {
       ⋮
       if(表达式 2) continue;
       ⋮
    }
```

程序(1)的流程图如图 4.14 所示,而程序(2)的流程如图 4.15 所示。请注意图 4.14 和图 4.15 中当"表达式 2"为真时流程的转向。

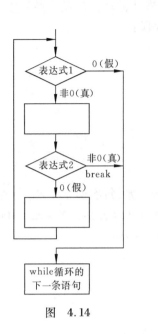
图 4.14

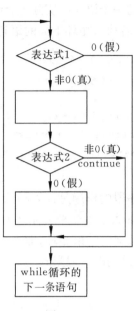
图 4.15

【例4.8】 把100～200范围内不能被3整除的数输出。

解题思路：对这类问题，只能采取逐一检查的方法（即**穷举法**），将范围为100～200的数逐个检查，看它们是否能被3整除，如果能被3整除，就不输出该数（用continue语句跳过输出语句），否则执行输出语句，输出该数。

编写程序：

```
#include <stdio.h>
int main()
  { int n;
    for (n=100;n<=200;n++)
      { if (n%3==0)
          continue;
        printf("%d ",n);
      }
    printf("\n");
    return 0;
  }
```

程序分析：当n能被3整除时，执行continue语句，结束本次循环（即跳过第一个printf语句），只有n不能被3整除时才执行该printf语句。

当然，本例中的循环体也可以改用一个if语句处理：

```
if (n%3!=0) printf("%d ",n);
```

在程序中用continue语句无非为了说明continue语句的作用。

4.6 几种循环的比较

(1) 3种循环都可以用来处理同一问题,一般情况下它们可以互相代替。

(2) 在while循环和do…while循环中,只在while后面的括号内指定循环条件,因此为了使循环能正常结束,应在循环体中包含使循环趋于结束的语句(如i++或i=i+1等)。

for循环可以在for语句中的"表达式3"中包含使循环趋于结束的操作,甚至可以将循环体中的操作全部放到表达式3中。因此for语句的功能更强,凡用while循环能完成的,用for循环都能实现。

(3) 用while和do…while循环时,循环变量初始化的操作应在while和do…while语句之前完成。而for语句可以在表达式1中实现循环变量的初始化。

(4) while循环、do…while循环和for循环,都可以用break语句跳出循环,用continue语句结束本次循环。

4.7 循环程序举例

在本章前几节中已介绍了几个用到循环的程序,通过这些程序掌握了如何利用C语言中的有关语句来实现循环结构。下面再举几个综合的稍复杂一些的例子,以帮助读者进一步掌握有关算法和怎样用C语言实现它。

【例4.9】 判断整数m是否是素数。

解题思路:所谓素数(或称质数)是指除了1和它本身以外,不能被任何整数整除的数,例如17是素数,因为它不能被2~16任一整数整除。因此判断一个整数m是否是素数,只须把m被2~m-1的每一个整数去除,如果都不能被整除,那么m就是一个素数。这是一个需要**穷举**的问题。用循环处理是最方便的。

其实处理的方法可以简化。m不必被2~m-1的每一个整数去除,只须被2~$\sqrt{m}$的每一个整数去除就可以了。如果m不能被2~$\sqrt{m}$的任一整数整除,m必定是素数。例如判别17是否是素数,只须使17被2~4的每一个整数去除,由于都不能整除,可以判定17是素数。为什么可以作此简化呢? 因为如果m能被2~m-1的任一整数整除,其两个因子必定有一个小于或等于$\sqrt{m}$,另一个大于或等于$\sqrt{m}$。例如16能被2,4,8整除,16=2×8。2小于4,8大于4。又如16=4×4,4等于$\sqrt{16}$。因此只须判定在2~4有无因子即可。这样,穷举的范围就大大缩小了。可见,采用优化的算法,可提高效率。

根据以上结论,判断整数m是否为素数的算法如下:让m被i(i由2变到k=$\sqrt{m}$)除,如果m能被某一个i(2~k的任何一个整数)整除,则m必然不是素数,不必再进行下去。此时的i必然小于或等于k;如果m不能被2~k的任一整数整除,则m应是素数,此时在完成最后一次循环后,使i再加1,因此i的值就等于k+1,这时才终止循环。在循环结束之后判别i的值是否大于或等于k+1,若是,则表明未曾被2~k的任一整数整除过,因此输出"是素数"。

算法如图 4.16 所示。

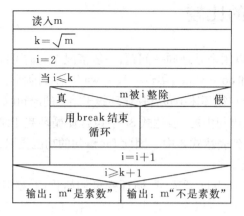

图 4.16

编写程序:

```
#include <stdio.h>
#include <math.h>
int main()
  { int m,i,k;
    printf("please enter a integer number: ");
    scanf("%d",&m);
    k=sqrt(m);
    for (i=2;i<=k;i++)
      if(m%i==0) break;
    if(i>k) printf("%d is a prime number.\n",m);
    else printf("%d is not a prime number.\n",m);
    return 0;
  }
```

运行结果:

please enter a integer number: 17↙
17 is a prime number.

【例 4.10】 求 100~200 的全部素数。

解题思路: 用穷举法检查 100~200 的所有的数是否是素数,在例 4.9 的基础上,用一个嵌套的 for 循环即可处理。

编写程序:

```
#include <stdio.h>
#include <math.h>
int main()
  { int m,k,i,n=0;
    for(m=101;m<200;m=m+2)
      {k=sqrt(m);
       for (i=2;i<=k;i++)
```

```
        if(m%i= =0)break;
      if(i> =k+1)
        {printf("%d",m);
         n=n+1;
         }
      if(n%10= =0)printf("\n");
      }
   printf("\n");
   return 0;
 }
```

运行结果：

```
101   103   107   109   113   127   131   137   139   149
151   157   163   167   173   179   181   191   193   197
199
```

🔍 **程序分析**：根据常识，偶数不是素数，所以只对奇数进行测试，在外层的 for 语句中，用 m = m + 2 使 m 每次增值 2。n 的作用是累计输出素数的个数，控制每行输出 10 个数据。

【例 4.11】 译密码。为使电文保密，往往按一定规律将其转换成密码，收报人再按约定的规律将其译回原文。例如，可以按以下规律将电文变成密码：

将字母 A 变成字母 E，a 变成 e，即变成其后的第 4 个字母，W 变成 A，X 变成 B，Y 变成 C，Z 变成 D，见图 4.17。

字母按上述规律转换，非字母字符不变。例如"China!"转换为"Glmre!"。

输入一行字符，要求输出其相应的密码。

图 4.17

解题思路：用一个循环逐个输入字符，然后判定它是否是字母，若是，则将其值加 4（变成其后的第 4 个字母）。如果加 4 以后字符值大于'Z'或'z'，则表示原来的字母在 V（或 v）之后，应按图 4.15 所示的规律将它转换为 A～D（或 a～d）之一。办法是使字符变量 c 的值减 26（如果读者对此还有疑问，请查 ASCII 码表）。由于密码的长度未知，无法事先确定循环次数，在 while 语句中，指定的循环条件是："输入的字符不是换行符"，如果按 Enter 键，表示输入的密码结束了。

编写程序：

```
#include <stdio.h>
int main()
  { char c;
    while((c=getchar())!='\n')
      { if((c>='a' && c<='z')||(c>='A' && c<='Z'))
         {c=c+4;
           if(c>'Z' && c<='Z'+4||c>'z') c=c-26;
```

```
            }
         printf("%c",c);
      }
   printf("\n");
   return 0;
}
```

运行结果：

China!↙
Glmre!

程序分析：有一点要注意：内嵌的 if 语句不能写成

```
if(c > 'Z'||c > 'z')
    c = c - 26;
```

因为当字母为小写时都满足"c > 'Z'"条件，从而也执行"c = c − 26;"语句，这就会出错。因此必须限制其范围为"c > 'Z' && c <= 'Z' + 4"，即原字母为 W ~ Z，在此范围以外的不是大写字母 W ~ Z，不应按此规律转换。请考虑：为什么对小写字母不按此处理，即没有写成"c > 'z' && c <= 'z' + 4"，而只写成"c > 'z'"。

本 章 小 结

（1）循环结构是用来处理需要重复处理的操作的。循环结构是结构化程序设计的基本结构之一。熟练掌握循环结构的概念及使用，是程序设计的最基本的要求。

（2）要构成一个有效的循环，应当指定两个条件：①需要重复执行的操作，即循环体；②循环结束的条件。

（3）在 C 语言中可以用来实现循环结构的有三种语句：while 语句，do…while 语句和 for 语句。它们是可以互相代替的，其中以 for 循环用得最广泛，最灵活。应当掌握这三种语句的特点和应用技巧，尤其要注意循环结束条件的确定，很容易出错。例如例 4.1 中循环继续的条件是 i≤100（或者说循环结束的条件是 i>100），常常有人把 while 语句中的循环继续的条件错写成 i<100（即循环结束的条件是 i≥100），这就导致少执行一次循环。

（4）如果循环体有多于一个的语句，应当用花括号把循环体中的多个语句括起来，形成复合语句，否则系统认为循环体只有一个简单的语句。

（5）break 语句和 continue 语句是用来改变循环状态的。continue 语句和 break 语句的区别是：continue 语句只结束本次循环，而不是终止整个循环的执行。而 break 语句则是结束整个循环过程，不再判断执行循环的条件是否成立。

（6）循环可以嵌套。所谓嵌套，是指在一个循环体中包含另一个完整的循环结构。三种循环语句（while 语句，do…while 语句，for 语句）可以互相嵌套，即任一个循环语句可以成为任一种循环中循环体的一部分。

（7）递推是从一个已知的事实出发，按照一定的规律推出下一个已知的事实。迭代是以一个新值取代变量的原值,从而求出最后的结果。在用计算机处理问题时,常对递推问题采用迭代方法处理,用循环控制迭代的次数。要善于找到迭代公式。

(8) 迭代和穷举是循环算法的两种主要的应用形式。有关循环的应用很丰富,学习了循环之后,可以写出复杂的和有趣的程序,大大拓宽编程的题材,提高编程的水平。读者最好多看程序,多做习题,掌握各种解题的算法。

习　题

4.1　统计全单位人员的平均工资。单位的人数不固定,工资数从键盘先后输入,当输入 -1 时表示输入结束(前面输入的是有效数据)。

4.2　一个单位下设 3 个班组,每个班组人数不固定,需要统计每个班组的平均工资。分别输入 3 个班组所有职工的工资,当输入 -1 时表示该班组的输入结束。输出班组号和该班组的平均工资。

4.3　百鸡问题:公元 5 世纪末,我国古代数学家张丘建在他编写的《算经》里提出了"百鸡问题":"鸡翁一,值钱五;鸡母一,值钱三;鸡雏三,值钱一。百钱买百鸡,问鸡翁、母、雏各几何?"说成白话文是:"公鸡每只值 5 元,母鸡值 3 元,小鸡 3 个值 1 元。用 100 元买 100 只鸡,问公鸡、母鸡、小鸡各应买多少只?"

4.4　猴子吃桃问题。猴子第一天摘下若干个桃子,当即吃了一半,还不过瘾,又多吃了一个。第二天早上又将剩下的桃子吃掉一半,又多吃了一个。以后每天早上都吃了前一天剩下的一半零一个。到第十天早上想再吃时,就只剩一个桃子了。求第一天共摘多少个桃子。

4.5　输入两个正整数 m 和 n,求其最大公约数和最小公倍数。

4.6　输入一行字符,分别统计出其中英文字母、空格、数字和其他字符的个数。

4.7　求 $\sum_{n=1}^{20} n!$ (即求 $1!+2!+3!+4!+\cdots+20!$)。

4.8　输出所有的"水仙花数",所谓"水仙花数"是指一个 3 位数,其各位数字立方和等于该数本身。例如,153 是一水仙花数,因为 $153 = 1^3 + 5^3 + 3^3$。

4.9　一个数如果恰好等于它的因子之和,这个数就称为"完数"。例如,6 的因子为 1,2,3,而 $6 = 1 + 2 + 3$,因此 6 是"完数"。编程序找出 1000 之内的所有完数,并按下面格式输出其因子:

6 : its factors are 1,2,3.

4.10　一个球从 100m 高度自由落下,每次落地后反跳回原高度的一半,再落下,再反弹。求它在第 10 次落地时,共经过了多少米? 第 10 次反弹多高?

*4.11　用迭代法求 $x = \sqrt{a}$。求平方根的迭代公式为

$$x_{n+1} = \frac{1}{2}\left(x_n + \frac{a}{x_n}\right)$$

要求前后两次求出的 x 的差的绝对值小于 10^{-5}。

*4.12　用牛顿迭代法求下面方程在 1.5 附近的根:

$$2x^3 - 4x^2 + 3x - 6 = 0$$

*4.13 用二分法求下面方程在(−10,10)区间的根：
$$2x^3 - 4x^2 + 3x - 6 = 0$$

4.14 输出以下图案：

```
         *
        ***
       *****
      *******
       *****
        ***
         *
```

4.15 两个乒乓球队进行比赛，各出 3 人。甲队为 A,B,C 3 人，乙队为 X,Y,Z 3 人。已抽签决定比赛名单。有人向队员打听比赛的名单，A 说他不和 X 比，C 说他不和 X,Z 比，请编程序找出 3 对赛手的名单。

说明：习题 4.11～习题 4.13 是用迭代的方法求一元方程式的根，这方面的知识在教材中没有介绍，但是理工类的学生对它有一定的了解是有好处的。可以参考《C 程序设计教程(第 3 版)学习辅导》，其中的习题解答给出算法介绍和完整的程序，可供学习参考。

第 5 章 利用数组处理批量数据

5.1 数组的作用

迄今为止,本书前几章使用的都是属于基本类型(整型、字符型、实型)的数据,它们都是简单的数据类型。对于少量的数据,用以上简单的数据类型处理就可以了,但对数量较大的数据,使用简单的数据类型来处理就不太方便了。例如,一个班有 30 个学生,要分别输入和输出各人的姓名、年龄、成绩等数据,就要定义大量的变量名(如用 s1~s30 代表 30 名学生的学号,age1~age30 代表 30 个学生年龄等),不仅烦琐,而且这些变量都是孤立的,互无关联,反映不出这些数据的特性(都是同一批学生的学号),难以对它们进行有效快捷的操作。

为了处理这类问题,人们把同一类性质的数据(如学生的学号),用同一个名字(如 s)来代表它们,在名字右下角加下标来表示是哪一个学生的数据,如用 $s_1, s_2, s_3, \cdots, s_{30}$,代表 30 个学生的成绩。这样,这些数据就不是零散的、互不相关的数据,而是一组具有同一属性的数据,这一组数据就成为一个**数组**(array),s 是数组名,下标代表学生的序号。s_{15} 代表第 15 个学生的成绩。

由此可知:

(1) 数组是一组有序数据的集合。数组中各数据的排列是有一定规律的,下标代表数据在数组中的序号。

(2) 用一个数组名(如 s)和下标(如 15)来唯一地确定数组中的元素,如 s_{15} 就代表第 15 个学生的学号。

(3) 数组中的每一个元素都属于同一个数据类型。不能把不同类型的数据(如学生的成绩和学生的性别)放在同一个数组中。

在 C 程序中常根据需要定义数组,并且用循环来对数组中的元素进行操作,可以有效地处理大批量的数据,大大提高了工作效率,十分方便。本章将介绍怎样定义和使用数组。

5.2 怎样定义和引用一维数组

一维数组是最简单的数组,数组元素只有一个下标,用一个数组名和一个下标就能唯一地确定一个数据对象(如用 s_{15} 代表序号为 15 的学生)。除了一维数组以外,还有二维数组(它的元素有两个下标,需要用一个数组名和两个下标才能唯一地确定一个数据对象(如用 $s_{2,3}$ 代表第 2 组第 3 名学生),还有三维数组(它的元素有三个下标,如用 $s_{1,2,4}$ 代表第 1 班第 2 组第 4 名学生)和多维数组(它的元素有多个下标)。它们的概念和用法是相似的。本节先介绍一维数组。

5.2.1 怎样定义一维数组

数组必须先定义后使用,这和定义变量是一样的,计算机不会自动地把一组数据组合成为一个数组。程序设计者必须指定把一批有关联的数据定义为一个数组,指定数组名、数组中包含数据的个数以及数据的类型。由于用 C 语言的字符无法表示上下角,C 规定用方括号中的数字来表示下标,如用 s[15] 表示 s_{15},即 s 数组中第 15 个学生的学号。

例如:

```
int a[10];
```

表示定义了一个整型数组,数组名为 a,此数组有 10 个元素。

定义一维数组的一般形式为

类型符 数组名[常量表达式];

说明:

(1) 数组名的命名规则和变量名相同,遵循标识符命名规则。

(2) 在定义数组时,需要指定数组中元素的个数,方括号中的常量表达式用来表示元素的个数,即数组长度。例如,定义 a[10],表示 a 数组有 10 个元素。注意,下标是从 0 开始的,这 10 个元素是:a[0],a[1],a[2],a[3],a[4],a[5],a[6],a[7],a[8],a[9]。请特别注意,按上面的定义,不存在数组元素 a[10]。

(3) 上面"常量表达式"中可以包括常量和符号常量,不能包含变量。在主函数中不允许对数组的大小作动态定义,即数组的大小不依赖于程序运行过程中变量的值。例如,下面这样定义数组是不对的:

```
int n;
scanf("%d",&n);              //企图在程序中临时输入数组的大小 n
int a[n];
```

除了 main 函数之外,在其他函数中允许对数组的大小作动态定义,详见第 6 章。

5.2.2 怎样引用一维数组元素

在 C 程序中只能逐个引用数组元素而不能一次引用整个数组中的全部数据。数组

元素的表示形式为

数组名[下标]

下标可以是整型常量或整型表达式。例如下面是合法的元素引用：

a[2+4],a[2*3],a[7/3]

注意：要区分定义数组时用到的"数组名[常量表达式]"和引用数组元素时用到的"数组名[下标]",有类型符(如 int)的是定义数值,例如：

```
int a[10];        //定义数组长度为10,这是定义
b=a[6];           //此处6代表元素序号。a[6]代表数组中序号为6的元素,这是引用
```

【例5.1】 给数组元素 a[0]~a[9]赋值为0~9,然后按逆序输出各元素的值。

解题思路：先定义一个包含10个元素的一维数组,然后用循环对各元素赋值,最后用另一循环先后输出全部元素。

编写程序：

```
#include <stdio.h>
int main()
  { int i,a[10];
    for (i=0; i<=9;i++)
      a[i]=i;                //把循环变量i的值赋给下标为i的数组元素
    for(i=9;i>=0; i--)
      printf("%d ",a[i]);    //按逆序输出各元素的值
    printf("\n");
    return 0;
  }
```

运行结果：

9 8 7 6 5 4 3 2 1 0

程序分析：第一个循环的作用是把0赋给a[0],把1赋给a[1]……把9赋给a[9]。注意第2个循环是怎样实现按逆序输出各元素的。此题算法比较简单,但体现了用循环处理数组的优越性(简单高效)。

5.2.3 一维数组的初始化

所谓初始化,就是在定义数组时就使数组元素得到初值,这就可以不必再用赋值语句对各元素赋值。对数组元素的初始化可以用以下方法实现。

(1) 在定义数组时对全部数组元素赋初值。例如：

int a[10]={0,1,2,3,4,5,6,7,8,9};

将数组元素的初值依次放在一对花括号内。经过上面的定义和初始化之后,a[0]=0,a[1]=1,a[2]=2,a[3]=3,a[4]=4,a[5]=5,a[6]=6,a[7]=7,a[8]=8,a[9]=9。

(2) 可以只给一部分元素赋初值,例如:

```
int a[10]={0,1,2,3,4};
```

定义 a 数组有 10 个元素,但花括号内只提供 5 个初值,这表示只给前面 5 个元素赋初值,后 5 个元素值自动置为 0。

(3) 如果想使一个数组中全部元素值为 0,可以写成

```
int a[10]={0,0,0,0,0,0,0,0,0,0};
```

或

```
int a[10]={0};
```

(4) 在对全部数组元素赋初值时,由于数据的个数已经确定,因此可以不指定数组长度。例如:

```
int a[5]={1,2,3,4,5};
```

可以写成

```
int a[]={1,2,3,4,5};
```

在第二种写法中,花括号中有 5 个数,系统就会据此自动地定义 a 数组的长度为 5。但若数组长度与提供初值的个数不相同,则数组长度不能省略。例如,想定义数组 a 的长度为 10,就不能省略数组长度的定义,否则,系统会默认数组长度为 5。必须写成:

```
int a[10]={1,2,3,4,5};
```

这样定义数组 a 长度为 10,但只初始化前 5 个元素,后 5 个元素为 0。

说明:在定义数值型数组时,如果指定了数组的长度,凡未被显式初始化的数组元素,系统会自动把它们初始化为 0。(如果是字符型数组,则把它们初始化为'\0'。如果是指针型数组,则初始化为 NULL,即空指针)。

5.2.4 利用一维数组的典型算法——递推与排序

【例 5.2】 用数组来处理求 Fibonacci 数列问题。

解题思路:从第 4 章例 4.7 已知这是递推问题,例 4.7 用迭代方法,只定义了两个迭代变量 f1 和 f2,程序就可以顺序计算并输出各数。但是这样做不能在内存中保存这些数据。假如想直接输出数列中第 25 个数,是困难的。如果用数组来处理,反而简单了:每一个数组元素代表数列中的一个数,按递推方法依次求出各数,并顺序存放在相应的数组元素中。最后顺序输出各元素即可。

编写程序:

```
#include <stdio.h>
int main()
  { int i;
    int f[20]={1,1};              //数组有 20 个元素,前两个元素为 1,1
```

```
        for(i=2;i<20;i++)
          f[i]=f[i-2]+f[i-1];        //从前两个元素推出当前的元素
        for(i=0;i<20;i++)
          {
            if(i%5==0) printf("\n");  //输出完5个数后换行
              printf("%12d",f[i]);
          }
        printf("\n");
        return 0;
      }
```

运行结果：

```
           1           1           2           3           5
           8          13          21          34          55
          89         144         233         377         610
         987        1597        2584        4181        6765
```

程序分析：例4.7是用循环来处理简单变量,采用迭代方法。本程序没有用迭代,而是用循环来处理数组,把结果存放在数组中。请读者比较二者的异同。从表面上看,两个程序都能正确求出并输出结果,但例4.7程序在顺序求出并输出各个数后,不能保存这些数据。而用数组处理时,把每个数据都保存在各数组元素中,如果要单独输出第10个数,是很容易的,直接输出f[9]即可(请思考：为什么不是输出f[10],而是f[9])。

if语句用来控制换行,每行输出5个数据。

【**例5.3**】 输入10个数,要求对它们按由小到大的顺序排列。

解题思路：排序是一种重要而常用的算法,在日常生活和用计算机处理问题中经常会遇到。例如,对学生成绩的排序,各地区人口数的排序,各企业产值的排序等。

对一组数据进行排序的方法很多,本例介绍用"**起泡法**"排序。"起泡法"的思路是：将相邻两个数比较,将小的调到前面,见图5.1。

为简单起见,先分析6个数的排序过程。第一次将第1个数9和第2个数8比较,由于9>8,因此将第1个数和第2个数对调,8就成为第1个数,9就成为第2个数。第二次将第2和第3个数(9和5)比较并对调……如此共进行5次,最后得到8-5-4-2-0-9的顺序,可以看到：最大的数9已"沉底",成为最下面一个数,而小的数"上升"了。最小的数0已向上"浮起"一个位置。经第1趟(包括5次比较与交换)后,已得到最大的数9。然后进行第2趟比较,对余下的前面5个数(8,5,4,2,0)按上法进行比较,见图5.2。经

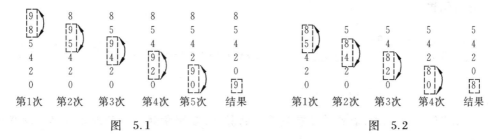

         图 5.1   图 5.2

过 4 次比较与交换,得到次大的数 8。如此进行下去,可以推知,对 6 个数要比较 5 趟,才能使 6 个数按大小顺序排列。在第 1 趟中要进行两个数之间的比较,共 5 次,在第 2 趟中比较 4 次……第 5 趟比较 1 次。如果有 n 个数,则要进行 n−1 趟比较。在第 1 趟比较中要进行 n−1 次两两比较,在第 j 趟比较中要进行 n−j 次的两两比较。请读者分析排序的过程,原来 0 是最后一个数,经过第 1 趟的比较与交换,0 上升为第 5 个数(最后第 2 个数),再经过第 2 趟的比较与交换,0 上升为第 4 个数,再经过第 3 趟的比较与交换,0 上升为第 3 个数……每经过一趟比较与交换,最小的数"上升"一位,最后升到第一个数,这如同水底的气泡逐渐冒出水面一样,故称为"冒泡法"或"起泡法"。

据此画出流程图(见图 5.3,按题意设 n=10)。

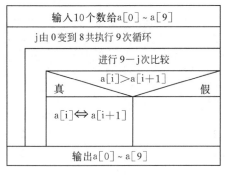

图 5.3

编写程序:根据流程图写出以下程序。

```
#include <stdio.h>
int main()
 { int a[10];
   int i,j,t;
   printf("input 10 numbers: \n");
   for (i=0;i<10;i++)
     scanf("%d",&a[i]);
   printf("\n");
   for(j=0;j<9;j++)                    //进行 9 次循环,实现 9 趟比较
     for(i=0;i<9-j;i++)                //在每一趟中进行 9−j 次比较
       if (a[i]>a[i+1])                //相邻两个数比较
         {t=a[i];a[i]=a[i+1];a[i+1]=t;} //如果前数大于后数,使二者对换
   printf("the sorted numbers: \n");
   for(i=0;i<10;i++)
     printf("%d ",a[i]);
   printf("\n");
   return 0;
 }
```

运行结果:

input 10 numbers:
<u>1 0 4 8 12 65 −76 100 −45 123</u> ✓   (从键盘输入 10 个数)
the sorted numbers:
−76 −45 0 1 4 8 12 65 100 123

💡**说明**:通过此例,着重学习有关排序的算法,理解拿到一个问题之后怎样构思解题的思路。

第 1 章曾介绍过著名计算机科学家沃思(Niklaus Wirth)提出的著名公式：

算法 + 数据结构 = 程序

在学习了数组之后,对此公式会有更具体的认识。数组是数据的一种组织形式,或者说是一种数据结构,起泡排序法是一种算法。从本例可以看到：起泡法排序所处理的对象是数组,如果不用数组,难以在 C 程序中实现用起泡法排序。对不同的数据结构,所采用的算法是不同的。因此,一个好的程序应当选择好的算法以及与之适应的数据结构。

除了可以用"起泡法"排序外,还有其他排序方法,在第 6 章的 6.8 节将介绍用"比较交换法"和"选择法"进行排序。请读者分析比较,掌握排序的基本思路。

与一维数组有关的典型算法,除了穷举、递推和排序外,还有查找(从若干数据中快速找到所需的数据),本章的习题第 9 题是用"折半查找法"进行搜索查找,读者可尝试完成该题,或参阅习题解答。

5.3 怎样定义和引用二维数组

只有一维数组是不够的,对有些数据,需要用二维数组来表示,例如有 3 个班学生,每班 30 人,要表示第 2 班第 5 名学生,需要有两个下标,如 $s_{2,5}$。可以把若干个班的学生的有关数据(如学生成绩)组织成一个二维数组。

二维数组常称为**矩阵**(matrix)。把二维数组写成行(column)和列(row)的排列形式,可以有助于形象化地理解二维数组的逻辑结构。

5.3.1 怎样定义二维数组

先看以下的定义：

```
float a[3][4],b[5][10];              //用两个方括号表示两个下标
```

定义 a 为 3×4(3 行 4 列)的实型数组,b 为 5×10(5 行 10 列)的实型数组。注意,不能写成：

```
float a[3,4],b[5,10];              //两个下标间不应当用逗号分隔
```

定义二维数组的一般形式为

类型符 数组名[常量表达式][常量表达式];

C 语言对二维数组采用这样的定义方式,使得二维数组可被看作一种特殊的一维数组：它的元素又是一个一维数组。例如,可以把 a 看作一个一维数组,它有 3 个元素：a[0],a[1],a[2],每个元素又是一个包含 4 个元素的一维数组,见图 5.4。

可以把 a[0],a[1],a[2]看作三个一维数组的名字。上面定义的二维数组可以理解为定义了三个一维数组,即相当于：

```
float a[0][4],a[1][4],a[2][4];
```

此处把 a[0],a[1],a[2]看作一维数组名。C 语言的这种处理方法在数组初始化和用指针表示时显得很方便,这在以后会体会到。

C语言中,二维数组中元素排列的顺序是按行存放的,即在内存中先顺序存放第一行的元素,再存放第二行的元素。图5.5表示对a[3][4]数组存放的顺序。

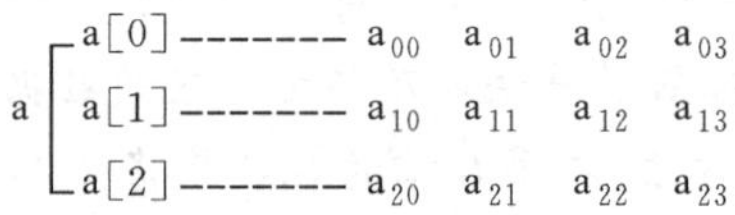

$$a\begin{bmatrix}a[0]\\a[1]\\a[2]\end{bmatrix}\begin{matrix}------a_{00}\quad a_{01}\quad a_{02}\quad a_{03}\\------a_{10}\quad a_{11}\quad a_{12}\quad a_{13}\\------a_{20}\quad a_{21}\quad a_{22}\quad a_{23}\end{matrix}$$

图 5.4 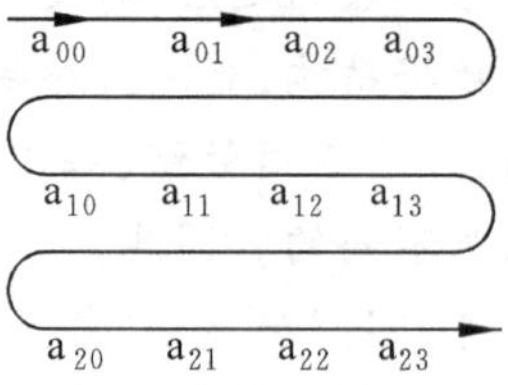 　　　　　　　　　　图 5.5

C语言允许使用多维数组。有了二维数组的基础,再掌握多维数组是不困难的。

5.3.2 怎样引用二维数组的元素

如果已定义:

```
float s[3][30];          //用s数组表示学生数据,有3个班,每班30人
```

若要引用序号为2的班中序号为5的学生的数据,应表示为s[2][5]。
二维数组元素的一般形式为

数组名[下标][下标]

下标可以是整常数或整型表达式,如a[2-1][2*2-1]。不要写成a[2,3]或a[2-1,2*2-1]形式。

被引用的数组元素可以出现在表达式中,也可以被赋值,例如:

b[1][2]=a[2][3]/2

注意:在引用数组元素时,下标值应在已定义的数组大小的范围内。下面是常出现的错误:

```
int a[3][4];             //定义a为3×4的数组
a[3][4]=3;               //想对a数组第3行第4列元素赋值,出错
```

数组a可用的行下标范围为0~2,列下标的范围为0~3,a[3][4]超过了数组的范围。

5.3.3 二维数组程序举例

【例5.4】 将一个二维数组a的行和列的元素互换(即行列转置)后存到另一个二维数组b中。例如:

$$a=\begin{bmatrix}1&2&3\\4&5&6\end{bmatrix}\qquad b=\begin{bmatrix}1&4\\2&5\\3&6\end{bmatrix}$$

解题思路:定义两个二维数组:a[2][3]和b[3][2],对每一个a数组的元素都按以下规律赋给b的元素:a[i][j]⇒b[j][i]。用双重循环才能处理所有元素的赋值。

编写程序：

```c
#include <stdio.h>
int main()
 {
    int a[2][3]={{1,2,3},{4,5,6}};        //定义a数组并赋初值
    int b[3][2],i,j;                       //定义b数组
    printf("array a: \n");
    for (i=0;i<=1;i++)
      {
        for (j=0;j<=2;j++)
          {
            printf("%5d",a[i][j]);         //输出a数组中i行j列元素
            b[j][i]=a[i][j];               //将a数组i行j列元素赋给b数组j行i列元素
          }
        printf("\n");
      }
    printf("array b: \n");
    for (i=0;i<=2;i++)
     {
       for(j=0;j<=1;j++)
         printf("%5d",b[i][j]);            //输出b数组各元素
       printf("\n");
     }
    return 0;
 }
```

运行结果：

```
array a:
    1    2    3
    4    5    6
array b:
    1    4
    2    5
    3    6
```

程序分析：在定义数组时可以同时对数组进行初始化。程序第4行"int a[2][3]={{1,2,3},{4,5,6}};"的作用是1,2,3赋给a数组序号为0的行中的3个元素(a[0][0],a[0][1],a[0][2])，把4,5,6赋给a数组序号为1的行中的3个元素(a[1][0],a[1][1],a[1][2])。

【例5.5】 有一个单位，下设3个组，每组有4人，要求找出全体人员中的最高工资以及该职工所在的班组号和该职工在该班组中的序号。

解题思路：先考虑找最大值的算法。读者一定知道在日常生活中"打擂台"是怎样决定最终优胜者的：先找出任一人站在台上，第2人上去与之比武，胜者留在台上。再上去

第3人,与台上的人(即刚才的得胜者)比武,胜者留台上,败者下台。以后每一个人都是与当时留在台上的人比武。直到所有人都上台比过为止,最后留在台上的就是冠军。这就是"打擂台算法"。

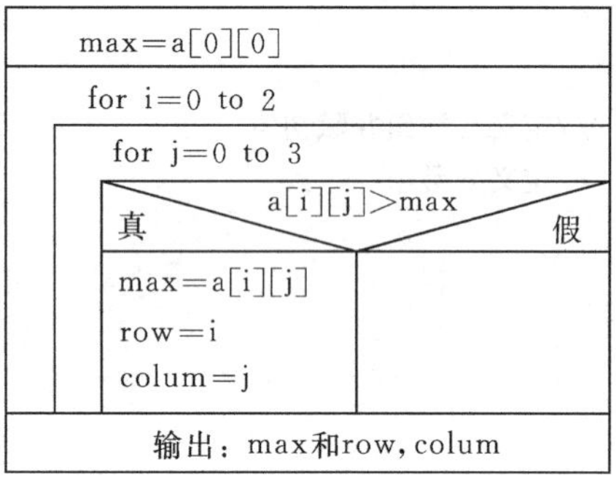

解本题也是用"打擂台算法"。定义一个3×4的数组a,内存放12个职工的工资。暂假设最前面的元素a[0][0]的值最大,把它的值赋给变量max(max代表当前最大的数值)。然后将其他各元素依次和max比较,如果有大于max当前值的,就把该元素的值赋给max,取代了max原来的值。

用N-S流程图表示算法,见图5.6。请读者仔细阅读该流程图。在出现大于max的元素时,除了用该元素的值取代max原值外,还要把该元素所在的行序号i和列序号j记录下来,分别存放在变量row和colum中。全部比完之后,max的值就是全部元素中的最大值,row和colum的值就是最大元素所在的行序号和列序号。

图 5.6

编写程序:

```
#include <stdio.h>
int main()
  { int i,j,row=0,colum=0,max;
    int a[3][4]={{3123,2145,3211,4321},{5439,3832,6743,4621},{2105,3130,
                5327,3298}};
    max=a[0][0];
    for (i=0;i<=2;i++)
      for (j=0;j<=3;j++)
        if (a[i][j]>max)
          { max=a[i][j];
            row=i;
            colum=j;
          }
    printf("max=%d,group: %d,number: %d\n",max,row+1,colum+1);
    return 0;
  }
```

运行结果:

```
max=6743,group: 2,number: 3
```

表示最高工资者是第2组的第3位职工,工资6743元。

程序分析:

(1) 在定义数组时进行初始化,按顺序存入所有职工的工资。按前述的方法,把每一个元素的值(即各人工资)先后与max的当前值进行比较。注意max不是一个固定的值,它的值是不断变化的,它存储的是当时的最高值。当发现某一元素的值大于max的当前值时,就把它的值赋给 max,成为 max 的新值。同时把该元素的行号和列号分别存入 row 和 colum 中。每次比较后都如此处理。

(2) 循环结束后,max 的值就是最高工资,row 和 colum 是最高工资所在的行号和列号。要注意的是 C 语言中数组的行列序号是从 0 开始的,运行时最后得到的行号 row 值为 1,colum 值为 2。考虑到人们的习惯,单位序号一般总是从 1 开始的(例如"第 1 组",而不用"第 0 组"),所以程序输出的是 row +1 和 colum +1。

(3) 请注意分析:if 语句的范围到哪一行结束? 内层 for 循环的范围到哪一行结束? 外层 for 循环的范围到哪一行结束? 结论是:都到程序倒数第 4 行的右花括号处结束。

5.3.4 二维数组的初始化

在例 5.4 和例 5.5 中都用到了对二维数组的初始化。下面再系统地介绍对二维数组的初始化的方法。

(1) 分行给二维数组赋初值。例如:

```
int a[3][4] = {{1,2,3,4},{5,6,7,8},{9,10,11,12}};
```

这种赋初值方法比较直观,把第 1 个花括号内的数据给第 1 行的元素,第 2 个花括号内的数据赋给第 2 行的元素……即按行赋初值。

(2) 可以将所有数据写在一个花括号内,按数组排列的顺序对各元素赋初值。例如:

```
int a[3][4] = {1,2,3,4,5,6,7,8,9,10,11,12};
```

效果与前相同。但以第(1)种方法为好,一行对一行,界限清楚。用第(2)种方法如果数据多,写成一大片,容易遗漏,也不易检查。

(3) 可以对部分元素赋初值。例如:

```
int a[3][4] = {{1},{5},{9}};
```

它的作用是只对各行第 1 列(即序号为 0 的列)的元素赋初值,其余元素值自动为 0。赋初值后数组各元素为

1 0 0 0
5 0 0 0
9 0 0 0

也可以对各行中的某一元素赋初值,例如:

```
int a[3][4] = {{1},{0,6},{0,0,11}};
```

初始化后的数组元素如下:

1 0 0 0
0 6 0 0
0 0 11 0

这种方法对非 0 元素少时比较方便,不必将所有的 0 都写出来,只须输入少量数据。也可以只对某几行元素赋初值:

```
int a[3][4] = {{1},{5,6}};
```

数组元素为

1 0 0 0
5 6 0 0
0 0 0 0

第3行不赋初值。也可以对第2行不赋初值,例如:

```
int a[3][4]={{1},{},{9}};
```

(4) 如果对全部元素都赋初值(即提供全部初始数据),则定义数组时对第一维的长度可以不指定,但第二维的长度不能省。例如:

```
int a[3][4]={1,2,3,4,5,6,7,8,9,10,11,12};
```

与下面的定义等价:

```
int a[][4]={1,2,3,4,5,6,7,8,9,10,11,12};
```

系统会根据数据总个数和第二维的长度算出第一维的长度。数组一共有12个元素,每行4列,显然可以确定行数为3。

在定义时也可以只对部分元素赋初值而省略第一维的长度,但应分行赋初值。例如:

```
int a[][4]={{0,0,3},{},{0,10}};
```

这样的写法,能通知编译系统数组共有3行。数组各元素为

0 0 3 0
0 0 0 0
0 10 0 0

从本节的介绍中可以看到:C语言在定义数组和表示数组元素时采用a[ ][ ]这种两个方括号的方式,对数组初始化时十分有用,它使概念清楚,使用方便,不易出错。

5.4 利用字符数组处理字符串数据

前面介绍的数组都是数值型的数组,数组中的每一个元素用来存放数值型的数据。实际上,计算机不仅要处理数值数据,而且要处理大量的字符数据。字符数组就是用来存放字符数据的,字符数组中的一个元素存放一个字符。

5.4.1 怎样定义字符数组

定义字符数组的方法与定义数值数组的方法类似,只须将类型符改为char即可(char是character的缩写)。例如:

```
char c[10];                    //定义c为字符数组,包含10个元素
c[0]='I';c[1]=' ';c[2]='a';c[3]='m';c[4]='';c[5]='h';  //对字符数组元素赋值
c[6]='a';c[7]='p';c[8]='p';c[9]='y';                    //对字符数组元素赋值
```

赋值以后数组的状态如图5.7所示。

c[0]	c[1]	c[2]	c[3]	c[4]	c[5]	c[6]	c[7]	c[8]	c[9]	c[10]
I	␣	a	m	␣	h	a	p	p	y	.

图 5.7

由于字符型与整型是互相通用的,因此也可以定义一个整型数组,用它存放字符数据,例如:

```
int c[10];
c[0] = 'I';                    //合法,但浪费存储空间
```

5.4.2 字符数组的初始化

需要计算机处理的字符数据常常是在定义字符数组时初始化而存放在字符数组中的。对字符数组初始化,最容易理解的方式是逐个字符赋给数组中各元素。例如:

```
char c[10] = {'I',' ','a','m',' ','h','a','p','p','y'};
```

把10个字符分别赋给c[0]~c[9]这10个元素。

如果在定义字符数组时不进行初始化,则数组中各元素的值是不可预料的。如果花括号中提供的初值个数(即字符个数)大于数组长度,则按语法错误处理。如果初值个数小于数组长度,则只将这些字符赋给数组中前面那些元素,其余的元素自动定为空字符(即'\0')。例如:

```
char c[10] = {'C',' ','p','r','o','g','r','a','m'};
```

数组状态如图5.8所示。

c[0]	c[1]	c[2]	c[3]	c[4]	c[5]	c[6]	c[7]	c[8]	c[9]
C	␣	p	r	o	g	r	a	m	\0

图 5.8

如果提供的初值个数与预定的数组长度相同,在定义时可以省略数组长度,系统会自动根据初值个数确定数组长度。例如:

```
char c[] = {'I',' ','a','m',' ','h','a','p','p','y'};
```

数组c的长度自动定为10。用这种方式可以不必人工去数字符的个数,尤其在赋初值的字符个数较多时,比较方便。

也可以初始化一个二维字符数组,例如:

```
char diamond[5][5] = {{' ',' ','*'},{' ','*',' ','*'},
                      {'*',' ',' ',' ','*'},{' ','*',' ','*'},
                      {' ',' ','*'}};
```

```
    *
   * *
  *   *
   * *
    *
```

图 5.9

用它代表一个菱形的平面图形,见图5.9。完整的程序见例5.7。

5.4.3　引用字符数组的元素

可以引用字符数组中的一个元素,得到一个字符。

【例5.6】 输出一个字符串。

解题思路: 定义一个一维字符数组并初始化,然后用循环逐个输出其中的元素。

编写程序:

```
#include <stdio.h>
int main()
 { char c[11]={'I',' ','a','m',' ','a',' ','b','o','y','.'};    //定义并初始化
   int i;
   for(i=0;i<11;i++)
     printf("%c",c[i]);                                          //逐个输出字符
   printf("\n");
   return 0;
 }
```

运行结果:

I am a boy.

【例5.7】 输出一个菱形星号图形(如图5.9所示)。

解题思路: 先画出准备输出的菱形字符图形,它应当是5行5列。逐行写出其中的字符,如第1行第3列是'*'字符,第2行第2和第4列是'*',以此类推。把这些字符作为初值赋给c数组。这就构成了一个由'*'字符和空格组成的二维字符数组。然后逐行输出数组元素即可。

编写程序:

```
#include <stdio.h>
int main()
 { char diamond[][5]={{' ',' ','*'},{' ','*',' ','*'},{'*',' ',' ',' ','*'},
                      {' ','*',' ','*'},{' ',' ','*'}};
   int i,j;
   for (i=0;i<5;i++)
     { for (j=0;j<5;j++)
         printf("%c",diamond[i][j]);
       printf("\n");
     }
   return 0;
 }
```

运行结果:

```
  *
 * *
*   *
 * *
  *
```

程序分析：读者可能已注意到对第 1 行并没有赋 5 个字符，而只赋了 3 个字符的初值，这是由于对字符数组来说，凡未赋值的数组元素，系统会自动赋以'\0'。'\0'是"空字符"，因此在输出前面 3 个字符后，再输出'\0'时在显示屏上无显示。因此第 1 行最后 2 个元素可以不必赋空格。

在定义字符数组 diamond 时没有指定行数，而用了[ ]，这是因为在所赋的初值中已用了 5 个花括号，表明赋给 5 行中的元素，因此在定义字符数组时不必显式地指定行数，系统会自动定义此数组为 5 行 5 列。

5.4.4　字符串和字符串结束标志

在 C 语言中，是将字符串作为字符数组来处理的。例 5.6 就是用一个一维的字符数组来存放字符串"I am a boy."的。字符串中的字符是逐个存放到数组元素中的。该字符串的实际长度与数组长度相等。在实际工作中，人们关心的往往是字符串的有效长度而不是字符数组的长度。例如，定义一个字符数组长度为 100，而实际有效字符只有 40 个。为了测定字符串的实际长度，C 语言规定了一个"字符串结束标志"，以字符'\0'作为标志。如果有一个字符串，前面 9 个字符都不是空字符（即'\0'），而第 10 个字符是'\0'，则此字符串的有效字符为 9 个。也就是说，在遇到字符'\0'时，表示字符串结束，由它前面的各字符组成一个有效字符串。

说明：'\0'代表 ASCII 码为 0 的字符，从 ASCII 码表中可以查到，ASCII 码为 0 的字符不是一个可以显示的字符，而是一个"空操作符"，即它什么也不做。用它来作为字符串结束标志不会产生附加的操作或增加有效字符，只是一个供辨别的标志。

编译系统是把字符串常量作为一维字符数组存放在内存中的。在字符数组中，对字符串常量自动加一个'\0'作为结束符。例如字符串常量"C Program"共有 9 个字符，但在存入内存中相应的字符数组时，自动加一个字节'\0'，共占 10 个字节。

有了结束标志'\0'后，字符数组的长度就显得不那么重要了。在程序中往往依靠检测'\0'的位置来判定字符串是否结束，而不是根据数组的长度来决定字符串长度。当然，在定义字符数组时应估计实际字符串长度，保证数组长度始终大于字符串实际长度。如果在一个字符数组中先后存放多个不同长度的字符串，则应使数组长度大于最长的字符串的长度。

前面曾用过以下语句输出一个字符串。

```
printf("How do you do?\n");
```

在执行此语句输出字符串时，系统怎么判断应何时结束呢？实际上，字符串在内存中存放时，系统自动在最后一个字符'\n'的后面加了一个'\0'作为字符串结束标志。在执行 printf 函数时，每输出一个字符检查一次，看下一个字符是否为'\0'，遇'\0'就停止输出。

对 C 语言处理字符串的方法有以上的了解后，再对字符数组初始化的方法补充一种方法，即用字符串常量来使字符数组初始化。例如：

```
char c[]={"I am happy"};
```

也可以省略花括号,直接写成:

　　char c[]="I am happy";

不像例5.6那样用单个字符作为字符数组的初值,而是用一个字符串(注意字符串的两端是用双撇号而不是单撇号括起来的)作为初值。显然,这种方法直观、方便、符合人们的习惯。数组c的长度不是10,而是11,这点务请注意。因为字符串常量的最后由系统加上一个'\0'。因此,上面的初始化与下面的初始化等价。

　　char c[]={'I',' ','a','m',' ','h','a','p','p','y','\0'};

而不与下面的等价:

　　char c[]={'I',' ','a','m',' ','h','a','p','p','y'};

前者的长度为11,后者的长度为10。如果有:

　　char c[10]={"China"};

数组c的前5个元素为'C','h','i','n','a',第6~10个元素为'\0',见图5.10。

图　5.10

需要说明的是:字符数组并不要求它的最后一个字符为'\0',甚至可以不包含'\0'。像以下这样写完全是合法的:

　　char c[5]={'C','h','i','n','a'};

是否需要加'\0'完全根据需要决定。但是由于系统对字符串常量自动加一个'\0',因此,为了使处理方法一致,便于测定字符串的实际长度,以及在程序中作相应的处理,在字符数组中也常常人为地加上一个'\0',例如:

　　char c[6]={'C','h','i','n','a','\0'};

这样做,便于引用字符数组中的字符串。如定义了以下的字符数组:

　　char c[]={"University"};

若想用一个新的字符串"Hello"代替原来的字符串"University",如果向字符数组中的前5个元素输入以下5个字符:

　　Hello

"Hello"取代了"University"中的前5个字符,如果想用格式声明"%s"输出字符数组中的字符串,结果输出"Hellorsity"。新字符串和老字符串连成一片,无法区分开。如果在输入"Hello"后面加一个'\0',它取代了第6个字符'r',它是字符串结束标志,在输出字符数组中的字符串时,遇'\0'就停止输出,因此只输出了字符串"Hello"。从这里可以看到在字符串末尾加'\0'的作用。

5.4.5 字符数组的输入输出方法

字符数组的输入输出可以有两种方法。
(1) 逐个字符输入输出。用格式符"%c"输入或输出一个字符,如例5.6所示。
(2) 将整个字符串一次输入或输出。用格式符"%s",意思是对字符串(string)的输入输出。例如：

```
char c[]={"China"};
printf("%s",c);
```

在内存中字符数组 c 的状态如图 5.11 所示。输出时,遇结束符'\0'就停止输出。输出结果为

China

| C | h | i | n | a | \0 |

图 5.11

在进行字符数组的输入输出时应注意以下几点：
(1) 输出的字符不包括结束符'\0'。
(2) 用"%s"格式符输出字符串时,printf 函数中的输出项是字符数组名,而不是数组元素名。写成下面这样是不对的：

```
printf("%s",c[0]);
```

(3) 如果数组长度大于字符串的实际长度,也只输出到遇'\0'结束。例如：

```
char c[10]={"China"}    //字符串长度为5,连'\0'共占6个字节
printf("%s",c);
```

也只输出字符串的有效字符"China",而不是输出 10 个字符。这就是用字符串结束标志的好处。
(4) 如果一个字符数组中包含一个以上'\0',则遇到第一个'\0'时输出就结束。
(5) 可以用 scanf 函数输入一个字符串。如果已定义：

```
char c[6];              //定义 c 为字符数组,含 6 个元素
scanf("%s",c);          //向字符数组输入字符串
```

输入的字符串应短于已定义的字符数组的长度。例如从键盘输入：

China↙

系统自动在 China 后面加一个'\0'结束符。
如果利用一个 scanf 函数输入多个字符串,则在输入时以空格分隔。例如：

```
char str1[5],str2[5],str3[5];
scanf("%s%s%s",str1,str2,str3);
```

H	o	w	\0	\0
a	r	e	\0	\0
y	o	u	?	\0

图 5.12

输入数据：

How are you?↙

输入后 str1,str2,str3 数组的状态见图 5.12。数组中未被赋值的元

素的值自动置'\0'。

若改为

```
char str[13];
scanf("%s",str);
```

如果输入以下12个字符：

How are you? ✓

由于系统把空格字符作为输入的字符串之间的分隔符,因此只将空格前的字符"How"送到 str 中。由于把"How"作为一个字符串处理,故在其后加'\0'。str 数组状态见图 5.13。

| H | o | w | \0 | \0 | \0 | \0 | \0 | \0 | \0 | \0 | \0 | \0 |

图 5.13

(6) scanf 函数中的输入项如果是字符数组名,不要再加地址符 &,因为在 C 语言中数组名代表该数组的起始地址。下面写法不正确：

```
scanf("%s",&str);
```

如果有一个字符数组 C,其中存放字符串"China",见图 5.14,若用以下输出字符串的语句：

```
printf("%s",c);
```

	c 数组
2000	C
2001	h
2002	i
2003	n
2004	a
2005	\0

图 5.14

实际上是这样执行的：按字符数组名 c 找到 c 数组首元素的地址,然后逐个输出其中的字符,直到遇'\0'为止。

5.4.6 有关字符处理的算法

有了以上的基础,就可以学习有关字符处理的算法了。

【例5.8】 输入一行字符,统计其中有多少个单词,单词之间用空格分隔开。

解题思路：如果有一行字符"I am a boy."，怎样统计其中的单词数呢？可以有不同的方法。我们采用通过空格统计单词的方法：空格出现的次数（连续的若干个空格作为出现一次空格;一行开头的空格不统计在内）决定单词数目。从第一个字符开始逐个检查字符串中的字符。如果测出某一个字符为非空格,而它的前面的字符是空格,则表示"新的单词开始了"。设一个变量 num,用来累计单词数,初值为 0。当发现"新的单词开始了",就使 num（单词数）累加 1。如果当前字符为非空格而其前面的字符也是非空格,则意味着仍然是原来那个单词的继续,num 不应再累加 1。怎样知道前面一个字符是否空格呢？可以设一个变量 word,用来表示指定的字符是否空格,以 word 等于 0 代表前一个字符是空格;word 等于 1,意味着前一个字符为非空格,word 的初值置为 0。可以用图 5.15 表示处理的方法。

如果输入为"I am a boy."，对每个字符的有关参数的状态如表 5.1 所示。

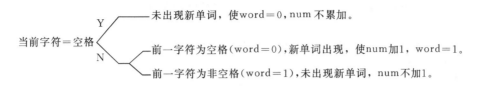

图 5.15

表 5.1 输入"I am a boy."后有关参数的状态

当前字符	␣	I	␣	a	m	␣	a	␣	b	o	y	.
是否空格	是	否	是	否	否	是	否	是	否	否	否	否
word 原值	0	0	1	0	1	1	0	1	0	1	1	1
新单词开始否	未	是	未	是	未	未	是	未	是	未	未	未
word 新值	0	1	0	1	1	0	1	0	1	1	1	1
num 值	0	1	1	2	2	2	3	3	4	4	4	4

根据以上思路用 N-S 流程图表示算法,见图 5.16 。变量 i 作为循环变量,num 用来统计单词个数,word 作为判别是否是单词的标志,若 word=0 表示未出现单词,如出现单词 word 就置成 1。

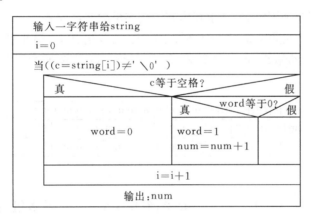

图 5.16

编写程序:

```
#include <stdio.h>
int main()
  {
    char string[81];
    int i,num=0,word=0;
    char c;
    gets(string);                        //读入一个字符串
    for (i=0;(c=string[i])!='\0';i++)    //从第一个字符起,到最后一个字符
      if(c==' ') word=0;                 //如果当前字符是空格,则使 word 置 0
      else if(word==0)                   //若当前字符不是空格,而且前一字符是空格
        { word=1;                        //使 word 置 1
```

```
            num ++ ;                            //使 num 加 1
        }
        printf("There are %d words in this line.\n",num);    //输出 num
        return 0;
    }
```

运行结果：

I am a boy.↙
There are 4 words in this line.

程序分析：gets 是从键盘读入字符串的函数。gets(string)的作用是接收从键盘输入的字符串并把它存放到一维字符数组 string 中去。

程序中 for 语句中的"循环条件"为

```
(c = string[i]) ! = '\0'
```

它的作用是先将字符数组的某个元素(一个字符)赋给字符变量 c。此时赋值表达式的值就是该字符,然后再判定它是否是结束符'\0'? 这个循环条件包含了一个赋值运算和一个关系运算。

【例 5.9】 有 3 个国家名,要求找出其中按字母顺序最前者。

解题思路：本题实质上是对 3 个字符串比大小,找出其中"最小者"。为了存放字符串,定义一个二维字符数组 str,有 3 行 20 列,每一行可以容纳 20 个字符。图 5.17 表示此二维数组的情况。

str[0]:	C	H	I	N	A	\0	\0	\0	\0	\0	\0	\0	\0	\0	\0	\0	\0	\0	\0	\0
str[1]:	H	O	L	L	A	N	D	\0	\0	\0	\0	\0	\0	\0	\0	\0	\0	\0	\0	\0
str[2]:	A	M	E	R	I	C	A	\0	\0	\0	\0	\0	\0	\0	\0	\0	\0	\0	\0	\0

图 5.17

如前所述,可以把 str[0],str[1],str[2]看作 3 个一维字符数组,它们各有 20 个元素。可以把它们如同一维数组那样进行处理,分别读入 3 个字符串,经过两次比较,就可得到值最大者,把它放在一维字符数组 string 中。

为方便说明,把 str[0],str[1],str[2]分别简称为串 0,串 1,串 2。

程序如下：

```
#include <stdio.h>
#include <string.h>
int main ()
    {
        char string[20];                    //用来存放"大"的字符串
        char str[3][20];                    //分别存放 3 个字符串
        int i;
        for (i =0;i <3;i ++)
            gets (str[i]);      //先后用 gets 函数读入 3 个字符串,分别给 str[0],str[1],str[2]
        if (strcmp(str[0],str[1]) <0)       //把串 0 和串 1 比较,如果串 0 <串 1
```

```
        strcpy(string,str[0]);        //把串0复制到string中
    else
        strcpy(string,str[1]);        //把串1复制到string中
    if (strcmp(str[2],string)<0)      //把串2和string比较,如果串2<string
        strcpy(string,str[2]);        //把串2复制到string中
    printf("\nThe smallest string is: \n%s\n",string);   //输出string
    return 0;
}
```

运行结果：

```
CHINA↙
HOLLAND↙
AMERICA↙
The smallest string is:
AMERICA
```

程序分析：

（1）在使用字符串函数时要在本程序的开头要用#include ＜string.h＞将头文件＜string.h＞包含进来。Visual C++和一些 C 编译系统允许在使用 puts 和 gets 函数时可不加#include ＜string.h＞。所以例5.8程序中就没有加。但为了避免记不清而出错,凡用字符串函数时都加#include ＜string.h＞比较保险。

（2）strcmp 是字符串比较函数,如果字符串 str1＞str2,则 strcmp(str1,str2)的值大于0。关于字符串处理函数详见下节。

（3）在输入字符串时,字母前不加空格,如果在"CHINA"前面多加了一个空格,即"　CHINA",输出的结果就变成了

```
The smallest string is:
 CHINA
```

因为空格字符参加比较,空格字符"小于"任何字母字符。

（4）这个题目也可以不采用二维数组,而设3个一维字符数组来处理。读者可自己完成。

5.4.7 利用字符串处理函数

在例5.9中已经用到了字符串处理函数,在此基础上,本节系统地介绍 C 函数库提供的常用的字符串处理函数。这些函数功能较强,使用方便,在处理字符串时很有用。

1. puts 函数（输出字符串的函数）

其一般形式为

puts（字符数组）

其作用是将一个字符串（以'\0'结束的字符序列）输出到终端。假如已定义 str 是一个字符数组名,且该数组已被初始化为"China"。则执行：

```
puts(str);
```

其结果是在终端上输出"China"。

由于可以用 printf 函数输出字符串,因此实际上 puts 函数用得不多。

2. gets 函数(读入字符串的函数)

其一般形式为

gets(字符数组)

其作用是从终端输入一个字符串到字符数组,注意字符串结束标志也存放到字符数组中。执行此函数后得到一个函数值,它是字符数组的起始地址。一般利用 gets 函数的目的是向字符数组输入一个字符串,而不大关心其函数值。

3. strcat 函数(连接字符串的函数)

其一般形式为

strcat(字符数组1,字符数组2)

strcat 是 STRing CATenate(字符串连接)的缩写。其作用是连接两个字符数组中的字符串,把字符串2接到字符串1的后面,把得到的结果放在字符数组1中,调用函数后得到一个函数值(字符数组1的地址)。例如:

```
char str1[30] = {"People's Republic of "};
char str2[] = {"China"};
printf("%s",strcat(str1,str2));
```

输出:

People's Republic of China

连接前后的状况见图5.18所示。

str1:	P	e	o	p	l	e	'	s	␣	R	e	p	u	b	l	i	c	␣	o	f	␣	\0	\0	\0	\0	\0	\0	\0	\0	(连接前)
str2:	C	h	i	n	a	\0																							
str1:	P	e	o	p	l	e	'	s	␣	R	e	p	u	b	l	i	c	␣	o	f	␣	C	h	i	n	a	\0	\0	\0	(连接后)

图 5.18

💡**说明:**

(1) 字符数组1必须足够大,以便容纳连接后的新字符串。本例中定义 str1 的长度为30,是足够大的,如果在定义时改用"str1[ ] = {"People's Republic of"};"就会出问题,因长度不够。

(2) 连接前两个字符串的后面都有'\0',连接时将字符串1后面的'\0'取消,只在新串最后保留'\0'。

4. strcpy 和 strncpy 函数(复制字符串的函数)

不能用赋值语句将一个字符串常量或字符数组直接给一个字符数组赋值。而只能用 strcpy 函数将一个字符串复制到另一个字符数组中去。strcpy 是 STRingCoPY(字符串复制)的简写。它是"字符串复制函数",作用是将字符串2复制到字符数组1中去。

其一般形式为

strcpy(字符数组1,字符串2)

如果有以下两个字符数组:

```
char str1[10]='',str2[]={"China"};
strcpy(str1,str2);
```

| C | h | i | n | a | \0 | \0 | \0 | \0 | \0 |

图 5.19

执行后,str1 的状态如图5.19所示。

可以用 strncpy 函数将字符串2中前面n个字符复制到字符数组1中去。例如:

```
strncpy(str1,str2,2);
```

作用是将 str2 中最前面2个字符复制到 str1 中,取代 str1 中原有的最前面2个字符。

5. strcmp 函数(比较字符串的函数)

对两个字符串的比较,不能用数值比较符(>,<,=等),如"if(str1>str2)"是不对的,应该用"if(strcmp(str1,str2)>0)"。

strcmp 是 STRing CoMPare(字符串比较)的缩写。它的作用是比较字符串1和字符串2。其一般形式为

strcmp(字符串1,字符串2)

例如:

```
strcmp(str1,str2);
strcmp("China","Korea");
strcmp(str1,"Beijing");
```

字符串比较的规则是:对两个字符串自左至右逐个字符相比(按 ASCII 码值大小比较),直到出现不同的字符或遇到'\0'为止。如果全部字符相同,则认为相等;若出现不相同的字符,则以第一个不相同的字符的比较结果为准。例如:"A"<"B","a">"A","computer">"compare","these">"that","$12.8"<"*63%"。如果参加比较的两个字符串都由英文字母组成,则有一个简单的规律:在英文字典中位置在后面的为"大"。例如,computer 在字典中的位置在 compare 之后,所以"computer">"compare"。但应注意小写字母比大写字母"大",所以"DOG"<"dog"。

比较的结果由函数值带回。

(1)如果字符串1=字符串2,则函数值为0。

(2)如果字符串1>字符串2,则函数值为一个正整数。

(3)如果字符串1<字符串2,则函数值为一个负整数。

6. strlen 函数(测字符串长度的函数)

其一般形式为

strlen (字符数组)

strlen 是 STRing LENgth(字符串长度)的缩写,它是测试字符串长度的函数。函数的

值为字符串中的实际长度(不包括'\0'在内)。例如,strlen("China")的值为5。

7. strlwr 函数(转换为小写字符函数)

strlwr 是 STRing LoWeRcase(字符串小写)的缩写。函数的作用是将字符串中大写字母转换成小写字母。其一般形式为

strlwr(字符串)

8. strupr 函数(转换为大写字符函数)

strupr 是 STRing UPpeRcase(字符串大写)的缩写。函数的作用是将字符串中小写字母转换成大写字母。其一般形式为

strupr(字符串)

以上介绍了常用的 8 种字符串处理函数,读者不必死记,从函数的名字(英文缩写)可以大体知道函数的功能,通过编写程序就自然会用了。本书附录 E 列出了常用的 C 库函数,必要时可查阅。

本 章 小 结

(1) 数组是**有序数据的集合**。数组中的每一个元素都属于同一个数据类型。用一个统一的数组名和下标来唯一地确定数组中的元素。在程序中把循环和数组结合起来,用循环来对数组中的元素进行操作,可以有效地处理大批量的数据,提高了工作效率。

(2) 正确定义数组。如"int a[10];",表示整型数组 a 有 10 个元素。特别注意数组元素的序号从 0 开始,即 a[0]~a[9],不存在 a[10]。要特别注意"下标越界"问题。

(3) 要区别数组的定义形式和数组元素的引用形式。二者形式上相同,但性质不同。如:

```
int a[10];      出现在程序声明部分,前面有类型名,a[10]是定义数组大小
b = a[5];       出现在程序可执行语句部分,前面无类型名,a[5]是数组元素
```

(4) 二维数组的元素在内存中的排列次序为"按行排列"。在对二维数组初始化时,按行赋初值。

(5) 在 C 语言中,字符串是以字符数组形式存放的,为了确定字符串的范围,C 编译系统在每一个字符串的后面加一个'\0'作为字符串结束标志。'\0'不是字符串的组成部分,输出字符串时不包括'\0'。要区分字符数组和字符串,字符串可以放在字符数组中,如果字符串的长度为 n,则能存放该字符串的字符数组的长度应≥n+1。

(6) 对字符串的运算要通过字符串函数来进行。将一个字符串赋给一个字符数组不能用赋值语句,如"str = "hello!""是不合法的。应该用字符串复制函数 strcpy,如"strcpy(str,"Hello!")"。

在使用字符串函数时要在本程序的开头用#include <string.h>将头文件 <string.h> 包含进来。

(7) 由于引入了数组,程序中的数据结构丰富了,会用到有关的算法(如排序算法、

统计单词),要注意结合例题学习算法。在本章的习题中,会接触到一些新的算法,请注意学习。

习 题

5.1 用筛选法求 100 之内的素数。

5.2 用选择法对 10 个整数排序。

5.3 求一个 3×3 的整型二维数组对角线元素之和。

5.4 已有一个已排好序的数组,要求输入一个数后,按原来排序的规律将它插入数组中。

5.5 将一个数组中的值按逆序重新存放。例如,原来顺序为 8,6,5,4,1,要求改为 1,4,5,6,8。

5.6 输出以下的杨辉三角形(要求输出 10 行)。

```
1
1   1
1   2   1
1   3   3   1
1   4   6   4   1
1   5  10  10   5   1
⋮   ⋮   ⋮   ⋮   ⋮   ⋮
```

5.7 输出"魔方阵"。所谓魔方阵是指这样的方阵,它的每一行、每一列和对角线之和均相等。例如,三阶魔方阵为

```
8   1   6
3   5   7
4   9   2
```

要求输出由 $1 \sim n^2$ 的自然数构成的魔方阵。

5.8 找出一个二维数组中的鞍点,即该位置上的元素在该行上最大、在该列上最小。也可能没有鞍点。

5.9 有 15 个数按由大到小顺序存放在一个数组中,输入一个数,要求用折半查找法找出该数是数组中第几个元素的值。如果该数不在数组中,则输出"无此数"。

5.10 有一篇文章,共有 3 行文字,每行有 80 个字符。要求分别统计出其中英文大写字母、小写字母、数字、空格以及其他字符的个数。

5.11 输出以下图案:

```
    *****
     *****
      *****
       *****
        *****
```

5.12 有一行电文,已按下面规律译成密码:

A→Z　a→z
B→Y　b→y
C→X　c→x
　⋮　　⋮

即第 1 个字母变成第 26 个字母,第 i 个字母变成第(26 − i + 1)个字母。非字母字符不变。要求编程序将密码译回原文,并输出密码和原文。

5.13 编写程序,将两个字符串连接起来,不要用 strcat 函数。

5.14 编一个程序,将两个字符串 s1 和 s2 比较,若 s1 > s2,输出一个正数;若 s1 = s2,输出 0;若 s1 < s2,输出一个负数。不要用 strcpy 函数,两个字符串用 gets 函数读入。输出的正数或负数的绝对值应是相比较的两个字符串相应字符的 ASCII 码的差值。例如,"A"与"C"相比,由于" A " < " C ",应输出负数,同时由于'A'与'C'的 ASCII 码差值为 2,因此应输出"−2"。同理:"And"和"Aid"比较,根据第 2 个字符比较结果,'n'比'i'大 5,因此应输出"5"。

5.15 编写一个程序,将字符数组 s2 中的全部字符复制到字符数组 s1 中。不用 strcpy 函数。复制时, '\0'也要复制过去。'\0'后面的字符不复制。

5.16 输入 10 个国名,要求按字母顺序输出。

第 6 章 利用函数进行模块化程序设计

6.1 为什么要使用函数

6.1.1 函数是什么

说到函数,有的读者马上会想到在中学数学中学过的三角函数(如 sin,cos,tan 等)。其实在计算机高级语言中的"函数"含义比这广泛得多。"函数"这一术语是从英文 function 翻译过来的。其实,function 在英文中的意思既是"函数",也是"功能"。从本质意义上来说,函数就是用来完成一定的功能的。这样,对函数的概念就很好理解了,所谓函数名就是给该功能起一个名字,如果该功能是用来实现数学运算的,就是数学函数。请记住:**函数就是功能,一个函数用来实现一个功能**(虽然在理论上允许在一个函数中实现多个功能,但是不提倡这样做。为了程序的清晰,提倡用一个函数实现一个功能)。

在 C 语言程序设计中,往往把一个程序中需要实现的一些子功能分别编写为若干个函数,然后把它们有机组合成一个完整的程序。如果需要处理的问题很简单,程序规模不大,只需要用一个主函数就够了,不必另外编写其他函数,正如在前几章中看到的例题那样。但是,能供实际使用的程序都不会那么简单。一般除了一个主函数外,还包括若干个函数,第 1 章例 1.3 的程序就是由一个主函数和一个 max 函数组成的。

在设计一个较大的程序时,一般把它分为若干个程序模块,每一个模块用来实现一个特定的功能。所有的高级语言中都有子程序这个概念,用子程序来实现模块的功能。在 C 语言中,子程序的作用是由函数来完成的。一个 C 程序可由一个主函数和若干个其他函数构成。由主函数调用其他函数,其他函数也可以互相调用。同一个函数可以被一个或多个函数调用任意多次。图 6.1 是一个程序中函数调用的示意图。

在程序开发中,常将一些常用的功能编写成若干函数,放在公共函数库中供大家选用。程序设计人员要善于利用函数,以减少重复编写程序段的工作量。

先举一个函数调用的简单例子。

【例 6.1】 输出一行文字,上下各有一行"*"作为装饰。

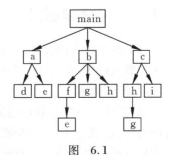

图 6.1

解题思路：要先后实现输出两排相同的信息，为减少重复的工作量，用函数调用比较方便。把指定的功能事先写成函数。

编写程序：

```
#include <stdio.h>
int main()
  {
    void print_star();          //对 print_star 函数进行声明
    void print_message();       //对 print_message 函数进行声明
    print_star();               //调用 print_star 数,输出一行'*'
    print_message();            //调用 print_message 函数,输出一行文字
    print_star();               //调用 print_star 函数,输出一行'*'
    return 0;
  }

void print_star()               //定义 print_star 函数
  {
    printf("******************\n");
  }

void print_message()            //定义 print_message 函数
  {
    printf(" How do you do!\n");
  }
```

运行结果：

```
******************
 How do you do!
******************
```

程序分析：print_star 和 print_message 都是用户定义的函数名，分别用来实现输出一排"*"号和一行信息的功能。在定义这两个函数时指定函数的类型为 void，意为函数为空类型，即无函数值，也就是说，执行这两个函数后不会把任何值带回 main 函数。如果需要修改输出的文字信息，只须修改 print_message 函数即可，主函数不需要改动。这种方法可用来输出文本文件的"页头信息"。

本程序比较简单，只是示意性的，可以在此基础上写出更实用的函数。

6.1.2 程序和函数

（1）对于较大的程序，一般不把所有内容全放在一个源文件中，而是将它们分别放在若干个源文件中，再由若干个源程序文件组成一个 C 程序。这样便于分别编写、分别编译，提高调试效率。

如前所述，一个 C 程序是由一个或多个程序模块组成，每一个程序模块作为一个源程序文件(后缀为.c)。一个源程序文件作为一个编译单位，在程序编译时是以源程序文件为单位进行编译的。一个源程序文件可以先后为多个 C 程序调用。

(2) 一个源程序文件由一个或多个函数以及其他有关内容(如预处理指令、数据声明等)组成。

(3) C程序的执行是从main函数开始的,如果在main函数中调用其他函数,在调用后流程返回到main函数。一般情况下,在main函数中结束整个程序的运行。

(4) 所有函数都是平行的,即在定义函数时是分别进行的,是互相独立的。一个函数并不从属于另一个函数,即函数不能嵌套定义。函数间可以互相调用,但不能调用main函数。main函数是由操作系统调用的。

(5) 从用户使用的角度看,函数有两种。

① **库函数**。它是由编译系统提供的,用户不必自己定义而可以直接使用它们。应该说明,不同的C语言编译系统提供的库函数的数量和功能会有一些不同,当然许多基本的函数是共同的。

② **用户自定义函数**。是用户根据实际需要自己设计的,用来实现用户指定的功能。

(6) 从函数的形式看,函数分两类。

① **无参函数**。函数没有参数,如例6.1中的print_star和print_message就是无参函数。在调用无参函数时,主调函数不向被调用函数传递数据。无参函数一般用来执行指定的一组操作。例如,例6.1程序中的print_star函数的作用是输出18个"*"号。无参函数可以带回或不带回函数值,但一般以不带回函数值的居多。

② **有参函数**。主调函数在调用被调用函数时,通过参数向被调用函数传递数据,一般情况下,执行被调用函数时会得到一个函数值,带回供主调函数使用。第1章例1.3的max函数就是有参函数,从主函数把a和b的值传递给max函数中的参数x和y,经过max的运算,将变量z的值带回主函数。

6.2 怎样定义函数

6.2.1 为什么要定义函数

在程序中用到的所有函数,必须"**先定义,后使用**"。例如想用max函数去求两个数中的大者,必须事先对它进行定义,指定它的名字和功能。这样,在程序调用max时,编译系统就会按照定义时所指定的功能执行。如果事先不定义,编译系统怎么能知道max是函数还是变量或其他什么呢!

定义函数包括以下几个内容:

(1) 指定函数的名字,以便以后按名调用。

(2) 指定函数的类型,即函数返回值的类型。

(3) 指定函数的参数的名字和类型,以便在调用函数时向它们传递数据。对无参函数不需要这项。

(4) 指定函数应当执行什么操作,即函数的功能。这是最重要的。

至于C的库函数,是由软件商设计并提供的,对函数的定义已放在相关的头文件中。程序设计者不必自己定义,只须用#include指令把有关的头文件包含到本文件模块中即可。例如,在程序中若用到数学函数(如sqrt,fabs,sin,cos等),就必须在本文件模块的开头写上"#include <math.h>"。

库函数只提供了最基本、最通用的一些函数,不可能包括人们在实际应用中所用到的所有函数。这就要程序设计者根据需要,自己在程序中定义。

6.2.2 怎样定义无参函数

例 6.1 中的 print_star 和 print_message 函数都是无参函数。

定义无参函数的一般形式为

类型名 函数名( )

{

   声明部分

   语句部分

}

函数名后面的括号内是空的,表示无参数。在定义函数时要用类型名指定函数值的类型,即函数带回来的值的类型。例 6.1 中的 print_star 和 print_message 函数为 void 类型,表示不需要带回函数值。

6.2.3 怎样定义有参函数

定义有参函数的一般形式为

类型名 函数名(形式参数表列)

{

   声明部分

   语句部分

}

例如:

```
int max(int x,int y)
  { int z;                              //函数体中的声明部分
    z = x > y?x:y;
    return (z);
  }
```

这是一个求 x 和 y 二者中的大者的函数,第 1 行第一个关键字 int 表示函数值是整型的。max 是函数名。括号中有两个形式参数 x 和 y,它们都被指定为整型。在调用此函数时,主调函数把实际参数的值传递给被调用函数中的形式参数 x 和 y。花括号内是函数体,它包括声明部分和语句部分。声明部分包括对函数中用到的变量进行定义以及对要调用的函数进行声明(见 6.4.3 小节)等内容。在函数体中用条件表达式求出 x 与 y 中的大者,并把它赋给 z。return(z)的作用是将 z 的值作为函数值带回到主调函数中。return 后面的括号中的值(z)作为函数带回去的值(称**函数返回值**)。在函数定义时已指定 max 函数为整型,即要求函数返回的值是整型,因此,在函数体中应定义 z 为整型,通过 return 语句把 z 作为 max 函数值返回。也就是说,函数的类型和函数中的返回值的类型应该一致。

6.3 函数参数和函数的值

6.3.1 形式参数和实际参数

在调用函数时,大多数情况下,主调函数和被调用函数之间有数据传递关系,这就是**有参函数**。前面已说明:在定义函数时函数名后面括号中的变量名称为**形式参数**(简称**形参**)。在主调函数中调用另一个函数时,在该函数名后面括号中的参数(可以是一个表达式)称为**实际参数**(简称**实参**)。

【例 6.2】 输入两个整数,要求用一个函数求出其中的大者,并在主函数中输出此值。

解题思路:在第 1 章例 1.3 已简单介绍过与此相似的程序,今作详细的说明。在主函数中调用求最大值的函数 max,把主函数中的变量 a 和 b 作为实际参数,传递给 max 函数的形式参数 x 和 y。

编写程序:

(1) 先编写 max 函数:

```
int max(int x,int y)                //定义max函数,函数类型为整型,有两个整型实参
  {
    int z;                          //定义临时变量z
    z = x > y ? x : y;              //把x和y中的大者赋给z
    return(z);                      //把z作为max函数的值带回main函数
  }
```

(2) 再编写主函数:

```
#include <stdio.h>
int main()
  { int max(int x,int y);           //对max函数的声明
    int a,b,c;
    printf("please enter two integer numbers: ");    //提示输入数据
    scanf("%d,%d",&a,&b);           //输入两个整数
    c = max(a,b);                   //调用max函数,有两个实参。大数赋给变量c
    printf("max is %d\n",c);        //输出大数c
    return 0;
  }
```

把二者组合为一个程序文件,主函数在前面,max 函数在下面。
运行结果:

```
please enter two integer numbers: 17, -32✓
max is 17
```

程序分析:第 1~6 行是定义一个函数(注意第 1 行的末尾没有分号)。第 1 行指

定了函数名 max 和两个形参名 x 和 y 以及形参类型 int。主函数第 7 行包含一个函数调用,max 后面括号内的 a 和 b 是实参。a 和 b 是在 main 函数中定义的变量并获得值。x 和 y 是函数 max 中的形式参数。通过函数调用,使两个函数中的数据发生联系,见图 6.2。

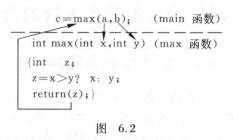

图 6.2

💡 说明:

(1) 在定义函数中指定的形参(如 x,y),在未出现函数调用时,它们并不占内存中的存储单元。只有在发生函数调用时,被调用函数的形参才被分配内存单元。在调用结束后,形参所占的内存单元也被释放。

(2) 实参可以是常量、变量或表达式,例如在 main 函数中可以这样调用 max 函数:

max(3,a+b);

但要求 a 和 b 有确定的值。在调用时将实参的值赋给形参。

(3) 在被定义的函数中,必须指定形参的类型(见例 6.2 程序 max 函数的第一行)。

(4) 对应的实参与形参,类型应相同或赋值兼容。例 6.2 中实参和形参都是整型,这是合法的、正确的。如果实参为整型而形参 x 为实型,或者相反,则按不同类型数值的赋值规则进行转换。假如实参 a 为实型,值为 3.5,而形参 x 为整型,则将实数 3.5 先换成整数 3,然后送到形参 x。这种情况称为赋值兼容,即虽然形参和实参的类型不一致,但可以按照赋值规则进行赋值。数值型数据间是赋值兼容的。字符型与整型可以互相通用。

(5) 在 C 语言中,实参向形参的数据传递是"**值传递**",传递的是实参的值,传递的方向是单向传递,只由实参传给形参,而不能由形参传回来给实参。在内存中,实参单元与形参单元是不同的单元,如图 6.3 所示。

在调用函数时,系统会给形参分配存储单元,并将实参的值传递给对应的形参,调用结束后,形参单元被释放,实参单元仍保留并维持原值。因此,在执行一个被调用函数时,形参的值如果发生改变,并不会改变主调函数的实参的值。例如,若在执行函数过程中形参 x 和 y 的值变为 10 和 15,而 a 和 b 仍为 2 和 3,见图 6.4。

图 6.3　　　　　　　　　　　　　图 6.4

6.3.2　函数的返回值

通常,希望通过函数调用使主调函数能得到一个需要的值,这就是**函数的返回值**。例如,例 6.2 中,max(2,3) 的值是 3,max(5,2) 的值是 5。赋值语句将这个函数值赋给变量 c。

> 说明：

(1) 函数的返回值是通过被调用函数中的 return 语句获得的。return 语句将被调用函数中的一个确定值带回主调函数中去。见图 6.2 中从 return 语句返回的箭头。如果希望从被调用函数带回一个函数值以供主调函数使用，则被调用函数中必须包含 return 语句。如果不需要从被调用函数带回函数值，被调用函数可以不要 return 语句。

一个函数中可以有一个以上的 return 语句，执行到哪一个 return 语句，哪一个语句起作用。

return 语句后面的括号也可以不要，如"return z;"与"return(z);"作用相同。

return 语句中的返回值可以是一个表达式。例如，例 6.2 中的函数 max 可以改写如下：

```
max(int x,int y)
{
    return(x>y? x: y);
}
```

这样的函数体更为简短，只用一个 return 语句就把求值和返回这两个任务都解决了。

(2) 函数值的类型。既然函数有返回值，这个值当然应属于某一个确定的类型。应当在定义函数时指定函数值的类型。例如下面是 3 个函数的首行：

```
int max(float x,float y)        //定义函数值为整型
char letter(char c1,char c2)    //定义函数值为字符型
double min(int x,int y)         //函数值为双精度型
```

(3) 在定义函数时指定的函数类型一般应该和 return 语句中的表达式类型一致。例如，例 6.2 中指定 max 函数值为整型，而变量 z 也被指定为整型，通过 return 语句把 z 的值作为 max 的函数值，由 max 带回主调函数。z 的类型与 max 函数的类型是一致的，是正确的。

如果函数值的类型和 return 语句中表达式的值不一致，则以函数类型为准。对数值型数据，由于赋值兼容，系统会进行自动转换，函数类型决定返回值的类型。

(4) 对于不带回值的函数，应当用"void"定义函数为"空类型"（或称"无类型"）。这样，系统就使函数不带回任何值。此时在函数体中可以没有 return 语句，也可以有不带返回值的 return 语句，但不能出现类似"return(x);"这样的 return 语句。

6.4 函数的调用

定义函数的目的为了用这个函数，因此要学会正确使用函数。

6.4.1 函数调用的一般形式

函数调用的一般形式为

函数名(实参表列)

如:

```
max(a,b);
```

如果是调用无参函数,则"实参表列"可以没有,但括号不能省略,见例6.1。如果实参表列包含多个实参,则各参数间用逗号隔开。实参与形参的个数应相等,类型应匹配。实参与形参按顺序对应,向形参传递数据。

6.4.2 调用函数的方式

按函数在程序中出现的位置来分,可以有以下3种函数调用方式。

1. 作为一个函数语句

把函数调用作为一个语句。如例6.1中的"print_star();",这时主函数不要求从被调用函数返回函数值,而只要求函数完成一定的操作即可。

2. 作为函数表达式的一部分

函数出现在一个表达式中,这种表达式称为函数表达式。这时要求函数带回一个确定的值以参加表达式的运算。例如:

```
c=2*max(a,b);
```

函数max是表达式的一部分,用它的值乘以2再赋给变量c。

3. 作为函数的实参

把函数调用作为一个函数中的实参。例如:

```
m=max(a,max(b,c));
```

其中,max(b,c)是一次函数调用,它的值作为max函数另一次调用时的实参。m的值是a,b,c三者中的最大者。又如:

```
printf("%d",max(a,b));
```

也是把max(a,b)作为printf函数的一个参数。

6.4.3 对被调用函数的声明和函数原型

在一个函数中调用另一个函数(被调用函数)需要具备以下条件。

(1) 被调用的函数必须是已经定义的函数(是库函数或用户自己定义的函数)。

(2) 如果使用库函数,应该在本文件模块的开头用#include指令将调用该库函数所需用到的有关信息"包含"到本文件中来。例如,前几章中已经用过的"包含"指令:

```
#include <stdio.h>
```

其中,"stdio.h"是一个"头文件"。在stdio.h文件中包含了对输入输出函数的声明。如果不包含"stdio.h"文件,就无法使用输入输出库中的函数。使用数学库中的函数,应该用#include <math.h>指令。

(3) 如果使用用户自己定义的函数,而该函数在源文件中的位置在调用它的函数(即主调函数)的后面,应该在主调函数中对被调用的函数作**声明**(declaration)。声明的作用是把函数名、函数参数的个数和参数类型等信息通知编译系统,以便在遇到函数调用时,编译系统能正确识别函数并检查函数调用是否合法。

【例6.3】 输入两个实数 a 和 b,用一个函数求出 a^2+b^2。

解题思路:求两个数的平方和的算法很简单。现在用 sum 函数实现它。首先要定义 sum 函数,定义它为 double 型,它应该有两个 double 型的参数。特别要注意的是要对 sum 函数进行声明。

编写程序:分别编写 sum 函数和 main 函数,它们组成一个源程序文件,main 函数的位置在 sum 函数之前。在 main 函数中对 sum 函数进行声明。

```
#include <stdio.h>
int main()
  { double sum(double x,double y);          //对 sum 函数作声明
    double a,b,c;
    printf("Please enter a and b: ");       //提示输入
    scanf("%lf,%lf",&a,&b);                 //输入两个实数
    c=sum(a,b);                             //调用 sum 函数
    printf("sum is %f\n",c);                //输出两数的平方和
    return 0;
  }
double sum(double x,double y)               //定义 sum 函数
  { double z;
    z = x*x + y*y;                          //求两数的平方和并赋给 z
    return(z);                              //把变量 z 的值作为函数值返回
  }
```

运行结果:

```
Please enter a and b: 45.321,78.302↙
sum is 7875.988245
```

程序分析:为提高运算精度,各变量和函数 sum 均定义为 double 型。注意在用 scanf 函数输入双精度数时要用格式声明"%lf"(在格式字符 f 之前加小写字母 l),如果不加字母 l,输入的数值和运算结果是不正确的,读者可上机试一下。

程序第 3 行:

```
double sum(double x, double y);
```

是对被调用的 sum 函数作声明。从程序可以看到:main 函数的位置在定义 sum 函数的前面,而在进行编译时是从上到下逐行进行的,如果没有对函数的声明,当编译到程序第 7 行时,编译系统无法确定 sum 是不是函数名,也无法判断实参(a 和 b)的类型和个数是否正确,因而无法进行正确性的检查。如果不作检查,在运行时才发现实参与形参的类型或个数不一致,出现运行错误。在运行阶段发现错误并重新调试程序,是比较麻烦的,工

作量也较大。因此编译系统在编译阶段对此要进行检查,以发现可能的错误,并及时纠正。

现在,在函数调用之前做了**函数声明**。因此编译系统"记下了"所需调用的函数的有关信息,在对"c = sum(a,b);"进行编译时就"有章可循"了。编译系统根据 sum 的名字找到相应的函数声明,根据函数的原型对函数的调用的合法性进行全面的检查。例如在函数原型中已知道两个形参都是 double 型的,而"c = sum(a,b);"中的实参 a 和 b 也是 double 型的,这是合法的。如果实参与函数原型中的形参不匹配,编译系统就认为函数调用出错,它属于语法错误。用户根据屏幕显示的出错信息很容易发现和纠正错误。

可以看到,对函数的声明与函数定义中的第 1 行(函数首部)基本上是相同的,只差一个分号。因此可以简单地照写已定义的函数的首部,再加一个分号,就成为了对函数的"声明"。由于函数声明与函数首部的一致,故把函数声明称为**函数原型**(function prototype)。为什么要用函数的首部来作为函数声明呢?这是为了便于对函数调用的合法性进行检查。因为在函数的首部包含了检查调用函数是否合法的基本信息(它包括了函数名、函数值类型、参数个数、参数类型和参数顺序),在函数调用时要求函数名、函数类型、参数个数和参数顺序必须与函数声明一致,实参类型必须与函数声明中的形参类型相同或赋值兼容,如果不是赋值兼容,就按出错处理。这样就能保证函数的正确调用。

使用函数原型作声明是 ANSI C 的一个重要特点。用函数原型来声明函数,能减少编写程序时可能出现的错误。由于函数声明的位置与函数调用语句的位置比较近,因此在写程序时便于就近参照函数原型来书写函数调用,不易出错。

实际上,函数声明中的参数名可以省写,如上面程序中的声明也可以写成:

```
double sum(double,double);        //不写参数名,只写参数类型
```

编译系统对于函数声明并不检查参数名,只检查参数类型。因此参数名是什么都无所谓。甚至可以写成其他参数名。如:

```
double sum(double a,double b);    //参数名不用 x、y,而用 a、b
```

效果完全相同。

根据以上介绍,函数原型有两种形式:

(1) 函数类型 函数名(参数类型1 参数名1,参数类型2 参数名2,…,参数类型n 参数名n);

(2) 函数类型 函数名(参数类型1,参数类型2,…,参数类型n);

有些专业人员喜欢用不写参数名的第(2)种形式,显得精炼。有些人则愿意用第(1)种形式,只须照抄函数首部就可以了,不易出错,而且用了有意义的参数名有利于理解程序,如:

```
void print(int num,char sex,float score);
```

大体上可猜出这是一个输出学号、性别和成绩的函数,而若写成

```
void print(int,float,char);
```

则难以知道形参的含义。

注意：对函数的"定义"和"声明"不是一回事。函数的定义是指对函数功能的确立，包括指定函数名、函数值类型、形参及其类型以及函数体等，它是一个完整的、独立的函数单位。而函数的声明的作用则是把函数的名字、函数类型以及形参的类型、个数和顺序通知编译系统，以便在调用该函数时系统按此进行对照检查(例如，函数名是否正确，实参与形参的类型和个数是否一致)，它不包含函数体。

说明：

(1) 如果被调用函数的定义出现在主调函数之前，可以不必加以声明。因为编译系统已经先知道了已定义函数的有关情况，会根据函数首部提供的信息对函数的调用作正确性检查。

(2) 如果已在文件的开头(在所有函数之前)，已对本文件中所调用的函数进行了声明(即全局声明)，则在各函数中不必对其所调用的函数再分别作声明。

6.5 函数的嵌套调用

C 语言的函数定义是互相平行、独立的，也就是说，在定义函数时，一个函数内不能包含另一个函数，但可以嵌套调用函数，也就是说，在调用一个函数的过程中，又调用另一个函数，见图 6.5。

图 6.5 表示的是函数的嵌套调用，其执行过程是：

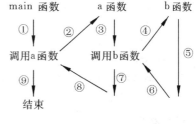

图 6.5

(1) 执行 main 函数的开头部分；

(2) 遇函数调用语句，调用 a 函数，流程转去 a 函数入口；

(3) 执行 a 函数的开头部分；

(4) 遇函数调用语句，调用 b 函数，流程转去 b 函数入口；

(5) 执行 b 函数，如果再无其他嵌套的函数，则完成 b 函数的全部操作；

(6) 返回到 a 函数中调用 b 函数的位置；

(7) 继续执行 a 函数中尚未执行的部分，直到 a 函数结束；

(8) 返回 main 函数中调用 a 函数的位置；

(9) 继续执行 main 函数的剩余部分直到结束。

【**例 6.4**】 输入 4 个整数，找出其中最大的数。用函数的嵌套调用来处理。

解题思路：这个问题并不复杂，完全可以用一个主函数就可以得到结果。现在根据题目的要求，用函数的嵌套调用来处理，以此例来说明函数的嵌套调用的用法。

可以在主函数中调用一个 max4 函数来求 4 个整数中的最大数。然后在 max4 函数中再调用一个 max2 函数来求 2 个整数中的最大数。最后在主函数中输出结果。

编写程序：

(1) 主函数

```
#include <stdio.h>
```

```
int main()
  { int max4(int a,int b,int c,int d);              //对 max4 函数的声明
    int a,b,c,d,max;
    printf("Please enter 4 interger numbers: ");
    scanf("%d %d %d %d ",&a,&b,&c,&d);
    max = max4(a,b,c,d);                            //调用 max4 函数
    printf("max = %d \n",max);
  }
```

(2) max4 函数

```
int max4(int a,int b,int c,int d)                   //max4 函数的首行
  { int max2(int,int);                              //对 max2 函数的声明
    int m;
    m = max2(a,b);                                  //调用 max2 函数
    m = max2(m,c);                                  //调用 max2 函数
    m = max2(m,d);                                  //调用 max2 函数
    return(m);                                      //函数返回值是 4 个数中的最大者
  }
```

(3) max2 函数

```
int max2(int a,int b)                               //max2 函数的首行
  { if(a > b)
      return a;
    else
      return b;                                     //函数返回值是 a 和 b 中的大者
  }
```

运行结果：

```
Please enter 4 interger numbers: 11 45  -54 0 ↙
max = 45
```

程序分析： 在主函数中要调用 max4 函数，因此在主函数的开头要对 max4 函数作声明。在 max4 函数中先后三次调用 max2 函数，因此在 max4 函数的开头要对 max2 函数作声明。由于在主函数中没有直接调用 max2 函数，因此在主函数中不必对 max2 函数作声明，只需要在 max4 函数中作声明即可。

max4 函数执行过程是这样的：第 1 次调用 max2 函数得到的函数值是 a 和 b 中的大者，把它赋给变量 m，第 2 次调用 max2 得到 m 和 c 的大者，也就是 a,b,c 中的最大者，再把它赋给变量 m。第 3 次调用 max2 得到 m 和 d 的大者，也就是 a,b,c,d 中的最大者，再把它赋给变量 m。这是一种**递推**方法，先求出 2 个数的大者；再以此为基础求出 3 个数的大者；再以此为基础求出 4 个数的大者。m 的值一次一次地变化，直到实现最终要求。

max2 函数的函数体可以只用一个 return 语句，其中条件表达式的值就是 a 和 b 中的大者。

```
{return(a > b?a: b);}
```

6.6 函数的递归调用

6.6.1 什么是函数的递归调用

反复嵌套地执行同一操作称为**递归**(recurse)。

在调用一个函数的过程中反复调用本函数,称为**函数的递归调用**。C 语言的特点之一就在于允许函数的递归调用。例如:

```
int fun(int x)
{ int y,z;
  y = 2 * x;
  z = x + fun(y);         //在执行 f 函数的过程中又要调用 fun 函数
  return (z);
}
```

在调用一个函数的过程中,直接调用本函数,这是直接递归调用,见图 6.6。

如果在调用 f1 函数过程中要调用 f2 函数,而在调用 f2 函数过程中又要调用 f1 函数,这是间接递归调用,见图 6.7。

图 6.6   图 6.7

从图 6.6 和图 6.7 可以看到,这两种递归调用都是无终止的自身调用。显然,程序中不应出现这种无终止的递归调用,而只应出现有限次数的、有终止的递归调用,譬如指定递归调用的次数,或者指定当某一条件成立时才执行递归调用;当该条件不满足就不再继续。

6.6.2 递归算法分析

递归是计算机解题中的一种重要的算法。关于递归的概念,有些初学者感到不好理解,下面用一个通俗的例子来说明。

【例 6.5】 有 5 个学生坐在一起,问第 5 个学生多大? 他说比第 4 个学生大 2 岁。问第 4 个学生岁数,他说比第 3 个学生大 2 岁。问第 3 个学生,又说比第 2 个学生大 2 岁。问第 2 个学生,说比第 1 个学生大 2 岁。最后问第 1 个学生,他说是 10 岁。请问第 5 个学生多大?

解题思路:这是一个递归问题。想求第 5 个学生的年龄,就必须先知道第 4 个学生的年龄,而第 4 个学生的年龄也不知道,要想求第 4 个学生的年龄必须先知道第 3 个学生的年龄,而第 3 个学生的年龄又取决于第 2 个学生的年龄,第 2 个学生的年龄取决于第 1 个学生的年龄。而且每一个学生的年龄都比其前一个学生的年龄大 2。如果 age 是年龄函数,age(n)代表第 n 个人的年龄,可以用下面的式子表示上述关系。

$$age(5) = age(4) + 2$$
$$age(4) = age(3) + 2$$
$$age(3) = age(2) + 2$$
$$age(2) = age(1) + 2$$
$$age(1) = 10$$

可以用数学公式表述如下：

$$age(n) = \begin{cases} 10 & (n=1) \\ age(n-1)+2 & (n>1) \end{cases}$$

可以看到,当 n>1 时,求第 n 个学生的年龄的公式是相同的。因此可以用一个函数表示上述关系。

图 6.8 表示求第 5 个学生年龄的过程。

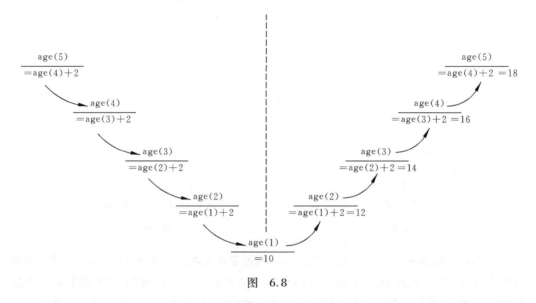

图 6.8

从图 6.8 可知,求解可分成两个阶段:第一阶段是"回溯",即将第 n 个学生的年龄表示为第(n-1)个学生年龄的函数,而第(n-1)个学生的年龄仍然不知道,还要"回溯"到第(n-2)个学生的年龄……直到第 1 个学生的年龄。此时 age(1)已知,不必再向前回溯了。然后开始第二阶段,采用递推方法,从第 1 个学生的已知年龄推算出第 2 个学生的年龄(12 岁),从第 2 个学生的年龄推算出第 3 个学生的年龄(14 岁)……一直推算出第 5 个学生的年龄(18 岁)为止。也就是说,一个递归的问题可以分为"回溯"和"递推"两个阶段。要经历若干步才能求出最后的值。显而易见,如果要求递归过程不是无限制进行下去,必须具有一个结束递归过程的条件。例如,age(1) = 10,就是使递归结束的条件。

由上可知,递归和递推的性质和过程是不同的:递推是从一个已知的事实出发,推出下一个事实,再从这个已知的事实又推出下一个事实,如此继续下去。每一步都能得到一个确定的结果。递归则不同,想求的值是未知的,为了求出它,需要回溯到上一步,而上一步的值也是未知的,再回溯一步,其值也是未知的……一直回溯到某一步,其值为已知,结束回溯,再进行递推,从该已知的值逐步推出最后的结果。

说明：可以用简单的方式表示：

递推：已知→已知→已知→已知→…→已知(最后结果)

递归：未知→未知→未知→…→未知→已知→已知→…→已知

C 语言提供了函数递归调用的功能,使得利用 C 语言实现递归算法成为可能。有的计算机语言不允许函数递归调用(不允许自己调用自己),就难以实现递归算法。

编写程序：

(1) 编写递归函数来实现递归：

```
int age(int n)              //求年龄的递归函数
  { int c;                  //c 是存放函数的返回值的变量
    if(n==1)
      c=10;                 //递归结束条件
    else
      c=age(n-1)+2;         //递归公式,c 的值是前面一个人的年龄加 2
    return(c);
  }
```

(2) 用一个主函数调用 age 函数,求得第 5 个学生的年龄：

```
#include <stdio.h>
int main()
  { int age(int n);         //对 age 函数的声明
    printf("The age of 5th student is ",age(5));
    return 0;
  }
```

如果在源文件中,主函数的位置放在 age 函数之后,在 main 函数中可不必对 age 函数进行声明。

运行结果：

```
The age of 5th student is 18
```

程序分析：main 函数中除了 return 语句外只有一个语句。整个问题的求解全靠一个 age(5)函数调用来解决。

分析 age 函数的执行过程：如果形参 n 的值等于 1,变量 c 的值等于 10,函数调用就结束了,把 10 作为函数值返回主函数。现在主函数调用 age(5),在虚实结合后形参 n 的值为 5。此时应执行"c=age(4)+2"。但是 age(4)的值并没有求出来,不能直接得到结果并赋给 c。必须先求出 age(4)的值,而 age(4)是函数调用,调用本函数 age,此时把实参 4 传给形参 n,然后执行函数体,应执行"c=age(3)+2",同样,age(3)未知,又递归调用 age 函数,执行 age(3),此时 age 函数的形参 n 等于 3,应执行"c=age(2)+2"。age(2)还是未知,又要调用 age 函数,执行 age(2)。此时 age 函数的形参 n 等于 2,应执行"c=age(1)+2"。age(1)还是未知,还要以 1 为实参调用 age 函数。此时形参 n 等于 1,if 语句判定执行"c=10"。把 10 作为 age(1)的返回值,返回到 age(2)函数调用过程；执行"c=age(1)+2",得到 c 的值为 12,把 12 作为 age(2)的返回值,返回到 age(3)函数调用过程;执行"c=age(2)+2",得到 c 的值为 14,把 14 作为 age(3)的返回值,返回到 age(4)函数调用过程;执行"c=age(3)+2",得到 c 的值为 16,把 16 作为 age(4)的返回值,返回到 age(5)函数调用过程;执行"c=age(4)+2",得到 c 的值为 18,把 18 作为 age(5)的返回值,返回到 main 函数,输出结果 18。

函数调用过程如图 6.9 所示。

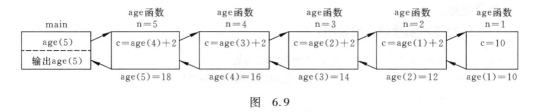

图 6.9

从图 6.9 可以看到:age 函数共被调用 5 次,即 age(5),age(4),age(3),age(2),age(1)。其中,age(5)是 main 函数调用的,其余 4 次是在 age 函数中调用的,即递归调用 4 次,一次又一次地进行递归调用,到 age(1)时才有确定的值,这是回溯的过程。到调用 age(1),得到 c=10,即 age(1)=10。不必再回溯了,从此时进入递推阶段,然后再递推出 age(2),age(3),age(4),age(5)。请读者将程序以及图 6.8 和图 6.9 结合起来认真分析。

以上对递归的过程作了详细的分析,读者可以了解递归是怎样实现的。关键在于找出递归关系(age(n)=age(n-1)+2)和递归终止条件(age(1)=10)。

6.6.3 用递归函数实现递归算法

递归是人们解决问题时的一种思维方式。当遇到的问题不能用简单直接的方法解决时,采取迂回、间接的方法解决,把一个看似复杂的问题化解为相对简单的方法。

在前面的基础上,再分析几个递归的例子。

【例 6.6】 用递归方法求 n!。

解题思路:求 n!可以用递推方法,即从 1 开始,乘以 2,再乘以 3……一直乘到 n。这种方法容易理解,也容易实现。递推法的特点是从一个已知的事实出发,按一定规律推出下一个事实,再从这个新的已知的事实出发,再向下推出一个新的事实……这是和递归不同的。

求 n!既可以用递推方法,也可以用递归方法:5!等于 4!×5,而 4!=3!×4,…,1!=1。可用下面的递归公式表示:

$$n! = \begin{cases} 1 & (n=0,1) \\ n \times (n-1)! & (n>1) \end{cases}$$

编写程序:有了上面的基础,很容易写出程序。

```
#include <stdio.h>
int main()
  { long fac(int n);              //对 fac 函数的声明
    int n;
    long y;
    printf("please enter an integer number: ");
    scanf("%d",&n);
```

```
      y=fac(n);
      printf("%d!=%ld\n",n,y);
      return 0;
    }
    long fac(int n)                       //定义fac函数
    {
      long f;
      if(n<0)
        printf("n<0,data error!");        //n<0,无解
      else if(n==0||n==1)
        f=1;                              //递归终止条件
      else f=fac(n-1)*n;                  //递归关系
        return(f);
    }
```

运行结果：

```
Please enter an integer number: 10↙
10!=3628800
```

🔍 **程序分析**：对整数的运算应当考虑数值是否会超过允许的范围。有的 C 编译系统(如 Turbo C 2.0)对 int 型数据分配 2 个字节，表数范围为 −32768～32767，如果要计算 8!，它的值是 40320，用 int 型变量无法表示。系统对 long 型数据分配 4 字节，表数范围为 −21 亿～21 亿。故程序用 long 型。Visual C++ 对 int 和 long 型数据均分配 4 个字节，可以容纳 16! 的值，即 2004189184(约 20 亿)，但 17! 的值就无法表示。请读者输入 17，求 17! 的值，观察和分析输出结果。C99 标准提供双长(long long)型，分配 8 字节，表数范围为 -2^{63}～$(2^{63}-1)$。但是目前所用的一些 C 系统尚未提供 long long 类型。

有些问题既可以用递推方法处理，也可以用递归方法处理，而有些问题，只能用递归方法处理，请分析下面的例子。

【**例 6.7**】 Hanoi(汉诺)塔问题。古代有一个梵塔，塔内有 3 个座 A，B，C，开始时 A 座上有 64 个盘子，盘子大小不等，大的在下，小的在上(见图 6.10)。有一个老和尚想把这 64 个盘子从 A 座移到 C 座，但规定每次只允许移动一个盘，且在移动过程中在 3 个座上都始终保持大盘在下，小盘在上。在移动过程中可以利用 B 座，要求编程序输出移动的步骤。

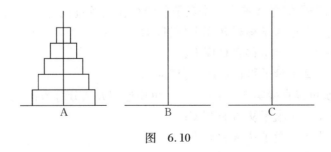

图 6.10

解题思路：这是一个古典的数学问题，是一个用递归方法解题的典型例子。这个问题用一般思考问题的方法是难以直接写出移动盘子的具体步骤的(请读者试验一下按上

面的规定将 5 个盘子从 A 座移到 C 座,能否直接写出每一步骤)。

需要另辟蹊径,设法减少问题的难度。老和尚会这样想:我自己没有办法直接完成此任务,但是如果有另外一个和尚能有办法将 63 个盘子从一个座移到另一座。那么,问题就解决了。此时老和尚只须这样做:

(1) 命令第 2 个和尚将 63 个盘子从 A 座移到 B 座;
(2) 自己将 1 个盘子(最底下的、最大的盘子)从 A 座移到 C 座;
(3) 再命令第 2 个和尚将 63 个盘子从 B 座移到 C 座。

至此,全部任务完成了。这就把移 64 个盘子的问题简化为移 63 个盘子的问题了,难度简化了一层。但是,第 2 个和尚怎样才能将 63 个盘子从 A 座移到 B 座呢?

第 2 个和尚又会想:如果有人能将 62 个盘子从一个座移到另一座,我就能将 63 个盘子从 A 座移到 B 座,他是这样做的:

(1) 命令第 3 个和尚将 62 个盘子从 A 座移到 C 座;
(2) 自己将 1 个盘子从 A 座移到 B 座;
(3) 再命令第 3 个和尚将 62 个盘子从 C 座移到 B 座。

这样,移 63 个盘子的问题简化为移 62 个盘子的问题了,难度又简化了一层。如此"层层下放",直到后来找到第 63 个和尚,让他完成将 2 个盘子从一个座移到另一座,进行到此,问题就接近解决了。最后找到第 64 个和尚,让他完成将 1 个盘子从一个座移到另一座,至此,全部工作都已落实,都是可以执行的。

以上过程就是递归。每一个和尚所做的工作是类似的(移动 n 个盘子),只是 n 的值不同而已。可以看到,随着递归的逐层进行,问题的难度逐步减少,直到最后(第 64 个和尚只移动一个盘子),能直接执行了。然后,工作的流程又回到第 63 个和尚那里,他要按上面的 3 个步骤完成移 2 个盘子的工作,再把流程转到第 62 个和尚,他也要按 3 个步骤完成移 3 个盘子的工作。再把流程转到第 61 个和尚……如此"逐级上交",直到第 1 个和尚完成 3 个步骤后,工作全部完成了。

可以看出,只有第 64 个和尚的任务完成后,第 63 个和尚的任务才能完成。只有第 64 个到第 2 个和尚任务都完成后,第 1 个和尚的任务才能最后完成。这是一个典型的递归的问题。

应当注意,递归结束的条件是:最后一个和尚只须移 1 个盘子,这时已能直接执行,不必再递归了。否则递归还要继续进行下去。

为便于理解,先分析将 A 座上 3 个盘子移到 C 座上的过程:

(1) 将 A 座上 2 个盘子移到 B 座上(借助 C);
(2) 将 A 座上 1 个盘子移到 C 座上;
(3) 将 B 座上 2 个盘子移到 C 座上(借助 A)。

其中第(2)步可以直接实现。第(1)步又可用递归方法分解为:

(1.1) 将 A 上 1 个盘子从 A 移到 C;
(1.2) 将 A 上 1 个盘子从 A 移到 B;
(1.3) 将 C 上 1 个盘子从 C 移到 B。

第(3)步可以分解为

(3.1) 将 B 上 1 个盘子从 B 移到 A 上;

(3.2) 将 B 上 1 个盘子从 B 移到 C 上；

(3.3) 将 A 上 1 个盘子从 A 移到 C 上。

将以上综合起来,可得到移动 3 个盘子的步骤为

A→C,A→B,C→B,A→C,B→A,B→C,A→C。

共经历 7 步。

由上面的分析可知：将 n 个盘子从 A 座移到 C 座可以分解为以下 3 个步骤：

(1) 将 A 上 n−1 个盘借助 C 座先移到 B 座上；

(2) 把 A 座上剩下的一个盘移到 C 座上；

(3) 将 n−1 个盘从 B 座借助于 A 座移到 C 座上。

上面第(1)步和第(3)步,都是把 n−1 个盘从一个座移到另一个座上,采取的办法是一样的,只是座的名字不同而已。为使之一般化,可以将第(1)步和第(3)步表示如下：

将 one 座上的 n−1 个盘移到 two 座(借助 three 座)。只是在第(1)步和第(3)步中, one,two,three 和 A,B,C 的对应关系不同。对第(1)步,对应关系是 one 对应 A,two 对应 B,three 对应 C。对第(3)步,是：one 对应 B,two 对应 C,three 对应 A。

因此,可以把上面 3 个步骤分成两类操作：

(1) 将 n−1 个盘从一个座移到另一个座上(n>1)。这就是大和尚让小和尚做的工作,它是一个递归的过程,即和尚将任务层层下放,直到第 64 个和尚为止。

(2) 将 1 个盘子从一个座上移到另一座上。这是大和尚自己做的工作。

编写程序。分别用两个函数实现以上的两类操作,用 hanoi 函数实现上面第(1)类操作(即模拟小和尚的任务),用 move 函数实现上面第(2)类操作(模拟大和尚自己移盘),函数调用 hanoi(n,one,two,three)表示将 n 个盘子从 one 座移到 three 座的过程(借助 two 座)。函数调用 move(x,y)表示将 1 个盘子从 x 座移到 y 座的过程。x 和 y 代表 A,B,C 座之一,根据每次不同情况分别取 A,B,C 代入。

程序如下：

```
#include <stdio.h>
int main()
  { void hanoi(int n,char one,char two,char three);    //对 hanoi 函数的声明
    int m;
    printf("input the number of diskes: ");
    scanf("%d",&m);
    printf("The step to moveing %d diskes: \n",m);
    hanoi(m,'A','B','C');
    return 0;
  }
void hanoi(int n,char one,char two,char three)         // 定义 hanoi 函数
  { void move(char x,char y);                          //对 move 函数的声明
    if(n==1)
      move(one,three);                                 //如果只有一个盘子就直接移动即可
    else                                               //否则执行 3 个步骤
      {hanoi(n-1,one,three,two);                       //递归调用 hanoi 函数
       move(one,three);                                //直接移动一个盘子
```

```
            hanoi(n-1,two,one,three);              //递归调用hanoi函数
        }
    }
void move(char x,char y)                           //定义move函数
    {
        printf("%c-->%c\n",x,y);                   //输出移动的步骤
    }
```

运行结果:

```
input the number of diskes: 3
The steps to moving 3 diskes:
A-->C
A-->B
C-->B
A-->C
B-->A
B-->C
A-->C
```

    程序分析: 在本程序中 move 函数并未真正移动盘子,而只是表示移盘的方案(从哪一个座移到哪一个座)。可以看到,将 3 个盘子从 A 座移到 C 座需要移 7 次,即 (2^3-1)次。由此可推出:移动 n 个盘子要经历(2^n-1)步。移 64 个盘子经历$(2^{64}-1)$步。假设和尚每移动 1 个盘子用 1 秒钟,则移动$(2^{64}-1)$次需要$(2^{64}-1)$秒,大约相当于 $6×10^{11}$年,即 600 多亿年,所以有人戏称,当老和尚移完 64 个盘子之时,"世界末日"也到了。

    说明: 递归是人们处理比较复杂的问题时找到的一种思维方式。利用递归可以把一个复杂的问题简化为一系列渐进的、比较简单的问题,直到得到最终解为止。应当说,递归思维并不是在计算机出现之后才有的,但是计算机的出现为实现递归创造了条件。例如汉诺塔问题,如果用人工处理不仅极为烦琐,而且所费的时间超过人们能容忍的极限,而用高速的计算机处理使其实现成为可能。可以说,计算机的出现推动和发展了人们的科学思维方法(包括计算思维)。学习计算机,不仅要学习必要的知识,提高处理问题的能力,还要注意总结规律,掌握方法,培养科学思维方法,并把它应用于各个领域,这是更根本的。

6.7 数组作为函数参数

    用数组作为函数的参数有两种情况:

    (1) **数组元素**作为函数的实参。前面介绍过可以用表达式作为函数的实参,显然,数组元素也可以作函数实参,其用法与变量相同。传递方式是单向传递,即"值传送"方式。

    (2) 用**数组名**作函数参数。但并不是意味着将该数组中全部元素传递给所对应的形参。由于数组名代表数组的首地址,因此只是将数组的首元素的地址传递给所对应的形参。与之对应的形参应当是数组名或指针变量(见第 7 章)。

    【例 6.8】 有两个班,第 1 班有 10 名学生,第 2 班有 15 名学生。编写一个函数,分

别求两个班的平均成绩。

解题思路：定义两个一维数组 score1 和 score2，分别存放两个班各学生的成绩，定义一个求平均值的函数 average，先后两次调用 average 函数，分别得到两个班的平均成绩。在调用 average 函数时用数组名和该班人数作为实参。

编写程序：

```
#include <stdio.h>
int main()
{
  float average(float score[ ],int n);   //对 average 函数的声明
  float score2[10]={67.5,89.5,99,69.5,77,89.5,76.5,54,60,99.5};
  float score1[15]={98.5,97,91.5,60,55,76.5,89,92,98.5,76,87,96,65,88.5,56};
  printf("The average of class A is %6.2f \n",average(score1,15));
                                        //输出 A 班平均成绩
  printf("The average of class B is %6.2f \n",average(score2,10));
                                        //输出 B 班平均成绩
  return 0;
}

float average(float score[ ],int n)     //定义求全班平均成绩的 average 函数
{ int i;
  float aver,sum=score[0];
  for(i=1;i<n;i++)
    sum=sum+score[i];                   //累加数组 n 个元素的值
  aver=sum/n;                           //求全班平均成绩
  return(aver);                         //把平均成绩 aver 作为函数返回值
}
```

运行结果：

```
The average of class A is  78.20
The average of class B is  81.77
```

程序分析：

（1）average 是求平均成绩的函数，它有两个参数，第一个形参是一个数组名。形参数组的类型应与实参数组相同（今均为 float 类型）。形参数组可以在方括号中指定元素个数，也可以不指定元素个数。即使指定元素的个数也并不意味着**编译系统会为它建立一个实体数组**。实际上，形参数组名只是代表一个地址，用来接收从实参传来的数组首元素地址。本程序没有指定形参数组的元素个数，在数组名后面是一对空的方括号①。

---

① 学习第7章（指针）以后，可以知道在对源程序编译时，编译系统把形参数组名处理为指针变量（例如把例 6.8 中的形参"float score[ ]"转换为指针变量"float *score"），该指针变量用来接收从实参数组传递来的地址。C 语言允许用指针变量（如"float *score"）或数组名（如"float score[ ]"）作为形参，二者是等价的。对数组元素的访问，用下标法和指针法也是完全等价的。用形参数组是为了便于理解，形参数组与实参数组各元素一一对应，比较形象好懂，即使未学过指针，也能方便地使用。学习指针后会对形参数组的本质有更深入的理解。

用数组名 score1 或 score2 作为函数实参调用 average 函数时,并不是把实参数组的所有元素的值传递给形参数组,而是把实参数组的首元素的地址传递给形参数组名 score,这样形参数组就和实参数组共占同一段内存单元,见图 6.11 示意(a 和 b 分别是实参数组名和形参数组名)。

	score1[0]	score1[1]	score1[2]	score1[3]	score1[4]	score1[5]	score1[6]	score1[7]	score1[8]	score1[9]
起始地址1000	2	4	6	8	10	12	14	16	18	20
	score[0]	score[1]	score[2]	score[3]	score[4]	score[5]	score[6]	score[7]	score[8]	score[9]

图 6.11

假若实参数组 score1 的起始地址为 1000,则形参数组 score 首元素的地址也是 1000,显然,score1[0] 与 score[0] 同占一个单元。这样,在 average 中出现的 score[0] 就是 score1[0]。在 average 函数中变量 sum 中存放的就是实参数组 score1 的元素之和。

(2) 为了在两次调用 average 时能分别求出不同人数的平均成绩,在定义 average 函数时设一个整型形参 n,在调用此函数时,从主函数的实参把需要处理的数组的元素个数传递给 n。在第一次调用时将实参(值为 10)传递给形参 n,在函数体中执行 9 次循环,求出 10 个学生的平均成绩。第二次调用时,实参值为 15,传递给形参 n,执行 14 次循环,求出 15 个学生的平均成绩(注意: sum 的初值是 score[0],因此累加的次数为 n−1)。

(3) 执行 average 函数结束时,函数的返回值是求得的平均分数 aver,它把此值带回到主函数中的函数调用处,它就是 printf 函数中的 average(score1,15) 或 average(score2,10)的值。

(4) 假如在 average 函数中改变了 score[0] 的值,也就意味着 score1[0] 的值也改变了。也就是说,形参数组中各元素的值如发生变化会使实参数组元素的值同时发生变化。从图 6.11 看是很容易理解的。这一点与变量作函数参数的情况不相同,务请注意。

在程序设计中可以有意识地利用这一特点改变实参数组元素的值,例 6.9 就是如此。

【例 6.9】 有 3 个班组,每组有 5 名职工,已知各职工的工资。设计一个函数,计算出各班组的平均工资以及全体职工的平均工资。

解题思路:定义一个 3×6 的二维数组,其中每行的前 5 列存放 5 个职工的工资,最后一列准备用来存放该班组的平均工资。设计函数 aver,用作求各班组平均工资和总平均工资。由于一个函数只能得到一个函数返回值,因此把总平均工资作为函数值返回,3 个班组的平均工资存放在数组各行最后一列。由于实参数组和形参数组共享同一段内存单元,因此,对形参数组元素的赋值等效于对实参数组元素的赋值,可以在主函数中引用这些值。

编写程序:根据以上思路写出以下程序。

```c
#include <stdio.h>
int main()
 { float aver(float array[][6]);              //对函数 aver 的声明
   int i=0;
   float pay[3][6]={{2345,4309,3123,2230,4490},{2098,4320,1644,2865,4589},
                {3152,2317,3467,4312,5432}};
```

```
      printf("average pay is %7.2f\n",aver(pay));    //输出总平均工资,实参是数组名
      for(i=0;i<3;i++)                               //输出3个班组平均工资
        printf("average pay of Class %d: %7.2f\n",i+1,pay[i][5]);
      return 0;
   }

  float aver(float array[][6])
    { int i,j;
      float sum,total=0;
      for(i=0;i<3;i+)
        { sum=0;
          for(j=0;j<5;j++)
            sum=sum+array[i][j];           //累加一个班组5人的工资
          array[i][5]=sum/5.0;             //求本班组平均成绩并赋给最后一列元素
          total=total+array[i][5];         //累加各组平均工资
        }
      return (total/3.0);                  //返回总平均工资
    }
```

运行结果：

average pay is 3379.53
average pay of Class 1: 3299.40
average pay of Class 2: 3103.20
average pay of Class 3: 3736.00

程序分析：

(1) 定义实参数组 pay 为3行6列,初始化时对每行只给出5个数据,第6列(即序号为5的列)默认值为0。形参数组也是一个二维数组,可以指定每一维的大小,如"float array[3][6]",也可以省略第一维的大小,如"float array[ ][6]",但不能省略第二维的大小,如"float array[3][ ]"或"float array[ ][ ]"是不对的。因为二维数组是由若干一维数组构成的,如果不指定列数,就无法确定二维数组的结构。

(2) 程序第7行中的 aver(pay)是调用 aver 函数,以数组名 pay 为实参,pay 代表数组首行的起始地址。实参与形参都是由相同类型和大小的一维数组组成的。因此在调用时,虚实结合的具体情况是：把实参(pay 数组首行的起始地址)传递给形参数组名 array,使两个数组有相同的起始地址。由于二者的列数相同,所以两个数组相应的各个元素具有同一地址,即它们共享一个存储单元。

在 aver 函数中计算出3个班组的平均工资,分别存放在 array[0][5],array[1][5]和 array[2][5]中。由于形参数组与实参数组共享同一段存储单元,改变形参数组 array 的元素的值也就是改变了实参数组 pay 相应元素的值,在 aver 函数调用结束后,形参数组不存在了,但实参数组以及其中的值仍然存在,因此可以在主函数中引用它们。

(3) aver 函数的返回值是 return 语句中的(total/3.0),它是3个班组的总平均工资。由以上可知,从被调用函数得到的数据有两条途径带回调用函数(如主函数)：①通过函数返回值；②通过形参数组与实参数组的虚实结合,使实参数组得到形参数组的值。

(4) 主函数中第2个 printf 语句在输出时,用(i+1)表示班组号,这是为了适应人们的习惯:第1组、第2组、第3组,而不用第0组、第1组、第2组。

6.8 函数应用举例——编写排序程序

排序的方法很多,它既有理论,又有趣味性,吸引了许多人对它进行研究。排序算法不仅是程序设计的基本知识和技巧,而且可以有效培养人们的程序设计能力和科学思维能力。

在例5.3中介绍了起泡法排序。本节再介绍两种排序算法:比较交换法和选择法,并且把它们编写为排序函数,可供调用。

【例6.10】 用比较交换法对数组中10个整数按由小到大排序。

解题思路:所谓**比较交换法**的思路是:把 a 数组中第1个元素 a[0]和后面各个元素比较,如果出现某个元素 a[i] < a[0],就使此元素与 a[0]对换,比完一轮后,a[0]就是所有数中最小的数。

下面以5个数为例说明第1轮的比较交换情况。

```
       a[0]  a[1]  a[2]  a[3]  a[4]
        9     6     4     8     2     未排序时的情况
       [9]   [6]    4     8     2     第1次比较,a[1]<a[0],把 a[1]与 a[0]对换
       [6]    9    [4]    8     2     第2次比较,a[2]<a[0],把 a[2]与 a[0]对换
       [4]    9     6    [8]    2     第3次比较,a[3]>a[0],不交换
       [4]    9     6     8    [2]    第4次比较,a[4]<a[0],把 a[4]与 a[0]对换
       [2]    9     6     8     4     经过第一轮的比较后,最小的数存放在 a[0]中
```

在第一轮中要进行4次比较。接着要进行第2轮的比较,在剩下的4个数(a[1]~a[4])中,经过3次比较后,最小的数已在 a[1]中。再进行第3轮的比较,在剩下的3个数(a[2]~a[4])中,经过2次比较后,最小的数已在 a[2]中。再进行第4轮的比较,在剩下的2个数中,经过1次比较,最小的数已在 a[3]中。此时剩下的 a[4]必然是最大数。

经过4轮的比较和交换,完成了5个数的排序。

用函数 sort 实现以上排序的功能。

编写程序:

```c
#include <stdio.h>
int main()
  { void sort(int array[],int n);          //对 sort 函数的声明
    int a[10],i;
    printf("please enter array: \n");
    for(i=0;i<10;i++)
       scanf("%d",&a[i]);                  //输入10个元素的值
```

```
    sort(a,10);                          //调用 sort 函数对 10 个数排序
    printf("The sorted array: \n");
    for(i=0;i<10;i++)
      printf("%d ",a[i]);                //输出已排好序的 10 个数
    printf("\n");
    return 0;
}
void sort(int array[],int n)             //定义 sort 函数
{int i,j,temp;                           //i,j 是循环变量,temp 作为临时变量
  for(i=0;i<n-1;i++)                     //执行 9 轮外循环
  { for(j=i+1;j<n;j++)                   //在第 i 轮循环中进行(9-i)次比较
      if(array[j]<array[i])              //如果 array[j]<array[i]
        {temp=array[i];array[i]=array[j];array[j]=temp;}
                                         //使 array[j]与 array[i]交换
  }
}
```

运行结果：

```
please enter array:
5 7 -3 21 -43 67 321 33 51 0↙              (输入 10 个数)
The sorted array:
-43 -3 0 5 7 21 33 51 67 321
```

程序分析：本程序的 sort 函数不仅可以为本例的 main 函数调用,也可以在其他程序使用,只要把此 sort 函数移植过去,在程序中对它进行函数声明即可,在主函数中定义数组,把数组名和需要排序的数的个数 n 作为调用 sort 函数的实参。

可以看到在执行函数调用语句"sort(a,10);"之前和之后,a 数组中各元素的值是不同的。原来是无序的,执行"sort(a,10);"后,a 数组已经排好序了,这是由于形参数组 array 已用比较交换法进行排序了,形参数组元素值的改变使实参数组随之改变。请读者自己画出调用 sort 函数前后实参数组中各元素的值。

比较交换法虽然能得到正确结果,但是交换数值太多,它不是最优的算法。如上面列出的对 5 个数的排序中,在第 1 轮的比较中,交换了 3 次。其实目的只是为了把最小数放在最前面。下例介绍的选择法排序的交换次数就比较少了。

【例 6.11】 用选择法对数组中 10 个整数按由小到大排序。

解题思路：所谓**选择法**,就是：先选出 a 数组中 10 个元素中的最小的数,把它和 a[0]对换,这样 a[0]就是 10 个数中最小的数了。再在剩下的 9 个数(a[1]~a[9])中选出最小的数,把它和 a[1]对换,这样 a[1]就是剩下 9 个数中最小的数了,也就是 10 个数中第 2 个小的数了……如此一轮一轮进行下去,每比较一轮,找出一个未经排序的数中最小的一个并进行交换。共经过 9 轮的比较和交换,就顺序找出了前 9 个小的数了,显然最后一个数(a[9])就是最大的数。

下面以 5 个数为例说明选择法排序的步骤。

```
      a[0]   a[1]   a[2]   a[3]   a[4]
       9      6      4      8      2      未排序时的情况
      [2]    6      4      8      9      经过第1轮的比较,将5个数中最小的数2与a[0]对换
       2    [4]     6      8      9      经过第2轮的比较,将余下的4个数中最小的数4与a[1]对换
       2     4     [6]     8      9      经过第3轮的比较,将余下的3个数中最小的数6存放在a[2]
       2     4      6     [8]     9      经过第4轮的比较,将余下的2个数中最小的数8存放在a[3]
```

至此完成排序。可以看到,每一轮的比较中,最多只进行1次(也可能0次)交换。

采用的方法是:在进行第1轮的比较时,不是发现有一个数a[p]小于a[0]就立即进行交换,而是先把它的位置(此数在数组中的序号)p记下来,存放在变量k中。随后再以这个数(a[k])和它以后各数比较。如果有另一个数a[q]小于a[k],再把q赋给k,此时a[k]是当前的最小数,再拿新的a[k]与后面各数相比较,直到比完本轮。最后的a[k]就是各数中的最小数,把它与a[0]对换。因此,在每一轮的比较中最多只交换一次。显然,选择法的效率优于比较交换法。

编写程序:根据上面的思路写出程序,用sort函数实现选择法排序。

```c
#include <stdio.h>
int main()
  { void sort(int array[],int n);
    int a[10],i;                              //定义整型数组a、整型变量i
    printf("please enter array: \n");
    for(i=0;i<10;i++)                         //输入a数组的10个元素
      scanf("%d",&a[i]);
    sort(a,10);                               //调用sort函数
    printf("The sorted array: \n");
    for(i=0;i<10;i++)                         //输出已排好序的10个数
      printf("%d ",a[i]);
    printf("\n");
    return 0;
  }

void sort(int array[],int n)                  //定义选择法排序函数
  { int i,j,k,temp;
    for(i=0;i<n-1;i++)
      { k=i;
        for(j=i+1;j<n;j++)                    //将第i个元素与其后各元素比较
          if(array[j]<array[k])               //如果array[i]小于原来的最小值array[k]
            k=j;                              //把最小元素的序号保存在k中
        if(k!=i)                              //如果k的值有改变
          {temp=array[k];array[k]=array[i];array[i]=temp;}
                                              //将最小元素与array[i]对换
      }
  }
```

运行结果:

```
please enter array:
5 7 -3 21 -43 67 321 33 51 0↙        (输入10个数)
The sorted array:
-43 -3 0 5 7 21 33 51 67 321
```

程序分析: 变量 k 用来存放本轮比较中最小数在数组中的序号(即数组下标)。当循环变量 i 为 0 时,先使 k=i,表示此时 a[0]是当前的最小数。如果出现 a[3]>a[0],就使 k=3,然后以 a[3]与其后各数比。如果比完本轮后仍然是 a[3]最小,此时把 a[0]与 a[3]对换。if 语句中的条件(k!=i)是检查最小数是否还是 a[0]? 如果 a[0]不再是最小数,则 k 的值必然改变了,故 k 不等于 i(第 1 轮时 i=0),此时将 a[0]与 a[k]互换。从 sort 函数体中可以看到:在执行一次外循环过程中,最多只执行一次互换的操作。

以上两个程序用到的是比较典型的算法,程序也比较成熟,希望读者仔细理解和消化。

6.9 变量的作用域和生存期

如果一个 C 程序只包含一个 main 函数,数据的作用范围比较简单,在函数中定义的变量在本函数中显然是有效的。但是,若一个程序包含多个函数,就会产生一个问题,在 A 函数中定义的变量在 B 函数中能否使用? 这就是数据的作用域问题。本节专门讨论这个问题。

6.9.1 局部变量

在一个函数内部定义的变量只在本函数范围内有效,因此是**内部变量**,也就是说只有在本函数内才能使用它们,在此函数以外是不能使用这些变量的,又称为**"局部变量"**。

说明:

(1) 主函数中定义的变量,也只在主函数中有效,而不因为是在主函数中定义的而在整个文件或程序中有效。主函数也不能使用其他函数中定义的变量。

(2) 不同函数中可以使用相同名字的变量,它们代表不同的对象,互不干扰。例如,如果在 f1 函数中定义了变量 b 和 c,倘若在 f2 函数中也定义变量 b 和 c,它们在内存中占不同的单元,互不混淆。

(3) 形式参数也是局部变量,只在本函数中有效。其他函数可以调用该函数,但不能引用该函数的形参。

(4) 在一个函数内部,可以在复合语句中定义变量,这些变量只在本复合语句中有效。

6.9.2 全局变量

一个程序可以包含一个或若干个源程序文件(即程序模块),而一个源文件可以包含一个或若干个函数。在进行编译时,编译系统是以源程序文件作为编译对象的,或者说:

C的**编译单位是源程序文件**。在函数内定义的变量是**局部变量**,而在函数之外定义的变量是**外部变量**或**全局变量**(也称**全程变量**)。全局变量可以为本文件中其他函数所共用。它的有效范围为从定义变量的位置开始到本源文件结束。

为了便于在阅读程序时区别全局变量和局部变量,在 C 程序设计中习惯(但非规定)将全局变量名的第一个字母用大写表示。

在一个函数中既可以使用本函数中的局部变量,又可以使用有效的全局变量。打个通俗的比方:国家有统一的法律和法规,各省还可以根据需要制定地方的法律和法规。在甲省,国家统一的法律法规和甲省的法律法规都是有效的,而在乙省,则国家统一的法律法规和乙省的法律法规有效,甲省的法律法规在乙省无效。

说明:

(1) 设置全局变量的作用是增加了函数间数据联系的渠道。由于同一源程序文件中的所有函数都能引用全局变量的值,因此如果在一个函数中改变了全局变量的值,就能影响到其他函数,相当于各个函数间有直接的传递通道。由于函数的调用只能带回一个返回值,因此有时可以利用全局变量增加函数间的联系渠道,在调用函数时有意改变某个全局变量的值,这样,当函数执行结束后,不仅能得到一个函数返回值,而且能使全局变量获得一个新值,从效果上看,相当于通过函数调用能得到一个以上的值。

但是,建议不在必要时不要使用全局变量,原因如下。

① 全局变量在程序的全部执行过程中都占用存储单元,而不是仅在需要时才开辟单元。

② 它使函数的通用性降低了,因为函数在执行时要依赖于其所在的程序文件中定义的外部变量。如果将一个函数移到另一个文件中,还要将有关的外部变量及其值一起移过去。但若该外部变量与其他文件的变量同名时,就会出现冲突,降低了程序的可靠性和通用性。

③ 使用全局变量过多,会降低程序的清晰性,人们往往难以清楚地判断出每个瞬时各个外部变量的值。在各个函数执行时都可能改变外部变量的值,程序容易出错。因此,要限制使用全局变量。

(2) 如果在同一个源文件中,外部变量与局部变量同名,则在局部变量的作用范围内,外部变量被"**屏蔽**",即它不起作用。

在此只对局部变量和全局变量的含义作简单的介绍,通过写程序和看程序,会对它们有进一步的了解。

*6.9.3 变量的存储方式和生存期

1. 变量的生存期

除了作用域以外,变量还有一个重要的属性:变量的**生存期**,即变量值存在的时间。有的变量在程序运行的整个过程都是存在的,而有的变量则是在调用其所在的函数时才临时分配存储单元,而在函数调用结束后就马上释放了,变量不存在了。也就是说,变量的存储有两种不同的方式:**静态存储方式**和**动态存储方式**。静态存储方式是指在程序运行期间由系统分配固定的存储空间的方式。而动态存储方式则是在程序运行期间根据需要进行动态的分配存储空间的方式。

先看一下内存中的供用户使用的存储空间的情况。这个存储空间可以分为三部分（如图 6.12 所示）：

（1）程序区；

（2）静态存储区；

（3）动态存储区。

数据分别存放在静态存储区和动态存储区中。全局变量全部存放在静态存储区中，在程序开始执行时给全局变量分配存储区，程序执行完毕就释放。在程序执行过程中它们占据固定的存储单元，而不是动态地进行分配和释放。

图 6.12

在动态存储区中存放以下数据：

① 函数的形式参数。在调用函数时给形参分配存储空间。

② 函数中定义的未加 static 声明的变量，即自动变量。

③ 函数调用时的现场保护和返回地址等。

对以上这些数据，在函数调用开始时分配动态存储空间，函数结束时释放这些空间。在程序执行过程中，这种分配和释放是动态的，如果在一个程序中两次调用同一函数，先后分配给此函数中局部变量的存储空间地址可能是不相同的。如果一个程序包含若干个函数，每个函数中的局部变量的生存期并不等于整个程序的执行周期，它只是程序执行周期的一部分。根据函数调用的需要，动态地分配和释放存储空间。

2. 局部变量的存储类别与生存期

局部变量的生存期是由存储类别决定的。在定义变量时，分别以关键字 auto，static 和 extern 声明其存储类别。

（1）自动变量（auto 变量）

自动变量用关键字 auto 作存储类别的声明。如在函数中定义：

auto int a,b;   //声明 a,b 为自动变量

在调用函数时，系统会给函数中的变量 a 和 b 分配存储空间，在函数调用结束时就自动释放这些存储空间，因此把这类局部变量称为**自动变量**。关键字 auto 可以省略，不写 auto 则隐含指定为"自动存储类别"，它属于动态存储方式。程序中大多数变量属于自动变量。前面几章中介绍的例子，在函数中定义的变量都没有声明为 auto，其实都隐含指定为自动变量。

在函数中定义（包括在复合语句中定义）的局部变量，如果不专门声明为 static（静态）存储类别，都是动态地分配存储空间的，数据存储在动态存储区中，因此都是自动变量。

函数中的形参也是自动变量。

（2）静态局部变量（static 局部变量）

有时希望函数中的局部变量的值在函数调用结束后不消失而继续保留原值，即其占用的存储单元不释放，在下一次再调用该函数时，该变量已有值（就是上一次函数调用结

束时的值)。这时就应该指定该局部变量为"静态局部变量",用关键字 static 进行声明。如:

　　static int c,d;　　　　//声明整型变量 c,d 是静态局部变量

在其所在的函数调用结束后,该变量仍然存在,保存其值。

说明:

① 静态局部变量属于静态存储类别,在**静态存储区**内分配存储单元。在程序整个运行期间都不释放。而自动变量(即动态局部变量)属于动态存储类别,分配在动态存储区空间而不在静态存储区空间,函数调用结束后立即释放。

② 对静态局部变量的初始化是在编译时进行赋初值的,即只赋初值一次,在程序运行时它已有初值。以后每次调用该函数时不再重新赋初值而只是保留上次函数调用结束时的值。而对自动变量赋初值,不是在编译时进行的,而是在函数调用时进行的,每调用一次函数重新给一次初值,相当于执行一次赋值语句。

③ 如果在定义局部变量时不赋初值的话,则对静态局部变量来说,编译时自动赋初值 0(对数值型变量)或空字符'\0'(对字符变量)。而对自动变量来说,它的值是一个不确定的值。这是由于每次函数调用结束后存储单元已释放,下次调用时又重新另分配存储单元,而所分配的单元中的内容是不可知的。

④ 虽然静态局部变量在函数调用结束后仍然存在,但其他函数是不能引用它的。因为它是局部变量,只能被本函数引用,而不能被其他函数引用。

3. 全局变量的存储类别

全局变量就是外部变量,它们都是在函数之外定义的,存放在静态存储区中。因此它们的生存期是固定的,存在于程序的整个运行过程。但是,对全局变量来说,还有一个问题尚待解决,就是它的作用范围:包括整个文件范围呢,还是文件中的一部分范围?是在一个文件中有效,还是在程序的所有文件中都有效?可以通过变量的声明来指定其存储类别。

对外部变量可以用关键字 extern 和 static 声明其存储类别。

有以下几种情况:

(1) 用 extern 声明,在一个文件内扩展外部变量的作用域

如果外部变量不在文件的开头定义,其有效的作用范围只限于定义处到文件结束。在定义点之前的函数不能引用该外部变量。如果由于某种考虑,在定义点之前的函数需要引用该外部变量,则应该在引用之前用关键字 extern 对该变量作"**外部变量声明**",表示把该外部变量的作用域扩展到此位置。有了此声明,就可以从"声明"处起,合法地使用该外部变量。如:

```
int main()
  {extern A;         //对变量 A 的外部声明
    ⋮
  }
  int A;            //定义全局变量 A
```

⋮

如果没有第2行"extern A",变量A的有效作用域为定义A之行起到本文件最后,现在有了"extern A",A的作用域就扩展到第2行起到本文件结束,即把作用域向前扩展了。

提倡将外部变量的定义放在引用它的所有函数之前,没有特别的需要,不要多用这种方法。

(2) **用extern声明,将外部变量的作用域扩展到其他文件**

如果程序由多个源程序文件组成,那么在一个文件中能否引用另一个文件中已定义的外部变量?

假设有一个程序包含两个源文件模块,在两个文件中都要用到同一个外部变量Num,不能分别在两个文件中各自定义一个外部变量Num,否则在进行程序的连接时会出现"重复定义"的错误。正确的做法是:在任一个文件中定义外部变量Num,而在另一文件中用extern对Num作"外部变量声明",即"extern Num;"。在编译和连接时,系统会由此知道Num有"外部链接",可以从别处找到已定义的外部变量Num,并将在另一文件中定义的外部变量num的作用域扩展到本文件,在本文件中就可以合法地引用外部变量Num。

但是,用这样方法扩展全局变量的作用域应十分慎重,因为在执行一个文件中的操作时,可能会改变了该全局变量的值,会影响到另一文件中全局变量的值,从而影响该文件中函数的执行结果。

(3) **将外部变量的作用域限制在本文件中**

有时不希望本文件的某些外部变量被其他文件引用,而只能被本文件引用,这时可以在定义外部变量时加一个static声明。

例如:

file1.c   file2.c

static int A;   extern A;
int main ()   void fun (int n)
  {   {
    ⋮   A = A * n;   //出错
  }   }

在file1.c文件中定义了一个全局变量A,但它用了static声明,变量A的作用域限制在本文件范围内,虽然在file2中用了"extern A;",但仍然不能使用file1.c中的全局变量A。

这种加上static声明、把作用域只限于本文件的外部变量称为**静态外部变量**。在程序设计中,常由若干人分别完成各个模块,各人可以独立地在其设计的文件中使用相同的外部变量名而互不相干,只须在每个文件中定义外部变量时加上static即可,以免被其他文件误用,这就为程序的模块化、通用性提供了方便,相当于把本文件的外部变量对外界"屏蔽"起来,从其他文件的角度看,这个静态外部变量是"看不见,不能用"的。至于在各文件中在函数内定义的局部变量,本来就不能在函数外引用,更不能被其他文件引用,因此是安全的。

> **说明**：对于局部变量来说，声明存储类别的作用是指定变量的存储区域（静态存储区或动态存储区）以及由此产生的生存期，而对于全局变量来说，由于都是在编译时分配内存的，都存放在静态存储区，声明存储类别的作用是扩展或限制外部变量的作用域。

4. 寄存器变量（用 **register** 声明）

把在程序中频繁使用的变量放在 CPU 的寄存器中，以提高效率。由于计算机的速度愈来愈高，现在已很少用 register 变量了。读者对此知道即可。

6.9.4　作用域与生存期小结

从以上可知，对一个数据的定义，需要指定两种属性：**数据类型和存储类别**，分别使用两个关键字来声明变量的属性。如：

```
static int a;           //静态局部整型变量或静态外部整型变量
auto char c;            //自动变量,在函数内定义
register int d;         //寄存器变量,在函数内定义
```

此外，可以用 extern 声明外部变量，例如：

```
extern b;               //将已定义的外部变量b的作用域扩展至此处
```

下面从不同角度做些归纳：

(1) 从**作用域**角度分，有局部变量和全局变量。它们采用的存储类别如下：

按作用域角度分
- 局部变量
  - 自动变量，即动态局部变量（离开函数，值就消失）
  - 静态局部变量（离开函数，值仍保留）
  - 寄存器变量（离开函数，值就消失）
  - （形式参数可以定义为自动变量或寄存器变量）
- 全局变量
  - 静态外部变量（只限本文件引用）
  - 外部变量（即非静态的外部变量，允许其他文件引用）

(2) 从**变量存在的时间**（生存期）来区分，有动态存储和静态存储两种类型。静态存储是程序整个运行时间都存在，而动态存储则是在调用函数时临时分配单元。

按变量的生存期分
- 动态存储
  - 自动变量（本函数内有效）
  - 寄存器变量（本函数内有效）
  - 形式参数（本函数内有效）
- 静态存储
  - 静态局部变量（函数内有效）
  - 静态外部变量（本文件内有效）
  - 外部变量（用 extern 声明后，其他文件可引用）

(3) 从**变量值存放的位置**来区分，可分为如下类型：

按变量值存放的位置分
- 内存中静态存储区
  - 静态局部变量
  - 静态外部变量（函数外部静态变量）
  - 外部变量
- 内存中动态存储区：自动变量和形式参数
- CPU 中的寄存器：寄存器变量

(4) **关于作用域和生存期的概念**。从前面叙述可以知道,对一个变量的属性可以从两个方面分析,一是变量的作用域,一是变量值存在时间的长短,即生存期。前者是从空间的角度,后者是从时间的角度。二者有联系但不是同一回事。图 6.13 是作用域的示意图,图 6.14 是生存期的示意图。

如果一个变量在某个文件或函数范围内是有效的,就称该范围为该变量的**作用域**,在此作用域内可以引用该变量,在专业术语中称:变量在此作用域内"**可见**",这种性质称为变量的**可见性**。例如图 6.13 中变量 a 和 b 在函数 f1 中"可见"。

如果一个变量值在某一时刻是存在的,则认为这一时刻属于该变量的**生存期**,或称该变量在此时刻"**存在**"。表 6.1 表示各种类型变量的作用域和存在性的情况。

表 6.1 中"√"表示"是","×"表示"否"。可以看到自动变量和寄存器变量在函数内外的"可见性"和"存在性"是一致的,即离开函数后,值不能被引用,值也不存在。静态外部变量和其他外部变量的可见性和存在性也是一致的,在离开函数后变量值仍存在,且可被引用,而静态局部变量的可见性和存在性不一致,离开函数后,变量值存在,但不能被引用。

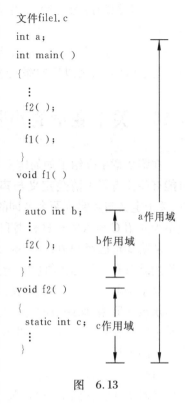

图 6.13

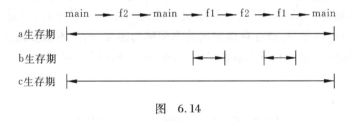

图 6.14

表 6.1 各种类型变量的作用域和存在性

变量存储类别	函数内		函数外	
	作用域	存在性	作用域	存在性
自动变量和寄存器变量	√	√	×	×
静态局部变量	√	√	×	√
静态外部变量	√	√	√(只限本文件)	√
外部变量	√	√	√	√

(5) **static 对局部变量和全局变量的作用不同**。对局部变量来说,它使变量由动态存储方式改变为静态存储方式。而对全局变量来说,它使变量局部化(局部于本文件),但仍为静态存储方式。从作用域角度看,凡有 static 声明的,其作用域都是局限的,或者是局限于本函数内(静态局部变量),或者局限于本文件内(静态外部变量)。

本节介绍的概念,有些读者可能感到一时难以深刻理解和掌握,这是很自然的。这些概念是很重要的,作为 C 语言程序设计者,不了解这些概念是不行的,但是对它们的深入掌握,有赖于进一步的学习和程序设计的实践。因此本节只作了简要的介绍,初学者对它有一定了解即可,为以后的深入学习和实践打下一定的基础。

6.10　关于变量的声明和定义

在第 2 章中介绍了如何定义一个变量。在本章中又介绍了如何对一个变量作声明。可能有些读者弄不清楚**定义**与**声明**有什么区别,它们是否是一回事。在 C 语言的学习中,关于定义与声明这两个名词的使用上始终存在着混淆。不仅许多初学者没有搞清楚,连不少介绍 C 语言的教材和书刊也没有给出准确的说明。

从第 2 章已经知道,一个函数一般由两部分组成:声明部分和执行语句。声明部分的作用是对有关的标识符(如变量、函数、结构体等)的属性进行声明。

对于函数而言,声明和定义的区别是明显的,在本章 6.4.3 小节中已说明,函数的声明是函数的原型,而函数的定义是函数的本身,即对函数功能的定义。对被调用函数的声明是可以放在主调函数的声明部分中的,而函数的定义显然不能放在声明部分内,它是一个独立的模块。

对变量而言,声明与定义的关系稍微复杂一些。在声明部分出现的变量有两种情况:一种是需要建立存储空间的(如"int a;"),另一种是不需要建立存储空间的(如"extern a;")。前者称为**定义性声明**(defining declaration),或简称**定义**(definition),后者称为**引用性声明**(referencing declaration)。广义地说,声明包括定义,但并非所有的声明都是定义。对"int a;"而言,它既是声明,又是定义。而对"extern a;"而言,它是声明而不是定义。一般为了叙述方便,把建立存储空间的声明称为**定义**,而把**不需要建立存储空间的声明称为声明**。显然这里指的声明是狭义的,即非定义性声明。例如:

```
in main()
  {
    extern A;      //是声明,不是定义。声明"将已定义的外部变量 A 的作用域扩展到此"
    ⋮
  }
int A;             //是定义,定义 A 为整型外部变量
```

外部变量定义和外部变量声明的含义是不同的。外部变量的定义只能有一次,它的位置在所有函数之外,而对同一文件中的外部变量的声明可以有多次,它的位置可以在函数之内(哪个函数要用就在哪个函数中声明),也可以在函数之外(在外部变量的定义点之前)。系统根据外部变量的定义(而不是根据外部变量的声明)分配存储单元。对外部变量的初始化只能在"定义"时进行,而不能在"声明"中进行,不能有"extern a = 3;"。"外部声明"的作用是声明该变量是一个已在其他地方已定义的外部变量,仅仅是为了扩展该变量的作用范围而作的"声明"。extern 只用作声明,而不用于定义。

本 章 小 结

(1) 在 C 语言中,函数是用来完成某一个特定功能的。C 程序是由一个或多个函数组成的。函数是 C 程序中的基本单位。执行程序就是执行主函数和由主函数调用其他函数。因此编写 C 程序,主要工作就是编写函数。

(2) 有两种函数:系统提供的**库函数**和用户根据需要**自己定义的函数**。如果在程序中使用库函数,必须在本文件的开头用#include 指令把与该函数有关的头文件包含到本文件中来(如用数学函数时要加上#include <math.h>)。如果用自己定义的函数,必须先定义,后调用。要注意:定义函数的位置应该在调用函数之前,如果函数的调用出现在函数定义位置之前,应该在调用函数之前用函数的原型对该函数进行引用声明。

(3) 函数的"定义"和"声明"不是一回事。函数的定义是指对**函数功能的确立**,包括指定函数名、函数值类型、形参及其类型以及**函数体**等,它是一个完整的、独立的函数单位。而函数的声明的作用则是把函数的名字、函数类型以及形参的类型、个数和顺序通知编译系统,以便在调用该函数时系统按此进行对照检查。

(4) 函数原型有两种形式:

① **函数类型 函数名(参数类型 1 参数名 1,参数类型 2 参数名 2,…,参数类型 n 参数名 n);**

② **函数类型 函数名(参数类型 1,参数类型 2,…,参数类型 n);**

第①种形式就是函数的首部加一个分号,初学者比较容易理解和记住,在有一定编程经验后可以使用第②种,比较精练。

(5) 调用函数时要注意实参与形参个数相同、类型一致(或赋值兼容)。数据传递的方式是从实参到形参的**单向值传递**。在函数调用期间如出现形参变量的值发生变化,**不会影响实参变量原来的值**。

(6) 在调用一个函数的过程中,又调用另外一个函数,称为函数的**嵌套调用**。可以有多层的嵌套调用。在调用一个函数的过程中又出现直接或间接地调用该函数本身,称为**函数的递归调用**。C 语言的特点之一就在于允许函数递归调用,可以方便地实现递归算法。要注意分析函数的嵌套调用和函数的递归调用的**执行过程**。

(7) 用数组元素作为函数实参,其用法与用普通变量作实参时相同,向形参传递的是数组元素的值。**用数组名作函数实参,向形参传递的是数组首元素的地址**,而不是数组全部元素的值。如果形参也是数组名,可理解为形参数组首元素与实参数组首元素具有同一地址,两个数组共占同一段内存空间。利用这一特性,可以在调用函数期间改变形参数组中元素的值,从而改变实参数组元素的值。

(8) 变量的**作用域是指变量有效的范围**。根据定义变量的位置不同,变量分为**局部变量**和**全局变量**。凡是**在函数内或复合语句中定义的变量都是局部变量**,其作用域限制在函数内或复合语句内,在函数或复合语句外不能引用该变量。**在函数外定义的变量都是全局变量**,其作用域为从定义点到本文件末尾。可以用 extern 对变量作"外部声明",将作用域扩展到本文件中作声明的位置,或在其他文件中用 extern 声明将作用域扩展到其他文件。用 static 声明的静态全局变量阻止其他文件引用该变量,只限本文件内引用。

（9）**变量的生存期指的是变量存在的时间**。全局变量的生存期是程序运行的整个时间。局部变量的生存期是不相同的。局部自动变量的生存期与所在的函数被调用的时间段相同,函数调用结束,变量就不存在了。用 static 声明的局部变量在函数调用结束后不释放内存单元,其生存期是程序运行的整个时间。凡不声明为任何存储类别的都默认为 auto（自动变量）。

（10）**变量的存储类别**共有 4 个:auto,register,static,extern。前 3 个可用于局部变量,改变变量的生存期。后两个可用于全局变量,用来指定变量的作用域。

（11）**区别对变量的定义与声明**。定义变量时,要指明数据类型,编译系统要据此给变量分配存储空间,又称为定义性声明。凡不引起空间分配的变量声明（如 extern 声明）,不必指定数据类型,因为数据类型已在定义时指定了。这种声明只是为了引用的需要,这种声明称为**引用性声明**,简称**声明**。在一个作用域内,对同一变量,只能出现一次定义,而声明可以出现多次。

（12）**补充知识**:函数有**内部函数**与**外部函数**之分。**函数本质上是外部的**,可以供本文件或其他文件中的函数调用,但是在其他文件调用时要用 extern 对函数进行声明。如果在定义函数时用 static 声明,表示其他文件不得调用此函数,即把它"屏蔽"起来。

（13）本章结合例题介绍了一些常用**算法**,它们都是基本的和有用的,要认真理解和消化。要学会在接到一个题目后,怎样分析问题,怎样构思算法,怎样编程。如有条件,应当多做习题,多练习编程,最好把习题解答中提供的习题程序看明白,了解其算法。

习　　题

6.1　写两个函数,分别求两个整数的最大公约数和最小公倍数,用主函数调用这两个函数,并输出结果。两个整数由键盘输入。

6.2　求方程 $ax^2+bx+c=0$ 的根,用 3 个函数分别求当 b^2-4ac 大于 0、等于 0 和小于 0 时的根并输出结果。从主函数输入 a,b,c 的值。

6.3　写一个判断素数的函数,在主函数输入一个整数,输出是否是素数的信息。

6.4　写一个函数,使给定的一个 3×3 的二维整型数组转置,即行列互换。

6.5　写一个函数,使输入的一个字符串按反序存放,在主函数中输入和输出字符串。

6.6　写一个函数,将两个字符串连接。

6.7　写一个函数,将一个字符串中的元音字母复制到另一字符串,然后输出。

6.8　写一个函数,输入一个 4 位数字,要求输出这 4 个数字字符,但每两个数字间空一个空格。如输入 2021,应输出"2 0 2 1"。

6.9　编写一个函数,由实参传来一个字符串,统计此字符串中字母、数字、空格和其他字符的个数,在主函数中输入字符串以及输出上述的结果。

6.10　写一个函数,输入一行字符,将此字符串中最长的单词输出。

6.11　写一个函数,用"起泡法"对输入的 10 个字符按由小到大顺序排列。

6.12　用牛顿迭代法求根。方程为 $ax^3+bx^2+cx+d=0$,系数 a,b,c,d 的值依次为 1,2,

3,4,由主函数输入。求 x 在 1 附近的一个实根。求出根后由主函数输出。

6.13 输入 10 个学生 5 门课的成绩,分别用函数实现下列功能:
① 计算每个学生平均分;
② 计算每门课的平均分;
③ 找出所有 50 个分数中最高的分数所对应的学生和课程;
④ 计算平均分方差:

$$\sigma = \frac{1}{n}\sum x_i^2 - \left(\frac{\sum x_i}{n}\right)^2$$

其中,x_i 为某一学生的平均分。

6.14 写几个函数:
① 输入 10 个职工的姓名和职工号;
② 按职工号由小到大顺序排序,姓名顺序也随之调整;
③ 要求输入一个职工号,用折半查找法找出该职工的姓名,从主函数输入要查找的职工号,输出该职工姓名。

6.15 写一个函数,输入一个十六进制数,输出相应的十进制数。

6.16 输入 4 个整数,找出其中最大的数。用函数的递归调用来处理(本章例 6.5 程序用的是递推方法,今要求改用递归方法处理)。

6.17 用递归法将一个整数 n 转换成字符串。例如,输入 483,应输出字符串"483"。n 的位数不确定,可以是任意位数的整数。

6.18 给出年、月、日,计算该日是该年的第几天。

第 7 章 善于使用指针

指针是 C 语言中的一个重要概念,也是 C 语言的一个重要特色。正确而灵活地运用它,可以有效地表示复杂的数据结构;能动态分配内存;方便地使用字符串;有效而方便地使用数组;在调用函数时能获得一个以上的结果;能直接处理内存单元地址等,这对设计系统软件是非常重要的。善于使用指针,可以使程序简洁、紧凑、高效。每一个学习和使用 C 语言的人,都应当学习和掌握指针。可以说,不掌握指针就是没有掌握 C 的精华。

指针的概念比较复杂,使用也比较灵活,因此初学时常会出错,务请在学习本章内容时十分小心,多思考、多比较、多上机,在实践中掌握它。我们在叙述时也力图用通俗易懂的方法使读者易于理解。

7.1 什么是指针

为了说清楚什么是指针,必须弄清楚数据在内存中是如何存储的,又是如何读取的。

如果在程序中定义了一个变量,在对程序进行编译时,系统就会给这个变量分配内存单元。编译系统根据程序中定义的变量类型,分配一定长度的空间。多数 C 编译系统(如 Visual C++)为短整型变量分配 2 个字节,整型变量分配 4 个字节,单精度浮点型变量分配 4 个字节,双精度浮点型变量分配 8 个字节,字符型变量分配 1 个字节。内存区的每一个字节有一个编号,这就是"地址",它相当于旅馆中的房间号。在地址所标识的内存单元中存放数据,这相当于旅馆房间中居住的旅客一样。

请务必弄清楚:内存单元的**地址**与内存单元的**内容**这两个概念的区别。假设程序已定义了 3 个整型变量 i,j,k,编译时系统分配 2000~2003 四个字节给变量 i,分配 2004~2007 四个字节给 j,分配 2008~2011 四个字节给 k。在程序中一般是通过变量名来对内存单元进行存取操作的。其实程序经过编译以后已经将变量名转换为变量的地址,对变量值的存取都是通过地址进行的。假如有输出语句

```
printf("%d",i);
```

它是这样执行的:根据变量名与地址的对应关系(这个对应关系是在编译时确定的),找到变量 i 的起始地址(如 2000),然后从由该地址开始的四个字节中取出数据(即变量的值),把它输出。假如有输入语句

```
scanf("%d",&i);
```

在执行时,如果从键盘输入 3,表示要把 3 送到变量 i 中,实际上是把 3 送到地址为 2000 开始的存储单元中。如果有语句

```
k=i+j;
```

则从 2000~2003 字节中取出 i 的值(3),再从 2004~2007 字节中取出 j 的值(假设为 6),将它们相加后再将其和(9)送到 k 所占用的 2008~2011 字节中。这种按变量地址存取变量值的方式称为"**直接访问**"方式。

还可以采用另一种称为"**间接访问**"的方式,将变量 i 的地址存放在另一个变量中。C 语言允许定义这样一种变量,它不是用来存放一般的数值,而是用来**存放地址**的。假设我们定义了一个变量 i_pointer,用来存放整型变量的**地址**,它被分配为 3000~3003 字节。可以通过下面语句将 i 的起始地址(2000)存放到 i_pointer 中。

```
i_pointer = &i;          //把 i 的地址赋给 i_pointer
```

这时,i_pointer 的值是 2000,即变量 i 所占用单元的起始地址。要读取变量 i 的值,也可以采用间接方式:先找到存放"i 的地址"的变量 i_pointer,从中取出它的值,也就是 i 的地址(2000)。然后找到 2000 开始的存储单元,从中取出 i 的值(3),见图 7.1。

打个比方,为了开一个 A 抽屉,有两种办法,一种是将 A 钥匙带在身上,需要时直接找出 A 钥匙打开 A 抽屉,取出所需的东西。另一种办法是:为安全起见,将 A 钥匙放到另一抽屉 B 中锁起来。如果需要打开 A 抽屉,就先找出 B 钥匙,打开 B 抽屉,取出 A 钥匙,再打开 A 抽屉,取出 A 抽屉中之物,这就是"**间接访问**"。

图 7.2(a)表示直接访问,根据变量 i 的地址,直接把数值 3 存放到 i 中。图 7.2(b)表示间接访问,先找到存放变量 i 地址的变量 i_pointer,从其中得到变量 i 的地址(2000),然后把数值 3 存放到该地址所标识的存储单元中。

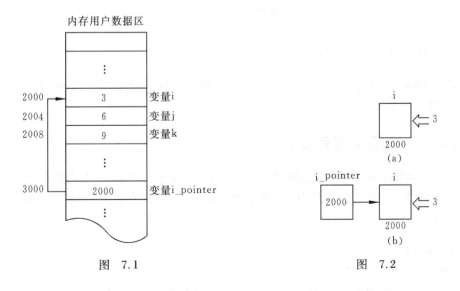

图 7.1   图 7.2

可以看到,为了表示将数值3送到变量中,可以有两种表达方法:

(1) 将3送到变量i所标志的单元中,见图7.2(a)。

(2) 将3送到变量i_pointer所指向的单元(即i变量的存储单元),见图7.2(b)。

所谓**指向**就是通过**地址**来体现的。如果i_pointer的值是变量i的地址(2000),这样就在i_pointer和变量i之间建立起一种联系:即通过i_pointer能知道i的地址,从而找到变量i的内存单元。图7.2以单线箭头表示这种"指向"关系。

由于通过地址能找到相关的变量单元,因此可以说,**地址指向该变量单元**。打个比方,一个房间的门口挂了一个房间号2008,这个2008就是房间的地址,或者说,2008"指向"该房间。因此在C语言中,将地址形象化地称为"指针"。意思是通过它能找到它指向的变量(例如根据地址2000就能找到变量i的存储单元,从而读取其中的值)。

一个变量的地址称为该变量的"指针"。例如,地址2000是变量i的指针。如果有一个变量专门用来存放另一变量的地址(即指针),则它称为"**指针变量**",指针变量就是地址变量(存放地址的变量)。上述的i_pointer就是一个指针变量,**指针变量的值**(即指针变量中存放的值)**是地址**(即指针)。

要区分"指针"和"指针变量"这两个概念。例如,可以说变量i的指针是2000,而不能说i的指针变量是2000。指针是一个地址,而指针变量是存放地址的变量。

7.2 变量的指针和指向变量的指针变量

如前所述,**变量的指针就是变量的地址**。**存放地址的变量是指针变量**,它用来指向另一个变量。为了表示指针变量和它所指向的变量之间的联系,C规定用"*"符号表示"指向的对象"。设已定义i_pointer为指针变量,则(*i_pointer)是i_pointer所指向的变量,见图7.3。

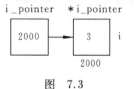

图 7.3

可以看到,*i_pointer也代表一个变量,它和变量i是同一回事。下面两个语句作用相同:

① i=3;
② *i_pointer=3;

第②个语句的含义是将3赋给指针变量i_pointer所指向的变量,由于i_pointer指向变量i,因此,其作用就是将3赋给变量i。

7.2.1 怎样定义指针变量

C语言规定所有变量在使用前必须定义,指定其类型,并按此分配内存单元。指针变量不同于数值型的变量,它是专门用来存放地址的,必须将它定义为"指针类型"。先看一个例子:

```
int i,j;
int *pointer_1,*pointer_2;
```

第1行定义了两个整型变量i和j,第2行定义了两个指针变量:pointer_1和pointer_2,

它们是指向整型变量的指针变量。用"*"表示"指针类型",如果没有此"*"号,则定义的就是两个整型变量了。左端的 int 是在定义指针变量时指定的"**基类型**"。指针变量的基类型用来指定此指针变量指向的变量的类型。例如,上面定义的基类型为 int 的指针变量 pointer_1 和 pointer_2,可以用来指向整型的变量 i 和 j,但不能指向浮点型变量 a 和 b。

定义指针变量的一般形式为

基类型 * 指针变量名;

下面都是合法的定义:

```
float *pointer_3;        //pointer_3 是指向 float 型变量的指针变量
char  *pointer_4;        //pointer_4 是指向字符型变量的指针变量
```

说明:怎样简明地表示指针变量的类型呢? 经过上面的定义后,pointer_1 和 pointer_2 的类型用(int *)表示,pointer_3 的类型用(float *)表示,pointer_4 的类型用(char *)表示。从以上的表示形式可以清楚地看出:它们是指针类型,并且可以知道其基类型。

在定义了指针变量后,就可以对它赋值了。前面提到的一个指针变量可以**指向**另一个变量,但是怎样使它"指向"呢? 就是通过赋值来实现的,把一个变量的地址赋给一个指针变量,就能使指针变量指向该变量。例如:

```
pointer_3 = &i;          //假设 i 是已定义的 float 型变量
pointer_4 = &j;          //假设 j 是已定义的 char 型变量
```

上面第 1 个赋值语句是将 float 型变量 i 的地址存放到指针变量 pointer_3 中,因此 pointer_3 就"指向"了变量 i。同样,第 2 个赋值语句是将 char 型变量 j 的地址存放到指针变量 pointer_4 中,因此 pointer_4 就"指向"了变量 j,见图 7.4。

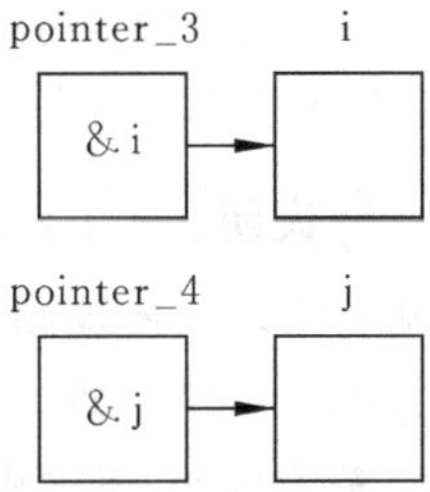

图 7.4

也可以在定义指针变量时,对它初始化,如:

```
float *pointer_3 = &i;   //定义指针变量 pointer_3,并使之指向 float 变量 i
char  *pointer_4 = &j;   //定义指针变量 pointer_4,并使之指向 char 变量 j
```

在定义指针变量时要注意两点:

(1) 指针变量前面的"*"表示该变量的类型为指针型变量。请注意指针变量名是 pointer_3 和 pointer_4,而不是 * pointer_3 和 * pointer_4。这是与定义整型或浮点型变量的形式不同的。

(2) 在定义指针变量时必须**指定基类型**。有的读者认为既然指针变量是存放地址的,那么只需要指定其为"指针型变量"即可,为什么还要指定基类型呢? 要知道不同类型的数据在内存中所占的字节数是不相同的(例如整型数据占 4 字节,字符型数据占 1 字节),在本章的稍后将要介绍指针的移动和指针的运算(加、减),例如"使指针移动 1 个位置"或"使指针值加 1",这个 1 代表什么呢? 如果指针是指向一个整型变量的,那么"使指针移动 1 个位置"意味着移动 4 个字节,"使指针加 1"意味着使地址值加 4 个字节。如果指针是指向一个字符型变量,则增加的不是 4 个字节而是 1 个字节。因此必须指定指针变量所指向的变量的类型,即基类型。一个指针变量只能指向同一个类型的变量,不能忽而指向一个整型变量,忽而指向一个实型变量。例如前面定义的 pointer_1 和 pointer_2 只能指向整型数据。

对上述指针变量的定义也可以这样理解:"int * pointer_1, * pointer_2;"定义了 * pointer_1 和 * pointer_2 是整型变量,如同"int a,b;"定义了 a 和 b 是整型变量一样。而 * pointer_1 和 * pointer_2 是 pointer_1 和 pointer_2 所指向的变量,所以 pointer_1 和 pointer_2 是指针变量。

在对指针变量赋值时需要注意:

(1) **指针变量中只能存放地址**(指针),不要将一个整数赋给一个指针变量。如:

```
* pointer_1 =100;        //企图把整数100赋给指针变量pointer_1,不合法
```

原意是想将地址 100 赋给指针变量 pointer_1,但是系统无法辨别它是地址,从形式上看 100 是整常数,而常数不能赋给指针变量,判为非法。

(2) 赋给指针变量的地址不能是任意的类型,而只能是与指针变量的基类型具有相同类型的变量的地址。例如,整型变量的地址可以赋给指向整型变量的指针变量,但浮点型变量的地址不能赋给指向整型变量的指针变量。分析下面的赋值:

```
float a;                 //定义a为float型变量
int *pointer_1;          //定义pointer_1为int*型变量
pointer_1 = &a;          //将float型变量的地址赋给基类型为int的指针变量,错误
```

说明:有了以上的基础,再对指针的性质作进一步的说明和分析。我们曾说明,指针就是地址。地址相当于旅馆的房号,只要知道房间号就可以找到房间和旅客。但是,对计算机存储单元的访问要比访问旅馆房间要复杂一些。为了有效存取一个数据,除了需要位置信息外,还需要有被访问的数据类型的信息,即基类型。如果没有该数据的类型信息,只有位置信息是无法对该数据进行存取的。在 C 语言中所说的地址,其实包括位置信息(即内存编号,或称纯地址)和它所指向的数据的类型信息。因此它是"带类型的地址",而不是仅仅代表内存编号的纯地址。

一个地址型的数据实际上包含 3 个信息:

(1) 表示内存编号的纯地址;

(2) 它本身的类型,即指针类型(地址类型),而不是数值数据;

(3) 它指向的存储单元中存放的是什么类型的数据,即地址的基类型。

例如:已知变量 a 为 int 型,&a 是 a 的地址,它代表的是一个整型数据的地址,int 是 &a 的基类型(即它指向的是 int 型的存储单元),&a 就包括了以上 3 个信息。可以合起来用一句话来表示,如:&a 是"指向整型数据的地址"或"基类型为整型的地址",此地址数据的类型可以表示为"int *"型。也可以说,一个地址数据包含两个要素:内存编号(纯地址)和类型(指针类型和基类型)。

若有一个 int 型变量 a 和一个 float 型变量 b,如果先后分配在 2000 开始的存储单元中,请思考:&a 和 &b 的信息完全相同吗?答案是不完全相同的,虽然存储单元的位置编号相同,但数据类型不同。只有位置信息(即纯地址)和类型信息都匹配才能实现存取。

对于以上的说明,如果还有疑问,可以参阅作者著的《C 程序设计(第五版)》,在该书中对此问题作了更加详尽的说明。

7.2.2　怎样引用指针变量

在引用指针变量时,可能有三种情况:
(1) 给指针变量赋值。如:

p = &a;

则指针变量 p 的值是变量 a 的地址。
(2) 引用指针变量的值。如:

printf("%o",p);

作用是以八进制数形式输出指针变量 p 的值,如果 p 是指向 a 的,这时即就输出了 a 的地址,即 &a。
(3) 引用指针变量指向的变量。
如果已执行"p = &a;",即指针变量 p 指向了整型变量 a,则

printf("%d",*p);

其作用是以十进制数形式输出指针变量 p 所指向的变量的值,即变量 a 的值。
如果有以下赋值语句:

*p=1;

表示将整数 1 赋给 p 当前所指向的变量(如果 p 指向变量 a,则相当于把 1 赋给 a),即"a = 1;"。
要熟练掌握两个有关的运算符的使用:
(1) **&** 取地址运算符。&a 是变量 a 的地址。
(2) ***指针运算符**(或称"间接访问"运算符)。*p 是指针变量 p 指向的对象的值。
【例 7.1】　有两个整型变量,要求分别用直接访问和间接访问的方法输出它们的值。
解题思路:为了实现间接访问,需要定义两个指针变量,分别指向两个整型变量。
编写程序:

```
#include <stdio.h>
int main()
{ int a,b;
  int *pointer_a, *pointer_b;              //定义两个 int * 型变量
  a=100;b=10;
  pointer_a = &a;                          //把变量 a 的地址赋给 pointer_1
  pointer_b = &b;                          //把变量 b 的地址赋给 pointer_2
  printf("a=%d,b=%d\n",a,b);
  printf("*pointer_a=%d,*pointer_b=%d\n",*pointer_a,*pointer_b);
  return 0;
}
```

运行结果：

a=100,b=10
*pointer_a=100,*pointer_b=10

程序分析：

（1）在第4行虽然定义了两个指针变量 pointer_a 和 pointer_b，但它们并未被赋以初值，即它们并未指向任何一个整型变量，只是提供两个指针变量，规定它们可以指向整型变量，至于指向哪一个整型变量，要在程序语句中指定。程序第6、第7行的作用就是使 pointer_a 指向 a，pointer_b 指向 b，见图7.5。此时 pointer_a 的值为 &a（即 a 的地址），pointer_b 的值为 &b。

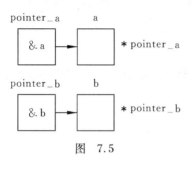

图 7.5

（2）第1个 printf 语句直接输出 a 和 b 的值。第2个 printf 语句输出 *pointer_a 和 *pointer_b 的值，由于 pointer_a 指向 a，pointer_b 指向 b，因此就是输出 a 和 b 的值。这两个 printf 函数作用相同。

（3）程序中有两处出现 *pointer_a 和 *pointer_b，请区分它们的不同含义。程序中第4行的 *pointer_a 和 *pointer_b 表示定义两个指针变量 pointer_a 和 pointer_b。它们前面的"*"只是表示该变量是指针变量。程序最后一行 printf 函数中的 *pointer_a 和 *pointer_b 则代表 pointer_a 和 pointer_b 所指向的变量。

（4）第6、第7行"pointer_a = &a;"和"pointer_b = &b;"是将 a 和 b 的地址分别赋给 pointer_a 和 pointer_b。注意不应写成"*pointer_a = &a;"和"*pointer_b = &b;"。因为 a 的地址是赋给指针变量 pointer_a，而不是赋给 *pointer_a（即变量 a）。请对照图7.5分析。

【例7.2】 输入 a 和 b 两个整数，按先大后小的顺序输出 a 和 b，要求用指针方法处理。

解题思路： 可以用指针变量分别指向变量 a 和 b，如果 a<b，不交换 a 和 b 的值，而交换两个指针变量的值，即交换它们的指向。

编写程序：

```
#include <stdio.h>
int main()
 { int *p1,*p2,*p,a,b;
   scanf("%d,%d",&a,&b);      //注意在运行过程中输入数据时,数据间应以逗号分隔
   p1=&a; p2=&b;              //使p1指向a,p2指向b
   if(a<b)                    //如果a<b
     {p=p1; p1=p2; p2=p;}     //使p1和p2的值互换
   printf("a=%d,b=%d\n",a,b);
   printf("max=%d,min=%d\n",*p1,*p2);
   return 0;
 }
```

运行结果：

5,9↙
a=5,b=9
max=9,min=5

当输入 a=5,b=9 时，由于 a<b，将 p1 和 p2 的值交换。交换前的情况见图 7.6(a)，交换后的情况见图 7.6(b)。

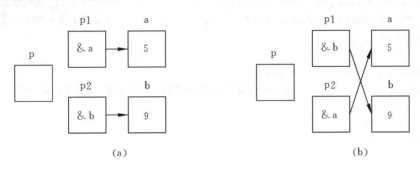

图 7.6

程序分析：

(1) 整型变量 a 和 b 的值并未交换，它们仍保持原值，但指针变量 p1 和 p2 的值改变了。p1 的值原为 &a，后来变成 &b，即 p1 指向 b 了，p2 原值为 &b，后来变成 &a，即 p2 指向 a 了。这样在输出 *p1 和 *p2 时，实际上是输出变量 b 和 a 的值，所以先输出 9，然后输出 5。这个问题的算法是不交换整型变量的值，而是交换两个指针变量的值（即 a 和 b 的地址）。

(2) 在运行中输入数据时注意，两个数之间用逗号分隔，这是由于 scanf 函数中在两个"%d"之间有一个逗号，要求在输入时在两个数据间用逗号分隔。如果输入以下的形式就错了。

5 9↙

读者可上机试一下并分析结果。

7.2.3 指针变量作为函数参数

函数的参数不仅可以是整型、浮点型、字符型等数据，还可以是指针类型。它的作用是将一个变量的地址传送到另一个函数中。下面通过一个例子来说明。

【例 7.3】 题目要求同例 7.2，即对输入的两个整数 a 和 b，按大小顺序输出。要求用函数处理，在该函数中使较大的值存放在 a 中，小的值存放在 b 中。

解题思路： 定义一个函数 swap，用指针变量作为函数的形参，在执行 swap 函数时，通过交换指针变量所指向的变量来实现两个变量值互换。

编写程序：

```
#include <stdio.h>
int main()
```

```
    { void swap(int *p1,int *p2);              //对swap函数的声明
      int a,b;
      int *pointer_a,*pointer_b;               //定义int *型的指针变量
      printf("please enter two integer numbers: ");  //提示输入
      scanf("%d,%d",&a,&b);                    //输入两个整数
      pointer_a = &a;                          //使pointer_a指向a
      pointer_b = &b;                          //使pointer_b指向b
      if(a < b) swap(pointer_a,pointer_b);     //如果a<b,执行swap函数
      printf("max = %d,min = %d\n",a,b);       //输出变量a和b的值
      return 0;
    }
    void swap(int *p1,int *p2)
    { int temp;              //temp是交换两数时用的临时变量,以下3行是交换a和b的值
      temp = *p1;
      *p1 = *p2;
      *p2 = temp;
    }
```

运行结果：

```
please enter two integer numbers: 45,87↙
max = 87,min = 45
```

程序分析：

(1) swap是用户自定义函数,它的作用是交换两个变量(a和b)的值。swap函数的两个形参p1和p2是指针变量。程序运行时,先执行main函数,输入a和b的值(今输入5和9)。然后将a和b的地址分别赋给指针变量pointer_a和pointer_b,使pointer_a指向a,pointer_b指向b,见图7.7(a)。接着执行if语句,由于a<b,因此执行swap函数。

(2) pointer_a和pointer_b是指针变量,在函数调用时,将实参变量pointer_a和pointer_b的值分别传给形参变量p1和p2,采取的依然是"值传递"方式。因此虚实结合后形参p1的值为&a,p2的值为&b,见图7.7(b)。这时p1和pointer_a都指向变量a,p2和pointer_b都指向b。

(3) 接着执行swap函数的函数体,使*p1和*p2的值互换,也就是p1所指向的变量(a)的值和p2指向的变量(b)的值互换。互换后的情况见图7.7(c)。

(4) 函数调用结束后,形参p1和p2不复存在(已释放),情况如图7.7(d)所示。最后在main函数中输出的a和b的值已是经过交换的值(a=9,b=5)。

(5) 请注意交换*p1和*p2的值是如何实现的。如果swap函数写成下面这样就有问题了：

```
    void swap(int *p1,int *p2)
    { int *temp;
      *temp = *p1;                    //此语句有问题
      *p1 = *p2;
      *p2 * temp;
    }
```

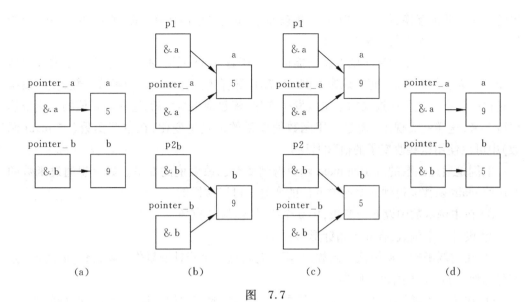

图 7.7

*p1 就是 a，是整型变量。而 *temp 是指针变量 temp 所指向的变量。但由于未给 temp 赋值，因此 temp 中并无确定的值（它的值是不可预见的），所以 temp 所指向的单元也是不可预见的。所以，对 *temp 赋值就是向一个未知的存储单元赋值，而这个未知的存储单元中可能存储着一个有用的数据，这样就有可能破坏系统的正常工作状况。应该将 *p1 的值赋给与 *p1 相同类型的变量，即整型变量。所以在程序中用整型变量 temp 作为临时变量实现 *p1 和 *p2 的交换。

（6）本例采取的方法是交换 a 和 b 的值，而 p1 和 p2 的值不变。即 p1 与 p2 的指向不变。这恰和例 7.2 相反。

可以看到，在执行 swap 函数后，变量 a 和 b 的值改变了。请仔细分析，这个改变是怎么实现的。这个改变不是通过将形参值传回实参来实现的。

（7）请读者考虑一下能否通过下面的函数实现 a 和 b 互换。

```
void swap(int x,int y)
  { int temp;
    temp = x;
    x = y;
    y = temp;
  }
```

如果在 main 函数中调用 swap 函数：

swap(a,b);

会有什么结果呢？如图 7.8 所示。在调用函数 swap 时，a 的值传送给 x，b 的值传送给 y，见图 7.8(a)。执行完 swap 函数后，x 和 y 的值是互换了，但并未影响到 a 和 b 的值。在函数结束时，变量 x 和 y 释放了，main 函数

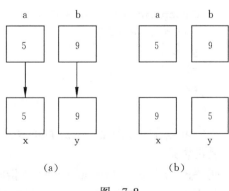

图 7.8

中的 a 和 b 并未互换,见图 7.8(b)。也就是说,由于"单向传送"的"值传递"方式,形参值的改变不能使实参的值随之改变。

为了使在函数中改变了的变量值能被主调函数 main 所用,不能采取上述把要改变值的变量作为参数的办法,而应该像本例(例 7.3)那样用指针变量作为函数参数,在函数执行过程中使指针变量所指向的变量值发生变化,函数调用结束后,这些变量值的变化依然保留下来,这样就实现了"通过调用函数使变量的值发生变化,在主调函数(如 main 函数)中可以使用这些改变了的值"的目的。

上例是通过函数的调用使 main 函数得到 2 个已改变值的变量。如果想通过函数的调用使 main 函数能得到 n 个已改变值的变量。可以这样做:

① 在主调函数中设 n 个变量,用 n 个指针变量指向它们;
② 设计一个函数,有 n 个指针形参;
③ 在主调函数中调用这个函数,在调用时将这 n 个指针变量作实参,将它们的值(是变量的地址)传给该函数的形参;
④ 在执行该函数的过程中,通过形参指针变量,改变它们所指向的 n 个变量的值;
⑤ 主调函数中就可以使用这些改变了值的变量。

请读者按此思路仔细理解例 7.3 程序。

注意,不能企图通过改变指针形参的值而使指针实参的值改变。请看下面的程序:

```c
#include <stdio.h>
int main()
 { void swap(int *p1,int *p2);
   int a,b;
   int *pointer_1,*pointer_2;
   scanf("%d,%d",&a,&b);
   pointer_1=&a;
   pointer_2=&b;
   if(a<b) swap(pointer_1,pointer_2);
   printf("max=%d,min=%d\n",a,b);
   return 0;
 }

void swap(int *p1,int *p2)
 { int *p;
   p=p1;
   p1=p2;
   p2=p;
 }
```

程序编写者的意图是:交换 pointer_1 和 pointer_2 的值,使 pointer_1 指向值大的变量。其设想是:

① 先使 pointer_1 指向 a,pointer_2 指向 b,见图 7.9(a)。
② 调用 swap 函数,将 pointer_1 的值传给形参 p1,实参 pointer_2 传给形参 p2,使 p1

指向 a,p2 指向 b,见 7.9(b)。

③ 在 swap 函数中使 p1 与 p2 的值交换,此时,p1 指向 b,p2 指向 a。见图 7.9(c)。

④ 形参 p1 和 p2 将地址传回给实参 pointer_1 和 pointer_2,使 pointer_1 指向 b,pointer_2 指向 a,见图 7.9(d)。然后输出 *pointer_1 和 *pointer_2,企图输出"9　5"。

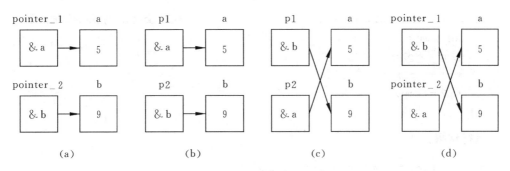

图　7.9

但是,这是办不到的,在输入"5,9"之后程序实际输出为"max = 5, min = 9"。问题出在第④步。C 语言中实参变量和形参变量之间的数据传递是单向的"值传递"方式。用指针变量作函数参数时同样要遵循这一规则。**不可能通过调用函数来改变指针实参的值,但是可以改变实参指针变量所指变量的值。**

读者通过第 6 章的学习已知,函数的调用可以(而且只可以)得到一个返回值(即函数值)。而通过本章的学习进一步了解到,使用指针变量作参数,可以得到多个变化了的值。如果不用指针变量是难以做到这一点的。通过例 7.4 可以体会到这一点。

【例7.4】　输入 3 个整数 a,b,c,要求按大小顺序将它们输出。定义一个函数,实现使这 3 个变量按值的大小排序。

解题思路:定义函数 exchange,用来改变 3 个变量的值,使之按大小排列。为了实现此目的,在 exchange 函数中要调用交换两个变量值的 swap 函数。

编写程序:

```
#include <stdio.h>
int main()
  { void exchange(int *pt1,int *pt2,int *pt3);
    int a,b,c,*pointer1,*pointer2,*pointer3;
    printf("please enter three numbers: ");
    scanf("%d,%d,%d",&a,&b,&c);
    pointer1 = &a; pointer2 = &b; pointer3 = &c;
    exchange(pointer1,pointer2,pointer3);
    printf("%d,%d,%d\n",a,b,c);
    return 0;
  }

void exchange(int *pt1,int *pt2,int *pt3)   //定义将 3 个变量的值排序的函数
  { void swap(int *pt1,int *pt2);
```

```
    if(*pt1<*pt2) swap(pt1,pt2);              //如果a<b,交换a和b的值
    if(*pt1<*pt3) swap(pt1,pt3);              //如果a<c,交换a和c的值
    if(*pt2<*pt3) swap(pt2,pt3);              //如果b<c,交换b和c的值
}
void swap(int *p1,int *p2)                    //定义交换2个变量的值的函数
{ int temp;
  temp=*p1;
  *p1=*p2;
  *p2=temp;
}
```

运行结果：

```
please enter three numbers: 9,0,10↙
10,9,0
```

程序分析：定义的两个函数都是以指针变量作为参数,在主函数中使 pointer1 指向变量 a,pointer2 指向变量 b,pointer3 指向变量 c。在调用 exchang 函数时,把 a,b,c 三个变量的地址传给三个形参,因此形参 pt1,pt2,pt3 分别指向 a,b,c。"if(*pt1<*pt2) swap(pt1,pt2);"相当于"if(a<b) swap(&a,&b);"。调用 swap 函数使变量 a 和 b 的值交换。其他类似。请读者自己画出如图7.9那样的图,仔细分析变量的值变化的过程。

请思考:main 函数中的3个指针变量的值(也就是它们的指向)改变了没有?

7.3 通过指针引用数组

7.3.1 数组元素的指针

一个变量有地址,一个数组包含若干元素,每个数组元素也都有相应的地址。指针变量既然可以指向变量,当然也可以指向数组元素(把某一元素的地址存放到一个指针变量中)。所谓**数组元素的指针**就是数组元素的地址。

可以用一个指针变量指向一个数组元素。例如:

```
int a[10];      //定义a为包含10个整型数据的数组
int *p;         //定义p是指向整型变量的指针变量
p=&a[0];        //把a[0]元素的地址赋给指针变量p
```

也就是使 p 指向 a 数组的第 0 号元素,见图 7.10。

引用数组元素可以用下标法(如 a[3]),也可以用指针法,即通过指向数组元素的指针变量找到所需的元素。使用指针法能使目标程序质量高(占内存少,运行速度快)。

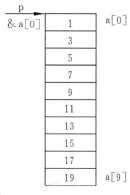

图 7.10

在 C 语言中,数组名(不包括形参数组,形参数组并不占据

实际的内存单元)代表数组中首元素(即序号为 0 的元素)的地址。因此,下面两个语句等价:

```
p = &a[0];
p = a;
```

注意:数组名 a 不代表整个数组,上述"p = a;"的作用是"把 a 数组的首元素的地址赋给指针变量 p",而不是"把数组 a 的所有元素的值赋给 p"。

在定义指针变量时可以对它赋予初值:

```
int *p = &a[0];
```

它等效于下面两行:

```
int *p;
p = &a[0];              //注意,不是 *p = &a[0]
```

当然定义指针变量时也可以对其初始化,如

```
int *p = a;
```

它的作用是将 a 数组首元素(即 a[0])的地址赋给指针变量 p(而不是赋给 *p)。

7.3.2 指针的运算

数值数据是可以进行算术运算(加、减、乘、除等)的,指针型数据能进行算术运算吗?如果可以,允许进行哪类运算?其含义是什么?

前面已反复说明了指针就是地址。对地址进行赋值运算是没有问题的。但是对地址进行算术运算是什么意思呢?例如把一个地址乘以 3 或除以 5,就有问题了,首先有什么必要?有什么用?其次能否实现?地址与数值能否直接相加、相减、相乘、相除?显然对地址进行乘和除的运算是没有意义的,实际上也无此必要。那么,能否进行加和减的运算?答案是:**在一定条件下允许对指针进行加和减的运算。**

那么,在什么情况下需要而且可以对指针进行加和减的运算呢?回答是:当指针指向数组元素的时候。譬如,指针变量 p 指向数组元素 a[0],我们希望用 p+1 表示指向下一个元素 a[1]。如果能实现这样的运算,就会为引用数组元素提供很大的方便。

在指针指向数组元素时,可以对指针进行以下运算:

- 加一个整数(用 + 或 +=),如 p+1
- 减一个整数(用 − 或 −=),如 p−1
- 自加运算,如 p++,++p
- 自减运算,如 p−−,−−p
- 两个指针相减,如 p1−p2(只有 p1 和 p2 都指向同一数组中的元素时才有意义)。

分别说明如下:

(1) 如果指针变量 p 已指向数组中的一个元素,则 **p+1 指向同一数组中的下一个元素**,**p−1 指向同一数组中的上一个元素**。注意:执行 p+1 时并不是将 p 的值(地址)简单地加1,而是加上一个数组元素所占用的字节数。如果数组是 int 或 float 型,多数 C 编译系统分配给每个元素4个字节,则 p+1 意味着使 p 的值(是地址)加4个字节,以使它指向下一元素。p+1 所代表的地址实际上是 p+1×d,d 是一个数组元素所占的字节数(在 Visual C++ 中,对 int,long 和 float 型,d=4;对 char 型,d=1)。若 p 的值是2000,则 p+1 的值不是2001,而是2004。

(2) 有的读者问:系统怎么知道要把这个1转换为4,然后与 p 的值相加呢?

这是在定义指针变量时决定的。例如有:

```
int a[10];              //定义整型数组
int *p=a;               //基类型为 int 型,p 指向 a 数组首元素 a[0]
```

编译系统就知道 p 是指向整型数据的,而一个 int 型数据占4个字节。因此如果有 p+1 或 ++p,系统就会在原来 p 的值(是一地址)基础上加4个字节。使之指向下一个元素 a[1]。

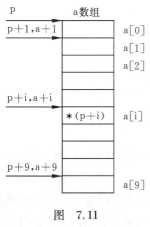

图 7.11

(3) 如果 p 的初值为 &a[0],则 p+i 和 a+i 就是数组元素 a[i] 的地址,或者说,它们指向 a 数组第 i 个元素。a 代表数组首元素的地址,a+i 也是地址,它的计算方法同 p+1,即它的实际地址为 a+i×d。例如,p+9 和 a+9 的值是 &a[9],它指向 a[9],如图7.11所示。

(4) *(p+i) 或 *(a+i) 是 p+i 或 a+i 所指向的数组元素,即 a[i]。例如,*(p+5) 或 *(a+5) 就是 a[5]。即 *(p+5),*(a+5) 和 a[5] 三者等价。实际上,在编译时,对数组元素 a[i] 就是按 *(a+i) 处理的,即按数组首素的地址加上相对位移量得到要找的元素的地址,然后找出该单元中的内容。如果数组 a 的首元素的地址为1000,数组为 int 型,则 a[3] 的地址是这样计算的:1000+3×4=1012,然后从1012地址所指向的 int 型单元取出元素的值,即 a[3] 的值。可以看出,[ ] 实际上是**变址**运算符,即将 a[i] 按 a+i 计算地址,然后找出此地址单元中的值。

(5) 如果指针变量 p1 和 p2 都指向同一数组,如执行 p2-p1,结果是两个地址之差除以一个数组元素的长度。如果 p1 指向整型数组元素 a[3],p1 的值为2012;p2 指向 a[5],其值为2020,则 p2-p1 的结果是(2020-2012)/4=2。这个结果是有意义的,表示 p2 所指的元素与 p1 所指的元素之间差2个元素。这样,人们就不需要具体地知道 p1 和 p2 的值,然后去计算它们的相对位置,而是直接用 p2-p1 就可知道它们所指元素的相对距离。注意两个地址不能相加,如 p1+p2 是无实际意义的。

7.3.3 通过指针引用数组元素

根据以上叙述,引用数组 a 中的一个元素,可以用下面两种方法:

(1) **下标法**,如 a[i];

(2) **指针法**,如果 p 是指向数型数据的指针变量,且初值 p=a。也可用 *(a+i) 或 *(p+i) 表示 a[i]。

【例7.5】 有一个整型数组a,有10个元素,从键盘输入10个元素,然后按逆序输出数组中的全部元素。

解题思路:输出各元素的值有3种方法。

(1) 下标法。

```c
#include <stdio.h>
int main()
 { int a[10];
   int i;
   for(i=0;i<10;i++)
     scanf("%d",&a[i]);
   for(i=9;i>=0;i--)
     printf("%d ",a[i]);          //用下标法引用数组元素
   printf("%\n");
   return 0;
 }
```

运行结果:

1 3 5 7 9 11 13 15 17 19↙
19 17 15 13 11 9 7 5 3 1

(2) 通过数组名计算数组元素的地址,从而找出元素的值。

```c
#include <stdio.h>
int main()
 { int a[10];
   int i;
   for(i=0;i<10;i++)
     scanf("%d",&a[i]);
   for(i=9;i>=0;i--)
     printf("%d ",*(a+i));        //通过数组名计算数组元素地址,找出元素的值
   printf("\n");
   return 0;
 }
```

(3) 用指针变量指向数组元素。

```c
#include <stdio.h>
int main()
 { int a[10];
   int *p,i;
   for(i=0;i<10;i++)
     scanf("%d",&a[i]);
   for(p=a+9;p>=a;p--)             //先使p指向a[9],然后逐次减小p的值
     printf("%d ",*p);             //通过改变p的指向,访问a数组各元素
   printf("\n");
```

```
       return 0;
   }
```

以上3种方法的结果相同。这3种方法的比较:

- 第(1)和第(2)种方法执行效率是相同的。C编译系统是将 a[i]转换为 *(a+i)处理的,即先计算元素地址。因此用第(1)和第(2)种方法找数组元素费时较多。
- 第(3)种方法比前两种方法快,用指针变量直接指向元素,不必每次都重新计算地址,像 p++ 或 p-- 这样的自加或自减操作是比较快的。这种有规律地改变地址的方法能大大提高执行效率。
- 用下标法比较直观,能直接知道是第几个元素。例如,a[5]是数组中序号为5的元素(注意序号从0算起)。用地址法或指针变量的方法不直观,难以很快地判断出当前处理的是哪一个元素。例如,使用第(3)种方法时,要仔细分析指针变量 p 的当前指向,才能判断当前输出的是第几个元素。

在使用指针变量引用数组元素时,有以下几个问题要注意:

(1) 可以通过改变指针变量的值指向不同的元素。例如,上述第(3)种方法是用指针变量 p 来指向元素,用 p-- 使 p 的值不断改变,从而指向不同的元素。

如果不用 p 变化的方法而用数组名 a 变化的方法(例如,用 a++)行不行呢?假如将上述第(3)种方法中 for 语句改为

```
for(p=a+9;a>=p;a--)                 //使a改变,逐次减小a的值
   printf("%d",*a);
```

是不行的。因为数组名 a 代表数组首元素的地址,它是一个指针常量,它的值在程序运行期间是固定不变的。既然 a 是常量,所以 a++ 是无法实现的。

(2) 要注意指针变量的当前值。请看下面的例子。

【例7.6】 通过指针变量输出 a 数组的10个元素。

有人编写出以下程序:

```
#include <stdio.h>
int main()
  { int *p,i,a[10];
    p=a;
    for(i=0;i<10;i++)
      scanf("%d",p++);
    for(i=0;i<10;i++,p++)
      printf("%d ",*p);
    printf("\n");
    return 0;
  }
```

这个程序乍看起来好像没有什么问题。有的人即使已被告知此程序有问题,还是找不出它有什么问题。我们先看一下运行情况:

1 2 3 4 5 6 7 8 9 0↙   (输入10个整数)
1245052   1245120 4199161   1   4194624   4394432   34603777   34603535   2147348480

在不同的环境中运行时输出的数值可能与上面的有所不同,但都是不可预料的数值。

显然输出的数值并不是 a 数组中各元素的值。原因是指针变量的初始值为 a 数组首元素(即 a[0])的地址(见图 7.12 中的①),但经过第一个 for 循环读入数据后,p 已指向 a 数组的末尾(见图 7.12 中②)。因此,在执行第二个 for 循环时,p 的起始值不是 &a[0] 了,而是 a+10。由于执行第二个 for 循环时,每次要执行 p++,因此 p 指向的是 a 数组下面的 10 个单元,而这些存储单元中的值是不可预料的。

解决这个问题的办法是,只要在第二个 for 循环之前加一个赋值语句

p = a;

使 p 的初始值回到 &a[0],这样结果就对了。程序如下:

```
#include <stdio.h>
int main()
  { int *p,i,a[10];
    p = a;
    for(i = 0;i < 10;i ++)
      scanf("%d",p ++);
    p = a;
    for(i = 0;i < 10;i ++,p ++)
      printf("%d ", *p);
    printf("\n");
    return 0;
  }
```

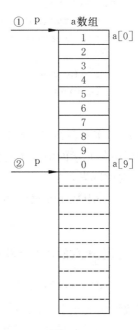

图 7.12

运行情况:

<u>1 2 3 4 5 6 7 8 9 0</u>↙
1 2 3 4 5 6 7 8 9 0

显然,结果是正确的。

(3) 从上例可以看到,虽然定义数组时指定它包含 10 个元素,并用指针变量 p 指向某一数组元素,但是实际上指针变量 p 可以指向数组以后的存储单元。如果在程序中引用数组元素 a[10],虽然并不存在这个元素(最后一个元素是 a[9]),但 C 编译程序并不认为 a[10] 非法。而是把它按 *(a+10) 处理,即先求出 (a+10) 的值(它是一个地址),然后找出它所指向的单元的内容。这样做虽然是合法的(在编译时不出错),但应避免出现这样的情况,这会使程序得不到预期的结果。这种错误比较隐蔽,初学者往往难以发现。**在使用指针变量指向数组元素时,应切实保证指向数组中有效的元素。**

(4) 指向数组的指针变量也可以带下标,如 p[i]。有些读者可能想不通,因为只有数组才能带下标,表示数组某一元素。带下标的指针变量是什么含义呢? 上面已说明,在程序编译时,对下标的处理方法是转换为地址的,对 p[i] 处理成 *(p+i),如果 p 是指向一个整型数组元素 a[0],则 p[i] 代表 a[i]。但是必须弄清楚 p 的当前值是什么,如果当前 p 指向 a[3],则 p[2] 并不代表 a[2],而是 a[3+2],即 a[5]。建议少用这种容易出错

的用法。

(5) 利用指针引用数组元素，比较方便灵活，有不少技巧。在专业人员中常喜欢用一些技巧，以使程序简洁。读者在看别人写的程序时可能会遇到一些容易混淆的情况，要仔细分析。请读者分析和完成本章习题7.17。

7.3.4 用数组名作函数参数

在第6章中介绍过可以用数组名作函数的参数。例如：

```
int main()                              void fun(int arr[],int n)
  { void fun(int arr[],int n);          {
    int array[10];                        ⋮
      ⋮                                 }
    fun(array,10);
    return 0;
  }
```

array 是实参数组名，arr 为形参数组名。在6.7节已知，当用数组名作参数时，如果形参数组中各元素的值发生变化，实参数组元素的值随之变化。这是为什么？在学习指针以后，对此问题就容易理解了。

先看用数组元素作实参时的情况。如果已定义一个函数，其原型为

```
void swap(int x,int y);
```

假设函数的作用是将两个形参(x,y)的值交换，今有以下的函数调用：

```
swap(a[1],a[2]);
```

用数组元素 a[1]和 a[2]作实参时，与用变量作实参时一样，是"值传递"方式，将 a[1]和 a[2]的值单向传递给形参 x 和 y。当 x 和 y 的值改变时 a[1]和 a[2]的值并不改变。

再看用数组名作函数参数的情况。前已说明，实参数组名代表该数组首元素的地址，而形参是用来接收从实参传递过来的数组首元素地址的。因此，形参应该是一个指针变量(只有指针变量才能存放地址)。实际上，**C 编译都是将形参数组名作为指针变量来处理的**。例如，本小节开头给出的函数 fun 的形参是写成数组形式的：

```
fun(int arr[], int n)
```

但在程序编译时是将 arr 按指针变量处理的，相当于将函数 fun 的首部写成

```
fun(int *arr, int n)
```

以上两种写法是等价的。在该函数被调用时，系统会在 fun 函数中建立一个指针变量 arr，用来存放从主调函数传递过来的实参数组首元素的地址。如果在 fun 函数中用运算符 sizeof 测定 arr 所占的字节数，可以发现 sizeof(arr)的值为4(用 Visual C++时)，即 arr 在内存中占4个字节。这就证明了系统是把 arr 作为指针变量来处理的(指针变量在 Visual C++中占4个字节)。

当指针变量 arr 接收了实参数组的首元素地址后，arr 就指向实参数组首元素，也就是

指向array[0]。因此，*arr 就是array[0]。arr+1 指向 array[1]，arr+2 指向 array[2]，arr+3 指向 array[3]。也就是说，*(arr+1)，*(arr+2)，*(arr+3)分别是 array[1]，array[2]，array[3]。根据前面介绍过的知识，*(arr+i)和arr[i]是无条件等价的。因此，在调用函数期间，arr[0]和*arr 以及 array[0]都代表数组 array 序号为0 的元素，以此类推，arr[3]，*(arr+3)，array[3]都代表 array 数组序号为 3 的元素，见图 7.13。这个道理与第 7.2.3 节中的叙述是类似的。

常用这种方法通过调用一个函数来改变实参数组的值。

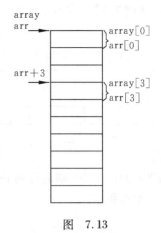

图 7.13

下面把用变量名作为函数参数和用数组名作为函数参数做一比较,见表7.1。

表7.1 以变量名和数组名作为函数参数的比较

实 参	变量名	数 组 名
相应形参	变量名	数组名或指针变量
传递的信息	变量的值	实参数组首元素的地址
通过函数调用能否改变实参的值	不能	能

需要说明的是：C 语言调用函数时虚实结合的方法都是采用"值传递"方式,当用变量名作为函数参数时传递的是变量的值,当用数组名作为函数参数时,由于数组名代表的是数组首元素地址,因此传递的值是地址,所以要求形参为指针型变量。

在用数组名作为函数实参时,既然实际上相应的形参是指针变量,为什么还允许使用形参数组的形式呢？这是因为在 C 语言中用下标法和指针法都可以访问一个数组(如果有一个数组a,则 a[i]和*(a+i)无条件等价),用下标法表示比较直观,便于理解。因此许多人愿意用数组名作形参,以便与实参数组对应。从应用的角度看,用户可以认为有一个形参数组,它从实参数组那里得到起始地址,因此形参数组与实参数组共占同一段内存单元,在调用函数期间,如果改变了形参数组的值,也就是改变了实参数组的值。当然在主调函数中可以利用这些已改变的值。对 C 语言比较熟练的专业人员往往喜欢用指针变量作形参。

注意：实参数组名代表一个固定的地址,或者说是指针常量,但形参数组并不是一个固定的地址值,而是作为指针变量,在函数调用开始时,它的值等于实参数组首元素的地址,在函数执行期间,它可以再被赋值。例如：

```
void fun(int arr[],int n)
  { printf("%d\n",*arr);        //输出 array[0]的值
    arr=arr+3;                   //改变指针变量 arr 的值
    printf("%d\n",*arr);         //输出 array[3]的值
  }
```

【例7.7】 将数组 a 中 n 个整数按相反顺序存放,见图 7.14。

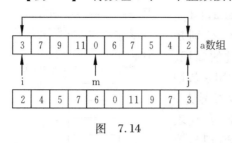

图 7.14

解题思路:先将 a[0] 与 a[n-1] 对换,再将 a[1] 与 a[n-2] 对换……直到将 a[int((n-1)/2)] 与 a[n-int((n-1)/2)-1] 对换。今用循环处理此问题,设两个"位置指示变量"i 和 j,i 的初值为 0,j 的初值为 n-1。将 a[i] 与 a[j] 交换,然后使 i 的值加 1,j 的值减 1,再将 a[i] 与 a[j] 对换,直到 i = int((n-1)/2) 为止。

如果 n 的值为 10,则进行到 i = int(9/2) = 4,即把 a[4] 与 a[5] 交换进行完后结束。

编写程序:

```
#include <stdio.h>
int main()
  { void inv(int x[],int n);
    int i,a[10] = {3,7,9,11,0,6,7,5,4,2};
    printf("The original array: \n");
    for(i=0;i<10;i++)
      printf("%d ",a[i]);
    printf("\n");
    inv(a,10);
    printf("The array has been inverted: \n");
    for(i=0;i<10;i++)
      printf("%d ",a[i]);
    printf("\n");
    return 0;
  }

void inv(int x[],int n)                //形参 x 是数组名
  { int temp,i,j,m = (n-1)/2;
    for(i=0;i<=m;i++)
      { j=n-1-i;
        temp=x[i];x[i]=x[j];x[j]=temp;}
    return;
  }
```

运行结果:

```
The original array:
3 7 9 11 0 6 7 5 4 2
The array has been inverted:
2 4 5 7 6 0 11 9 7 3
```

程序分析:在主函数中定义整型数组 a,并赋以初值。函数 inv 的形参数组名为 x。在 inv 函数中可以不指定数组元素的个数。因为形参数组名实际上是一个指针变量,并不是真正地开辟一个数组空间(而在定义实参数组时必须指定数组的长度,因为要开辟相应的存储空间)。函数形参 n 用来接收实际上需要处理的元素的个数。如果在 main

函数中有函数调用语句"inv(a,10);",表示要求对a数组的10个元素实行颠倒排列。如果改为"inv(a,5);",则表示要求将a数组的前5个元素实行颠倒排列,此时,函数inv只处理5个数组元素。函数inv中定义的变量m用来设定循环变量i值的上限,当i≤m时,循环继续执行;当i>m时,则结束循环过程。例如,若n=10,则m=4,最后一次a[i]与a[j]的交换是a[4]与a[5]交换。由于m是整型变量,只能存储整数,因此,m=(n-1)/2相当于m=int((n-1)/2)。

对这个程序可以作一些改动。将函数inv中的形参x改成指针变量。相应的实参仍为数组名a,即数组a首元素的地址,将它传给形参指针变量x,这时x就指向a[0]。x+m是a[m]元素的地址。设i和j以及p都是指针变量,用它们指向有关元素。i的初值为x,j的初值为x+n-1,见图7.15。使*i与*j交换就是使a[i]与a[j]交换。

程序如下:

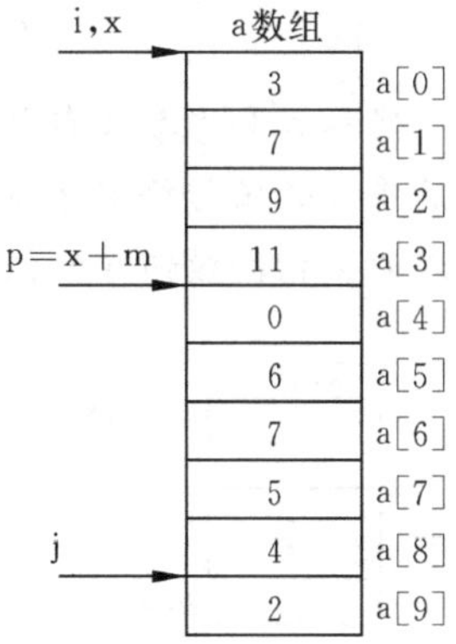

```
#include <stdio.h>
int main()
  { void inv(int *x,int n);
    int i,a[10]={3,7,9,11,0,6,7,5,4,2};
    printf("The original array: \n");
    for(i=0;i<10;i++)
      printf("%d ",a[i]);
    printf("\n");
    inv(a,10);
    printf("The array has been inverted: \n");
    for(i=0;i<10;i++)
      printf("%d ",a[i]);
    printf("\n");
    return 0;
  }

void inv(int *x,int n)             //形参x为指针变量
  { int *p,temp,*i,*j,m=(n-1)/2;
    i=x;j=x+n-1;p=x+m;
    for(;i<=p;i++,j--)
      {temp=*i;*i=*j;*j=temp;}
    return;
  }
```

图 7.15

运行情况与前一程序相同。

🐂 **说明:** 归纳起来,如果有一个实参数组,要想在函数中改变此数组中的元素的值,实参与形参的对应关系有以下4种情况。

(1) **形参和实参都用数组名**。

由于形参数组名接收了实参数组首元素的地址,因此可以认为在函数调用期间,形参数组与实参数组共用一段内存单元,这种形式比较好理解,见图7.16。例7.7第一个程序即属此情况。

(2) **实参用数组名,形参用指针变量。**

例7.7的第二个程序就属此类。实参a为数组名,形参x为指向整型变量的指针变量,函数开始执行时,x指向a[0],即x=&a[0],见图7.17。通过x值的改变,可以指向a数组的任一元素。

(3) **实参形参都用指针变量。**

例如:

```
int main()                    void fun(int *x,int n)
{ int a[10],*p=a;             {
    ⋮                             ⋮
    fun(p,10);                }
    ⋮
}
```

实参p和形参x都是指针变量。先使实参指针变量p指向数组a,p的值是&a[0]。然后将p的值传给形参指针变量x,x的初始值也是&a[0],见图7.18。通过x值的改变可以使x指向数组a的任一元素。

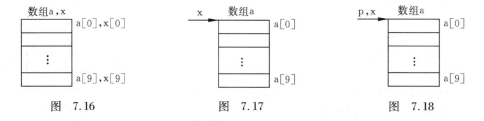

图 7.16　　　　　　　图 7.17　　　　　　　图 7.18

(4) **实参为指针变量,形参为数组名。**

例如:

```
int main()                    void fun(int x[ ],int n)
{ int a[10],*p=a;             {
    ⋮                             ⋮
    fun(p,10);                }
    return 0;
}
```

实参p为指针变量,它指向a[0]。形参为数组名x,编译系统把x作为指针变量处理,今将a[0]的地址传给形参x,使指针变量x指向a[0]。也可以理解为形参数组x和a数组共用同一段内存单元,见图7.19。在函数执行过程中可以使x[i]的值发生变化,而x[i]就是a[i]。这样,主函数就可以使用变化了的数组元素值。

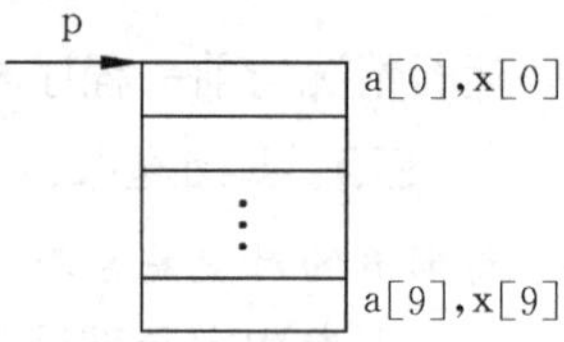

以上4种方法,实质上都是传递地址。其中(3)、(4)两种只是形式上不同,实际上形参都是使用指针变量。

需要注意,如果用指针变量作实参,必须先使指针变量有确定值,指向一个已定义的单元。

图 7.19

【**例7.8**】　编写用选择法对10个整数排序(由大到小顺序)的函数,在主函数中调用此函数时,用指针变量作实参。

解题思路：选择排序法前已介绍,今用 sort 函数来实现选择法排序,在主函数中定义数组 a,用指针变量 p 指向 a[0]。以 p 作为函数实参调用 sort 函数。

编写程序：

```
#include <stdio.h>
int main()
  { void sort(int x[ ],int n);
    int *p,i,a[10];
    p=a;                                //指针变量p指向a[0]
    printf("Please enter 10 numbers: ");
    for(i=0;i<10;i++)
      scanf("%d",p++);
    p=a;                                //重新使p指向a[0]
    sort(p,10);
    printf("The sorted numbers: ");
    for(p=a,i=0;i<10;i++)
      {printf("%d ",*p);p++;}
    printf("\n");
    return 0;
  }

void sort(int x[],int n)
  {int i,j,k,t;
   for(i=0;i<n-1;i++)
     { k=i;
       for(j=i+1;j<n;j++)
         if(x[j]>x[k]) k=j;
         if(k!=i)
           {t=x[i];x[i]=x[k];x[k]=t;}
     }
  }
```

运行结果：

```
Please enter 10 numbers: 34 21 -54 94 -33 67 37 124 99 45↙
The sorted numbers: 124 99 94 67 45 37 34 21 -33 -54
```

程序分析：为了便于理解,函数 sort 中用数组名作为形参,用下标法引用形参数组元素,这样的程序很容易看懂。当然也可以改用指针变量,这时 sort 函数的首部可以改为

```
sort(int *x,int n)
```

其他不改,程序运行结果不变。可以看到,即使在函数 sort 中将 x 定义为指针变量,在函数中仍可用 x[i] 和 x[k] 这样的形式表示数组元素,它就是 x+i 和 x+k 所指的数组元素。

上面的 sort 函数等价于：

```
void sort(int *x,int n)
  { int i,j,k,t;
```

```
       for(i=0;i<n-1;i++)
         { k=i;
           for(j=i+1;j<n;j++)
             if (*(x+j)> *(x+k)) k=j;
               if (k!=i)
                 {t=*(x+i);*(x+i)=*(x+k);*(x+k)=t;}
         }
       }
```

请读者自己理解消化程序。

指针变量可以指向一维数组中的元素,也可以指向多维数组中的元素。但在概念和使用方法上,多维数组的指针比一维数组的指针要复杂一些。关于二维数组的指针在本章中不作介绍,有兴趣的读者可参考本书参考文献[2]。

7.4 通过指针引用字符串

7.4.1 引用字符串的方法

在 C 程序中,可以用两种方法访问一个字符串。

(1) 用字符数组存放一个字符串,然后输出该字符串。

【例 7.9】 定义一个字符数组,对它初始化,然后输出该字符串。

解题思路: 用字符数组存放若干个字符,最后以'\0'结束。可以用格式声明"%s"输出'\0'之前的字符。

编写程序:

```
#include <stdio.h>
int main()
 { char string[]="I love China!";
   printf("%s\n",string);
   return 0;
 }
```

运行结果:

I love China!

程序分析: 和以前介绍的数组属性一样,string 是数组名,它代表字符数组的首元素的地址(见图 7.20)。如果用 %c 可以输出一个字符,如"printf("%c",sring[4]);"可以输出数组中序号为 4 的元素(它的值是字母 v)。用"%s"格式声明可以从指定的地址开始输出一系列字符,直到遇到字符串终止符'\0'为止。在 printf 函数中指定从 string(它代表字符数组首元素的地址)开始输出。如果改成

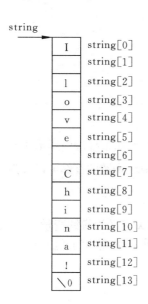

图 7.20

```
printf("%s\n",string+2);
```

则从 string[2]开始输出字符串"love China!"。

(2) 用字符指针变量指向一个字符串,通过字符指针变量访问字符串。

可以不定义字符数组,而只定义一个字符型指针变量,并使它指向字符串。

【例 7.10】 定义字符指针变量,使它指向一个字符串,输出此字符串。

解题思路:把字符串的首地址赋给字符指针变量,用"%s"格式输出该字符指针变量,即可得到此字符串。

编写程序:

```
#include <stdio.h>
int main()
  { char * string = "I love China!";        //string 是字符指针变量,指向字符'I'
    printf("%s\n",string);
    return 0;
  }
```

运行结果:

I love China!

程序分析:在程序中没有定义字符数组,只定义了一个字符指针变量 string,用字符串常量"I love China!"对它初始化。C 语言对字符串常量是按字符数组处理的,在内存中开辟了一个字符数组用来存放该字符串常量,但是这个数组是没有名字的,不能通过数组名来引用,只能通过指针变量来引用。

注意:字符指针 string 指向一个字符串常量,而字符串常量是不能改变的,即不能对该字符串常量重新赋值。对字符指针变量 string 初始化,实际上是把字符串第 1 个字符的地址(即存放字符串的字符数组的首元素地址)赋给 string(见图 7.21)。

有人误认为 string 是一个字符串变量,以为在定义时把"I love China!"这几个字符赋给该字符串变量,这是不对的。分析下面一行:

```
char * string = "I love China!";
```

等价于下面两行:

```
char * string;                    //定义指针变量 string
string = "I love China!";
//把字符串的首字符的地址赋给指针变量 string
```

可以看到 string 被定义为一个指针变量,基类型为字符型。请注意它只能指向一个字符变量(或其他字符类型数据),而不能同时指向多个字符数据,更不是把"I love China!"这些字符存放到 string 中(指针变量只能存放地址),也不是把字符串赋给 *string。只是把"I love China!"的首字符的地址赋给指针变量 string。不要认为上述定义行等价于下面两行:

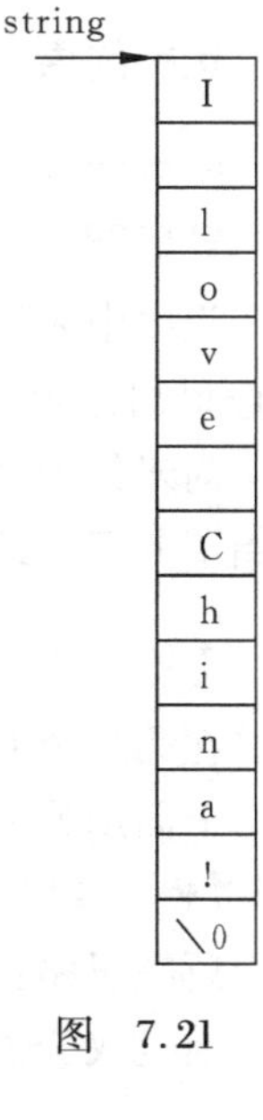

图 7.21

```
char *string;
*string = "I love China!";
```

在 printf 函数中指定的输出项是指针变量 string,由于用"%s"输出,因此并不是输出 string 所代表的地址,而是先输出 string 所指向的一个字符数据,然后自动使 string 加 1,使之指向下一个字符,然后再输出一个字符……如此直到遇到字符串结束标志'\0'为止(注意,在内存中,字符串的最后被自动加了一个'\0',如图 7.21 所示,因此在输出时能确定字符串的终止位置)。

由上可知,对字符串中字符的存取,可以用下标方法,也可以用指针方法。

【例 7.11】 将字符串 a 复制为字符串 b。

解题思路:定义两个字符数组 a 和 b,a 数组中已有字符串"I am a boy.",用下标法逐个访问 a 数组中的元素,并把它赋给 b 数组中相应下标的元素。

编写程序:

```
#include <stdio.h>
int main()
{ char a[] = "I am a boy.",b[20];
  int i;
  for(i = 0; *(a + i)! = '\0';i ++)
    *(b + i) = *(a + i);            //把 a[i]的值赋给 b[i]
  *(b + i) = '\0';                   //b 数组中最后加'\0'
  printf("string a:%s\n",a);        //输出 a 字符串
  printf("string b:");
  for(i = 0;b[i]! = '\0';i ++)
    printf("%c",b[i]);              //逐个输出 b 数组中的字符
  printf("\n");
  return 0;
}
```

运行结果:

```
string a: I am a boy.
string b: I am a boy.
```

程序中 a 和 b 都定义为字符数组,可以通过地址访问其数组元素。在 for 语句中,先检查 a[i]是否为'\0'(今 a[i]是以 *(a + i)的形式表示的)。如果 a[i]不等于'\0',表示字符串尚未处理完,就将 a[i]的值赋给 b[i],即复制一个字符。在 for 循环中将 a 串全部复制给了 b 串。最后还应将'\0'复制过去,故有

```
*(b + i) = '\0';
```

在第二个 for 循环中用下标法表示数组元素。

下面用另一种方法处理此问题。

【例 7.12】 用指针变量来处理例 7.11 问题(将字符串 a 复制为字符串 b)。

解题思路:定义两个字符指针变量 p1 和 p2,使它们分别指向字符数组 a 和 b 的首元素。通过改变字符指针变量的值访问字符数组中的不同的字符。

编写程序:

```c
#include <stdio.h>
int main()
  { char a[]="I am a boy.",b[20],*p1,*p2;
                            //定义字符数组a和b,字符指针变量p1和p2
    int i;
    p1=a;                   //p1指向字符数组a的第1个字符
    p2=b;                   //p2指向字符数组b的第1个字符
    for(;*p1!='\0';p1++,p2++)
       *p2=*p1;             //把a数组一个元素赋给b数组中相应位置的元素
    *p2='\0';
    printf("string a : %s\n",a);
    printf("string b : ");
    for(i=0;b[i]!='\0';i++)
       printf("%c",b[i]);
    printf("\n");
    return 0;
  }
```

运行结果：与例 7.11 相同。

程序分析：p1 与 p2 是指向字符型数据的指针变量。先使 p1 和 p2 分别指向字符数组 a 和 b 第 1 个字符。因此开始时 *p1 的值为字符'I'。赋值语句" *p2 = *p1;"的作用是将字符'I'(a 串中第 1 个字符)赋给 p2 所指向的元素,即 b[0]。然后 p1 和 p2 分别加 1,指向其下面的一个元素,直到 *p1 的值为'\0'止。注意 p1 和 p2 的值是不断在改变的,见图 7.22 的虚线和 p1′和 p2′。在 for 语句中的 p1++ 和 p2++ 使 p1 和 p2 同步移动。

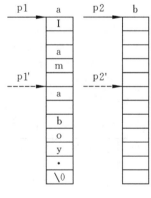

图 7.22

说明：在本节的例题中可以看到,指针的使用很灵活,善于使用指针可以使程序简练,效率提高。学习程序设计,不仅要求能编写出能解决问题的程序,还要求编写出质量高的程序。应当注意学习编程思路、编程技巧与编程风格。不仅要注重结果,还要注重过程。在学习过程中,不仅要学习具体知识,更要学习思维方法,有意识培养科学思维能力。

7.4.2 字符指针作函数参数

在上一小节中,是在主函数中直接处理字符串。由于字符串使用广泛,在应用程序中往往要求编写专门的函数来处理字符串。从主调函数把字符串传递给被调用的函数,经处理后将结果带回主调函数。

怎样把一个字符串从一个函数传递到另一个函数呢？可以用地址传递的办法,即用字符数组名作参数,也可以用指向字符的指针变量作参数。在被调用的函数中可以改变字符串的内容,在主调函数中可以得到改变了的字符串。

在下面的例子中将进一步介绍一些编程方法和技巧,请读者注意学习和思考。

【例7.13】 用函数调用实现字符串的复制。

解题思路:在主函数中定义字符指针变量a并使之指向字符串1,定义字符数组b并初始化为字符串2。再定义字符指针变量p并使之指向字符串2。将字符指针变量a和p作为函数实参传递给copy_string函数。在copy_string函数中将字符串1复制到字符数组b中。

编写程序:

```
#include <stdio.h>
int main()
  { void copy_string(char *from,char *to);       //函数声明
    char *a="I am a teacher.";                   //定义字符指针变量a,指向字符串1
    char b[]="You are a student.";               //定义字符数组b,初始化为字符串2
    char *p=b;                                   //定义字符指针变量p,指向字符串2
    printf("string_1:%s \nstring_2:%s \n",a,p);  //输出字符串1和字符串2
    printf("copy string a to string b: \n");
    copy_string(a,p);                            //调用copy_string函数
    printf("string_1:%s \nstring_2:%s \n",a,b);  //输出两次字符串1
    return 0;
  }
void copy_string(char *from,char *to)
  { for(;*from!='\0';from++,to++)
      {*to=*from;}
    *to='\0';
  }
```

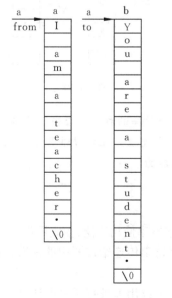

(a)   (b)

图 7.23

运行结果:

string_1: I am a teacher.
string_2: You are a student.
copy string a to string b:
string_1: I am a teacher.
string_2: I am a teacher.

程序分析:a是字符指针,指向字符串"I am a teacher."。b是字符数组,在其中存放了字符串"You are a student."。p是指向字符的指针变量,它得到b数组第一个元素的地址,因此也指向字符串"You are a student."。初始情况如图7.23(a)所示。copy_string函数的作用是进行字符串的复制,采取的方法与例7.12相同。把from[i]赋给to[i],直到from[i]的值等于'\0'为止。形参from和to是字符指针变量。在调用copy_string时,将数

组 a 首元素的地址传给 from,把指针变量 p 的值(即数组 b 首元素的地址)传给 to。因此 from[0]和 a[0]是同一个单元,to[0]和 p[0](也就是 b[0])是同一个单元。在 for 循环中,先检查 from 当前所指向的字符是否是'\0',如果不是,就执行"*to = *from",每次将 *from 赋给 *to,第 1 次就是将 a 数组中第 1 个字符赋给 b 数组的第 1 个字符。每次循环中都执行 from ++ 和 to ++,使 from 和 to 分别指向 a 数组和 b 数组的下一个元素。下次再执行 *to = *from 时,就将 a[1]赋给 b[1]……最后将'\0'赋给 *to,注意此时 to 指向哪个单元。

程序执行完以后,b 数组的内容如图 7.23(b)所示。可以看到,由于 b 数组原来的长度大于 a 数组,因此在将 a 数组复制到 b 数组后,未能全部覆盖 b 数组原有内容。b 数组最后 3 个元素仍保留原状。在输出 b 时由于按%s(字符串格式)输出,遇到'\0'即告结束,因此第一个'\0'后的字符不输出。如果不采取%s 格式输出而用%c 逐个字符输出是可以输出后面这些字符的。

对 copy_string 函数还可以改写得更精练一些,请分析以下几种情况:

(1) 将 copy_string 函数改写如下:

```
void copy_string(char *from,char *to)
{while((*to = *from)!='\0')
    {to++;from++;}
}
```

请与上面一个程序对比。在本程序中将"*to = *from"的操作放在 while 语句括号内的表达式中,而且把赋值运算和判断是否为'\0'的运算放在一个表达式中,先赋值后判断。在循环体中使 to 和 from 增值,指向下一个元素……直到 *from 的值为'\0'为止。

(2) copy_string 函数的函数体还可简化如下:

```
{while((*to ++=* from +=)!='\0');}
```

把上面程序的 to ++ 和 from ++ 运算与 *to = *from 合并,它的执行过程是:先将 *from 赋给 *to,然后使 to 和 from 增值。显然这又简化了。

(3) copy_string 函数的函数体还可写成:

```
{while(*from!='\0')
   *to ++=* from ++;
 *to ='\0';
}
```

当 *from 不等于'\0'时,将 *from 赋给 *to,然后使 to 和 from 增值。

(4) 由于字符可以用其 ASCII 码来代替(例如,"ch = 'a'"可以用"ch = 97"代替,"while(ch!='\0'"可以用"while(ch!=97)"代替)。因此,"while(*from!='\0')"可以用"while(*from!=0)"代替('\0'的 ASCII 代码为 0)。而关系表达式"*from!=0"又可简化为"*from",这是因为若 *from 的值不等于 0,则表达式"*from"为真,同时"*from!=0"也为真。因此"while(*from!=0)"和"while(*from)"是等价的。所以函数体可简化为

```
{while(*from)
    *to++=*from++;
 *to='\0';
}
```

(5) 上面的 while 语句还可以进一步简化为下面的 while 语句：

```
while(*to++=*from++);
```

它与下面语句等价：

```
while((*to++=*from++)!='\0');
```

先将 *from 赋给 *to，然后再进行条件判断，如果赋值后的 *to 值等于'\0'，则循环终止('\0'已赋给 *to)。

(6) 函数体中也可以改用 for 语句：

```
for(;(*to++=*from++)!=0;);
```

或

```
for(;*to++=*from++;);
```

(7) 也可以用字符数组名作函数形参，在函数中另定义两个指针变量 p1，p2。函数 copy_string 函数可写为

```
void copy_string(char from[ ],char to[ ])
  { char *p1,*p2;
    p1=from;p2=to;
    while((*p2++=*p1++)!='\0');
  }
```

说明：以上各种用法，使用十分灵活，变化多端，比较专业。需要有一定的编程经验才能熟练地掌握。国外有专家说，如果不知道"while(*a++=*b++);"的作用是复制字符串，就表示没有真正掌握 C 语言编程。由于以上形式的语句含义不大直观，初学者要很快地写出来可能有些困难，也容易出错。但在专业领域，以上形式的使用是比较多的，建议读者逐渐熟悉它，掌握它。

归纳起来，用字符指针作为函数参数时，实参与形参的对应关系有下面几种情况，见表 7.2。

表 7.2　调用函数时实参与形参的对应关系

实　参	形　参	实　参	形　参
字符数组名	字符数组名	字符指针变量	字符指针变量
字符数组名	字符指针变量	字符指针变量	字符数组名

7.4.3　对使用字符指针变量和字符数组的归纳

虽然用字符数组和字符指针变量都能实现字符串的存储和运算，但它们二者之间是

有区别的,不应混为一谈,主要有以下几点。

（1）字符数组由若干个元素组成,每个元素中放一个字符,而字符指针变量中存放的是地址(字符串第1个字符的地址),绝不是将字符串放到字符指针变量中。

（2）赋值方式。对字符数组只能对各个元素赋值,不能用以下办法对字符数组赋值:

```
char str[14];
str = "I love China!";              //数组名是地址常量,不能再赋值
```

而对字符指针变量,可以采用下面方法赋值:

```
char * str;
str = "I love China!";
```

但注意赋给 str 的不是字符,而是字符串第一个元素的地址。

（3）对字符指针变量赋初值:

```
char * str = "I love China!";
```

等价于

```
char * str;
str = "I love China!";              //把字符串第一个字符的地址赋给 str
```

而对数组的初始化:

```
char str[14] = {"I love China!"};
```

不等价于

```
char str[14];
str[ ] = "I love China!";           //赋值的对象是谁
```

数组可以在定义时整体赋初值,但不能在赋值语句中整体赋值。

（4）如果定义了一个字符数组,在编译时为它分配内存单元,它有确定的地址。而定义一个字符指针变量时,系统给此指针变量分配内存单元,其中可以存放一个字符变量的地址,也就是说,该指针变量可以指向一个字符型数据,但是如果未对它赋予一个确定的地址,则它并未具体指向一个确定的字符数据。例如:

```
char str[10];
scanf("%s",str);
```

是可以的,表示向此数组输入一个字符串。往往有人用下面的方法:

```
char * a;
scanf("%s",a);
```

企图输入一个字符串。编译时发出"警告"信息,提醒"未给指针变量指定初始值"。虽然有时也能运行,但这种方法是危险的,绝不能提倡。因为系统虽然给指针变量 a 分配了内存单元,变量 a 的地址(即 &a)是已指定了,但 a 的值并未指定,在 a 单元中是一个不可预料的值。在执行 scanf 函数时要求将一个字符串输入到 a 所指向的一段内存单元(即以 a

的值(地址)开始的一段内存单元)中。而 a 的值如今却是不可预料的,它可能指向内存中空白的(未用的)用户存储区中(这是好的情况),也有可能指向已存放指令或数据的有用内存段,这就会破坏了程序,甚至破坏了系统,会造成严重的后果。在程序规模小时,由于空白地带多,往往可以正常运行,而程序规模大时,出现上述"冲突"的可能性就大多了。应当这样:

```
char *a,str[10];
a = str;
scanf("%s",a);
```

先使 a 有确定值,也就是使 a 指向一个数组的首元素,然后输入一个字符串,把它存放在以该地址开始的若干单元中。

(5) 指针变量的值是可以改变的,见下例。

【例 7.14】 改变指针变量的值。

```
#include <stdio.h>
int main()
  { char *a = "I love China!";
    a = a + 7;
    printf("%s\n",a);
    return 0;
  }
```

运行结果:

China!

指针变量 a 的值是可以变化的,输出字符串时从 a 当时所指向的单元开始输出各个字符,直到遇'\0'为止。而数组名虽然代表地址,但它是常量,它的值是不能改变的。下面是错的:

```
char str[ ] = {"I love China!"};
str = str + 7;
printf("%s",str);
```

(6) 前已说明,若指针变量 p 指向数组 a,则可以用指针变量带下标的形式引用数组元素,同理,若字符指针变量 p 指向字符串,就可以用指针变量带下标的形式引用所指的字符串中的字符。如有:

```
char *a = "I love China!";
```

则 a[5]的值是 a 所指向的字符串"I love China!"中第 6 个字符(序号为 5),即字母'e'。

虽然并未定义数组 a,但字符串在内存中是以字符数组形式存放的。a[5]按 *(a + 5)处理,即从 a 当前所指向的元素下移 5 个元素位置,取出其单元中的值。

(7) 字符数组中各元素的值是可以改变的(可以对它们再赋值),但字符指针变量指向的字符串中的内容是不可以被取代的(不能对它们再赋值)。如:

```
char a[] = "House";
```

```
char *b=" House";
a[2]='r';                    //合法,r 取代 u
b[2]='r';                    //非法,字符串常量不能改变
```

本 章 小 结

(1) 首先要准确地弄清楚指针的含义。**指针就是地址**,凡是出现"指针"的地方,都可以用"地址"代替,例如,变量的指针就是变量的地址,指针变量就是地址变量。

(2) 什么叫"指向"? 地址就意味着指向,因为通过地址能找到以该地址为标识的对象。对于指针变量来说,把谁的地址存放在此指针变量中,就说此指针变量指向谁。但应注意:并不是任何类型数据的地址都可以存放在同一个指针变量中,只有与指针变量的基类型相同的数据的地址才能存放在相应的指针变量中。例如:

```
int a,*p;                    //a 是 int 型变量,指针变量 p 的基类型是 int 型
float b;                     //b 是 float 型变量
p=&a;                        //合法,把 int 型变量的地址赋给指针变量 p
p=&b;                        //非法,类型不匹配
```

各种数据对象(如变量、数组、字符串、函数等)都在内存中被分配存储空间,也都有了地址,即有了指针。可以根据其类型定义一些指针变量,用来存放这些数据对象的地址,指向这些对象,以便通过这些指针变量引用数据对象。

(3) 地址信息包括存储单元的位置信息(纯地址,即内存编号)以及存储单元中数据的类型的信息(即地址的基类型)。若变量 a 为 int 型,变量 b 为 float 型,如果先后分配在编号为 2000 起的存储单元,但 &a 和 &b 的内容不完全相同,因为所指向的数据的类型不同。要注意指针变量的基类型。

(4) 要深入掌握在对数组的操作中怎样正确地使用指针,搞清楚指针的指向。

一维数组名代表数组首元素的地址,如

```
int *p,a[10];
p=a;
```

p 是指向 int 型类型的指针变量,显然,p 可以指向数组中的元素(int 型变量),而不是指向整个数组。在进行赋值时一定要先确定赋值号两侧的类型是否相同,是否允许赋值。

对"p=a;",准确地说应该是"p 指向 a 数组的首元素",在不引起误解的情况下,有时也简称为"p 指向 a 数组",但读者对此应有准确的理解。同理,对"p 指向字符串 str",也应理解为 p 指向字符串 str 中的首字符。

(5) 指针运算小结。

① 指针变量加(减)一个整数。

例如:p++,p--,p+i,p-i,p+=i 和 p-=i 等均是指针变量加(减)一个整数。将该指针变量的原值(是一个地址)和它指向的变量所占用的内存单元字节数相加(减)。

② 对指针变量赋值。

将一个变量地址赋给一个指针变量。例如:

```
p = &a;              //将变量 a 的地址赋给 p
p = &array[i];       //将数组 array 序号为 i 的元素的地址赋给 p
p = max;             //max 为已定义的函数,将 max 的入口地址赋给 p
p1 = p2;             //p1 和 p2 是基类型相同的指针变量,将 p2 的值赋给 p1
```

注意：不能把一个整数赋给指针变量,如"p1 = 100;"。

③ 指针变量可以有空值,即该指针变量不指向任何变量,可以这样表示：

```
p = NULL;
```

其中,NULL 是一个符号常量,代表整数 0。在 stdio.h 头文件中对 NULL 进行了定义：

```
#define NULL 0
```

"p = NULL;"的作用是使 p 指向地址为 0 的单元。系统保证使该单元不作他用(不存放有效数据),即有效数据的地址不会是编号为 0 的单元。

应注意,p 的值为 NULL 与未对 p 赋值是两个不同的概念。前者是有值的(值为 0),不指向任何变量,后者虽未对 p 赋值但并不等于 p 无值,只是它的值是一个无法预料的值,也就是 p 可能指向一个事先未指定的单元。这种情况是很危险的。因此,在引用指针变量之前应对它赋值。任何指针变量或地址都可以与 NULL 作相等或不相等的比较,例如：

```
if (p == NULL)…
```

④ 两个指针变量可以相减。

如果两个指针变量都指向同一个数组中的元素,则两个指针变量值之差是两个指针之间的元素个数。

⑤ 两个指针变量比较。

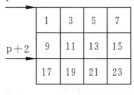

图 7.24

若两个指针指向同一个数组的元素,则可以进行比较。指向前面的元素的指针"小于"指向后面元素的指针。如果 p1 和 p2 不指向同一数组则该比较无意义。

*(6) 除了本章介绍的有关指针的数据类型外,还有以下几种类型：

① **指向一维数组的指针**。如果有一个 3×4 的二维数组 a,见图 7.24。可以认为二维数组 a 是由 3 个一维数组构成的,其中每个一维数组又是由 4 个数组元素组成的。可以定义一个指针变量 p,指向一维数组,那么,此指针变量就是指向一维数组的指针变量。如：

```
int (*p)[4];         //定义 p 指向包含 4 个整型元素的一维数组
```

如果开始时 p 指向二维数组的第 1 行(即序号为 0 的一维数组),则 p+2 指向第 3 行(序号为 2 的一维数组,而不是指向第 1 行的第 3 个元素)。

② **指向函数的指针**。系统为函数代码在内存中分配一段存储单元,其起始地址(又称入口地址)就是函数的指针。可以定义一个指向函数的指针变量,用来存放某一函数的入口地址,这个指针变量就指向该函数。可以通过该指针变量调用此函数。如：

```
int max(int,int);    //声明 max 函数,有两个整型参数
```

```
int (*p)(int,int);    //定义指向函数的指针变量p,它可以指向返回值为int且有两个int
                        参数的函数
p=max;                //把max函数入口地址赋给p,使p指向max函数
c=(*p)(a,b);          //调用p指向的函数,用a和b作为实参,作用与"max(a,b);"相同
```

③ **返回指针的函数**。函数的返回值可以是整型、字符型、实型的数据,也可以是某一变量的地址,这种返回地址的函数称为返回指针的函数。如一个函数的首部为

```
int *fun(int x, int y)
```

表示定义的函数名为fun,它返回值的类型为(int *),即返回一个基类型为int的指针。或者说,返回一个指向整型数据的指针(地址)。

④ **void指针**。不指向具体类型数据的指针,称"指向空类型",以(void *)类型表示,如:

```
void *p;
```

表示p不指向任何类型的数据,如果需要用此地址指向某类型的数据,由于ANSI新标准把一些有关内存分配的函数返回值(是一个地址)确定为"不指向任何具体的类型的数据",故返回值的类型以(void *)表示。在将它赋给另一指针变量时,应先对地址进行类型转换。如:

```
int *p1;
void *p2;
   ⋮
p1 = (int *)p2;              //把p2的类型强制转换为int *型,才能赋给p1
```

现在使用的一些C编译系统(包括Visual C++)可以自动进行以上类型转换,而不必由编程者指定进行强制类型转换。但建议读者仍按语法规定写,比较规范、通用和安全。

⑤ **指向指针的指针**。已经有一个指针变量p1,如果把它的地址存放到另一个指针变量p2中,则p2指向指针变量p1。这时,p2就是指向指针变量的指针变量,简称为指向指针的指针。

如果有一个指针型数组name,用来存放一些姓名字符串的首地址(数组元素为指针型数据,各元素的值是地址),如果定义一个指针变量p,指向某一元素,见图7.25。这时,p就是指向指针变量的指针变量。数组名name是指针数组首元素的地址,它指向指针数组首元素,因此,数组名name是指向指针变量的指针。

图 7.25

【例 7.15】 通过指向指针的指针引用字符串。

解题思路：定义指针数组 name，存放 5 本书的名字，定义 p 为指向指针变量的指针变量，改变 p 的值即可指向不同的字符串。

编写程序：

```
#include <stdio.h>
int main()
  { char *name[]={"Follow me","BASIC","Great Wall","FORTRAN","Computer
                  Design"};
    char **p;                      //定义 p 为指向指针变量的指针变量
    int i;
    for(i=0;i<5;i++)
      { p=name+i;                  //改变 p 的值即可指向不同的字符串
        printf("%s\n",*p);         //输出各字符串
      }
    return 0;
  }
```

运行结果：

```
Follow me
BASIC
Great Wall
FORTRAN
Computer Design
```

*(6) 与指针有关的数据的定义的归纳比较，见表 7.3。

表 7.3 有关指针的类型、变量及含义

变量定义	类型表示	含　　义
int i;	int	定义整型变量 i
int *p;	int *	定义 p 为指向整型数据的指针变量
int a[5];	int [5]	定义整型数组 a，它有 5 个元素
int *p[4];	int *[4]	定义指针数组 p，它由 4 个指向整型数据的指针元素组成
int (*p)[4];	int(*)[4]	p 为指向包含 4 个元素的一维数组的指针变量
int f();	int ()	f 为返回整型函数值的函数
int *p();	int *()	p 为返回一个指针的函数，该指针指向整型数据
int (*p)();	int (*)()	p 为指向函数的指针，该函数返回一个整型值
int **p;	int **	p 是一个指针变量，它指向一个指向整型数据的指针变量
void *p;	void *	p 是一个指针变量，基类型为 void(空类型)，不指向具体的对象

为便于比较，我们把其他一些类型变量的定义也列在一起。

说明：上面第(5)、(6)点是补充知识，只作了简单的介绍，使读者对此有初步的了解，以便于今后的进一步学习。读者目前对它们可暂不深究。如欲进一步了解，可参考本书的参考文献[2]。

习 题

7.1 输入3个整数,按由小到大的顺序输出。

7.2 输入3个字符串,按由小到大的顺序输出。

7.3 输入10个整数,将其中最小的数与第一个数对换,把最大的数与最后一个数对换。写3个函数:①输入10个数;②进行处理;③输出10个数。

7.4 有 n 个整数,使前面各数顺序向后移 m 个位置,最后 m 个数变成最前面 m 个数,见图7.26。写一函数实现以上功能,在主函数中输入 n 个整数和输出调整后的 n 个数。

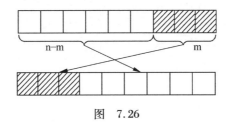

图 7.26

7.5 有 n 个人围成一圈,顺序排号。从第1个人开始报数(从1到3报数),凡报到3的人退出圈子,问最后留下的是原来第几号的那位。

7.6 写一函数,求一个字符串的长度。在 main 函数中输入字符串,并输出其长度。

7.7 有一字符串,包含 n 个字符。写一函数,将此字符串中从第 m 个字符开始的全部字符复制成为另一个字符串。

7.8 输入一行文字,找出其中大写字母、小写字母、空格、数字以及其他字符各有多少。

7.9 请改写本章例7.7程序,将数组 a 中 n 个整数按相反顺序存放。要求用指针变量作为函数的实参。

7.10 写一函数,将一个 3×3 的整型矩阵转置。

7.11 将一个 5×5 的矩阵中最大的元素放在中心,4个角分别放4个最小的元素(顺序为从左到右,从上到下依次从小到大存放),写一函数实现之。用 main 函数调用。

7.12 在主函数中输入10个等长的字符串,用另一函数对它们排序,然后在主函数输出这10个已排好序的字符串。

7.13 用指针数组处理上一题目,字符串不等长(主函数中输入10个等长的字符串,用另一函数对它们排序,然后在主函数输出这10个已排好序的字符串)。

7.14 将 n 个数按输入时顺序的逆序排列,用函数实现。

7.15 输入一个字符串,内有数字和非数字字符,例如:

al23x456　17960?　　302tab5876

将其中连续的数字作为一个整数,依次存放到数组 a 中。例如,123 放在 a[0],456 放在 a[1]……统计共有多少个整数,并输出这些数。

7.16 编一程序,输入月份号,输出该月的英文月名。例如,输入"3",则输出"March",要求用指针数组处理。

7.17 如果指针变量 p 指向 a 数组的首元素(即 p = a)。请分析以下各项的含义。

(1) p ++ ; * p;

(2) * p ++

(3) * (p ++)与 * (++ p)作用是否相同?

(4) ++ (* p)

(5) 如果 p 当前指向 a 数组中第 i 个元素,分析以下表达式的含义。

① * (++ p)

② * (-- p)

③ * (-- p)

第 8 章 根据需要创建数据类型

C语言提供了一些由系统已建立好的标准数据类型,如 int,float,char 等,程序设计者可以在程序中直接用它们定义变量,解决一般的问题。但是人们要处理的问题往往比较复杂,只用系统提供的类型还不能完全满足应用的要求。为此,C语言允许用户根据需要自己创建一些数据类型,并用它来定义变量。

8.1 定义和引用结构体变量

8.1.1 怎样创建结构体类型

在前面所见到的程序中,所用的变量大多数是互相独立、无内在联系的。例如定义了整型变量 a,b,c,它们都是单独存在的变量,在内存中的地址也是互不相干的,但在实际生活和工作中,有些数据是有内在联系的,成组出现的。例如,一个学生的学号、姓名、性别、年龄、成绩、家庭地址等项,是属于同一个学生的,见图 8.1。可以看到性别(sex)、年龄(age),成绩(score),地址(addr)是属于学号(num)为 10010 和姓名(name)为"Li Fan"的学生的。如果将 num,name,sex,age,score,addr 分别定义为互相独立的简单变量,难以反映它们之间的内在联系。人们希望把这些数据组成一个组合项,例如定义一个名为 student_1 的变量,在这个变量中包括学生 1 的学号、姓名、性别、年龄、成绩、家庭地址等项。这样做,含义清楚,引用方便。

	num	name	sex	age	score	addr
student_1	10010	Li Fan	M	18	87.5	Beijing

图 8.1

有人可能想到数组,能否用一个数组来存放这些数据呢?显然不行,因为一个数组中只能存放同一类型的数据。例如整型数组可以存放学号或成绩,但不能存放姓名、性别、地址等字符型的数据。C语言允许用户自己建立由不同类型数据组成的组合型的数据结构,它称为**结构体**(structre)。相当于其他高级语言中的"记录"(record)。

如果程序中要用到图 8.1 所表示的数据结构,可以在程序中自己建立一个**结构体类型**。例如:

```
struct Student
  { int num;                //学号为整型
    char name[20];          //姓名为字符串
    char sex;               //性别为字符型
    int age;                //年龄为整型
    float score;            //成绩为实型
    char addr[30];          //地址为字符串
  };                        //注意最后有一个分号
```

上面由程序设计者指定了一个**结构体类型** struct Student(struct 是声明结构体类型时所必须使用的关键字，不能省略)①。经过上面的指定，struct Student 就是一个在本程序文件中可以使用的合法类型名。它向编译系统声明：这是一个"结构体类型"，包括 num，name，sex，age，score，addr 等不同类型的成员。它和系统提供的标准类型(如 int，char，float，double 等)具有类似的作用，都可以用来定义变量，只不过 int 等类型是由系统创建的，而结构体类型是由用户根据需要在程序中创建的。

声明一个结构体类型的一般形式为

struct 结构体名

{成员表列};

注意：结构体类型的名字是由一个关键字 struct 和结构体名二者组合而成的(例如 struct Student)。结构体名是由用户指定的，又称"结构体标记"(structure tag)，以区别于其他结构体类型。上面的结构体声明中 Student 就是结构体名(结构体标记)。花括号内是该结构体中的成员(member)，由它们组成一个结构体。上例中的 num，name，sex 等都是成员。对各成员都应进行类型声明。即

类型名 成员名；

"成员表列"(member list)也称为"域表"(field list)，每一个成员是结构体中的一个域。成员名命名规则与变量名相同。

说明：

(1) 结构体类型并非只有一种，而是可以设计出许多种结构体类型。

除了可以建立上面的 struct Student 结构体类型外，还可以根据需要建立名为 struct Teacher，struct Worker，struct Date 等结构体类型，各自包含不同的成员。

(2) 一个结构体中的成员的类型可以是另一个结构体类型。例如：

```
struct Date                 //声明一个结构体类型 struct Date
  { int month;              //月
    int day;                //日
    int year;               //年
  };
struct Student              //声明一个结构体类型 struct Student
  { int num;
    char name[20];
```

---

① 在本书中将结构体名和枚举名的第一个字母用大写表示，以表示和系统提供的类型名相区别。这不是规定，只是常用的习惯。

```
        char sex;
        int age;
        struct Date birthday;   //成员 birthday 属于 struct Date 类型
        char addr[30];
    };
```

先声明一个 struct Date 类型,它代表"日期",包括 3 个成员:month(月)、day(日)、year(年);然后在声明 struct Student 类型时,将成员 birthday 指定为 struct Date 类型。struct Student 的结构见图 8.2 所示。已声明的类型 struct Date 与其他类型(如 int,char)一样可以用来声明成员的类型。

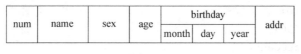

图 8.2

8.1.2 怎样定义结构体类型变量

前面只是建立了一个结构体类型,它相当于一个模型,并没有定义变量,其中无具体数据,系统对其也不分配存储单元,相当于设计好了图纸,但并未建成具体的房屋。为了能在程序中使用结构体类型的数据,应当定义结构体类型的变量,并在其中存放具体的数据。可以采取以下 3 种方法定义结构体类型变量。

1. 先声明结构体类型,再定义该类型的变量

在 8.1.1 节的开头已声明了一个结构体类型 struct Student,可以用它来定义变量。例如:

```
struct student    student1, student2;
    │                │        │
结构体类型名        结构体变量名
```

这种形式和定义其他类型的变量形式(如 int a,b;)是相似的。上面定义了 student1 和 student2 为 struct Student 类型的变量,这样 student1 和 student2 就具有 struct Student 类型的结构,如图 8.3 所示。

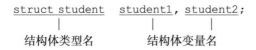

图 8.3

在定义了结构体变量后,系统会根据结构体类型中包含的成员情况,为其分配内存单元。在一般的 C 系统中计算出应占 63 个字节(4+20+1+4+4+30=63)[①]。

[①] 计算机对内存的管理是以"字"为单位的(一般以 4 个字节为一个"字")。如果有一个字符变量,理应分配一个字节,但是在一个"字"中存放了一个字符后,不会在该"字"中其他 3 个字节中接着存放下一个变量,而会从下一个"字"开始存放其他数据,因此在用 sizeof 运算符测量 student1 的长度时,得到的不是理论值 63,而是 64,必然是 4 的倍数。

这种方式是声明类型和定义变量分离,在声明类型后可以随时定义变量,比较灵活。

2. 在声明类型的同时定义变量

例如:

```
struct Student
  { int num;
    char name[20];
    char sex;
    int age;
    float score;
    char addr[30];
  }student1,student2;
```

它的作用与第一种方法相同,但它是在定义 struct Student 类型的同时定义两个 struct Student 类型的变量 student1,student2。这种定义方法的一般形式为

struct 结构体名

  {

    成员表列

  }**变量名表列**;

声明类型和定义变量放在一起进行,能直接看到结构体的结构,比较直观,在写小程序时用此方式比较方便,但写大程序时,往往要求对类型的声明和对变量的定义分别放在不同的地方,以使程序结构清晰,便于维护,所以一般不常用这种方式。

3. 不指定类型名而直接定义结构体类型变量

其一般形式为

struct

  {

    成员表列

  }**变量名表列**;

指定了一个无名的结构体类型,它没有名字(不出现结构体名)。显然不能再以此结构体类型去定义其他变量。这种方式用得不多。

说明:

(1) 结构体类型与结构体变量是不同的概念,不要混淆。只能对变量赋值、存取或运算,而不能对一个类型赋值、存取或运算。在编译时,对类型是不分配空间的,只对变量分配空间。

(2) 结构体类型中的成员名可以与程序中的变量名相同,但二者不代表同一对象。例如,程序中可以另定义一个变量 num,它与 struct Student 中的成员 num 是两回事,互不干扰。

(3) 对结构体变量中的成员(即"域"),可以单独使用,它的作用与地位相当于普通变量。关于对成员的引用方法见下节。

8.1.3 引用结构体变量

在定义结构体变量时,可以对它初始化,即赋予初始值。然后可以引用这个变量,例如输出它的成员的值。

【例8.1】 把一个学生的信息(包括学号、姓名、性别、住址)放在一个结构体变量中,然后输出这个学生的信息。

解题思路:先在程序中建立一个结构体类型,包括有关学生信息的各成员;然后用它来定义结构体变量,同时赋以初值(学生的信息);最后输出该结构体变量的各成员(即该学生的信息)。

编写程序:

```
#include <stdio.h>
int main()
  { struct Student               //声明结构体类型 struct Student 以下 4 行为结构体的成员
      { long int num;
        char name[20];
        char sex;
        char addr[20];
      }a={10101,"Li Lin",'M',"123 Beijing Road"};   //定义结构体变量a并初始化
    printf ("NO.: %ld\nname: %s\nsex: %c\naddress: %s\n",a.num,a.name,
         a.sex,a.addr);
    return 0;
  }
```

运行结果:

```
NO.: 10101
name: Li Lin
sex: M
address: 123 Beijing Road
```

程序分析:程序中声明了一个结构体类型,结构体名为 Student,包含 4 个成员。在声明类型的同时定义了结构体变量 a,这个变量具有 struct Student 类型所规定的结构。在定义变量同时,进行初始化。在变量名 a 后面的花括号中提供了各成员的值,将 10101,"Li Lin",'M',"123 Beijing Road" 按顺序分别赋给 a 变量中的成员 num,name 数组和 sex,addr 数组。最后用 printf 函数输出变量中各成员的值。a.num 表示变量 a 中的 num 成员。同理,a.name 代表变量 a 中的 name 成员。

说明:

(1) 在定义结构体变量时可以对它的成员初始化。初始化列表是用花括号包起来的一些常量,这些常量依次赋给结构体变量中的各成员。注意:是对结构体变量初始化,而不是对结构体类型初始化。

C99 标准允许在定义结构体变量时对其中一个或几个成员进行初始化,如:

```
struct Student b = {.name = "Zhang Fun"};        //在成员名前有成员运算符"."
```

".name"隐含代表当前定义的结构体变量 b 中的成员 b.name。其他未被指定初始化的数值型成员被系统初始化为 0,字符型成员被系统初始化为'\0',指针型成员被系统初始化为 NULL。

(2) 可以引用结构体变量中成员的值,引用方式为

结构体变量名.成员名

例如,a.num 表示 a 变量中的 num 成员。

在程序中可以对变量的成员赋值,例如:

```
a.num = 10010;
```

"."是**成员运算符**,它在所有的运算符中优先级最高,因此可以把 a.num 作为一个整体来看待,相当于一个变量。上面赋值语句的作用是将整数 10010 赋给 a 变量中的成员 num。

🔔 **注意**:不能以输出结构体变量名来达到输出结构体变量所有成员的值。

下面用法不正确:

```
printf("%s\n",a);        //企图用结构体变量名输出所有成员的值
```

只能对结构体变量中的各个成员分别进行输入和输出。

(3) 如果结构体中某一成员又属于另一个结构体类型,则要用若干个成员运算符,一级一级地找到最低的一级的成员。如果在结构体 struct Student 类型中包含了另一个结构体 struct Date 类型的成员 birthday(如图 8.2 所示),若结构体变量名为 a,则引用成员的方式为

```
a.num                    (结构体变量 a 中的成员 num)
a.birthday.month         (结构体变量 a 中的成员 birthday 中的成员 month)
```

不能用 a.birthday 来引用 a 变量中的成员 birthday,因为 birthday 本身是一个结构体成员。只能对最低级的成员进行赋值、存取或运算。

(4) 对结构体变量的成员可以像普通变量一样进行各种运算(根据其类型决定可以进行何种运算)。例如:

```
b.score = a.score;            (赋值运算)
sum = a.score + b.score;      (加法运算)
a.age ++;                     (自加运算)
```

由于"."运算符的优先级最高,因此 a.age ++ 是对(a.age)进行自加运算,而不是先对 age 进行自加运算。

(5) 同类型的结构体变量可以互相赋值,如:

```
b = a;                   //假设 a 和 b 已定义为同类型的结构体变量
```

(6) 可以引用结构体变量成员的地址,也可以引用结构体变量的地址。例如:

```
scanf("%d",&a.num);      (输入 &a.num 的值)
printf("%o",&a);         (输出结构体变量 a 的首地址)
```

但不能用以下语句整体读入结构体变量,例如:

scanf("%d,%s,%c,%d,%f,%s\n",&student);

💡 **说明**:结构体变量的地址主要用作函数参数,传递结构体变量的地址。

【例8.2】 输入两个学生的学号、姓名和成绩,输出成绩较高的学生的学号、姓名和成绩。

解题思路:

(1) 定义两个结构相同的结构体变量 student1 和 student2;

(2) 分别输入两个学生的学号、姓名和成绩;

(3) 比较两个学生的成绩,如果学生1的成绩高于学生2的成绩,就输出学生1的全部信息;如果学生2的成绩高于学生1的成绩,就输出学生2的全部信息;如果二者相等,输出两个学生的全部信息。

编写程序:

```
#include <stdio.h>
int main()
  { struct Student                     //声明结构体类型 struct Student
     { int num;
       char name[20];
       float score;
     }student1,student2;                //定义两个结构体变量 student1,student2
    scanf("%d%s%f",&student1.num,student1.name,&student1.score);
                                       //输入学生1的数据
    scanf("%d%s%f",&student2.num,student2.name,&student2.score);
                                       //输入学生2的数据
    printf("The higher score is: \n");
    if (student1.score>student2.score)
       printf("%d %s %6.2f\n",student1.num,student1.name,student1.score);
    else if (student1.score<student2.score)
       printf("%d %s %6.2f\n",student2.num,student2.name,student2.score);
    else
       { printf("%d %s %6.2f\n",student1.num,student1.name,student1.score);
         printf("%d %s %6.2f\n",student2.num,student2.name,student2.score);
       }
    return 0;
  }
```

运行结果:

10101 Wang 89↙   (输入学生1的学号、姓名、成绩)
10103 Li 98↙   (输入学生2的学号、姓名、成绩)
The higher score is:
10103 Li 90.00   (输出成绩高者的学号、姓名、成绩)

程序分析：

（1）student1 和 student2 是 struct Student 类型的变量。在 3 个成员中分别存放学号、姓名和成绩。

（2）用 scanf 函数输入结构体变量时，必须分别输入它们的成员的值，不能在 scanf 函数中使用结构体变量名一揽子输入全部成员的值。注意在 scanf 函数中在成员 student1.num 和 student1.score 的前面都有地址符 &，而在 student1.name 前面没有 &，这是因为 name 是数组名，本身就代表地址，故不用画蛇添足地再加一个 &。

（3）根据 student1.score 和 student2.score 的比较结果，输出不同学生的信息。从这里可以看到利用结构体变量的好处：由于 student1 是一个"组合项"，内放有关联的一组数据，student1.score 是属于 student1 变量的一部分，因此如果确定了 student1.score 是成绩较高的，则输出 student1 的全部信息是轻而易举的，因为它们本来是互相关联，捆绑在一起的，如果用普通变量是难以方便地实现这一目的的。

8.2 使用结构体数组

一个结构体变量中可以存放一组有关联的数据（如一个学生的学号、姓名、成绩等数据）。如果有 10 个学生的数据需要参加运算，显然应该用数组，这就是**结构体数组**。结构体数组与以前介绍过的数值型数组不同之处在于每个数组元素都是一个结构体类型的数据，它们都分别包括各个成员项。

8.2.1 定义结构体数组

下面举一个简单的例子来说明怎样定义和引用结构体数组。

【例 8.3】 有 3 个候选人，每个选民只能投票选一人，要求编一个统计选票的程序，先后输入被选人的名字，最后输出各人得票结果。

解题思路： 显然，需要设一个结构体数组，数组中包含 3 个元素，每个元素中的信息应包括候选人的姓名（字符型）和得票数（整型）。在运行时先后输入各被选人的姓名，然后与数组元素的"姓名"成员比较，如果相同，就给这个元素中的"得票数"成员的值加 1，最后输出所有元素的信息。

编写程序：

```
#include <string.h>
#include <stdio.h>
struct Person                                  //声明结构体类型 struct Person
  { char name[20];                             //候选人姓名
    int count;                                 //候选人得票数
  }leader[3]={"Li",0,"Zhang",0,"Fan",0};       //定义结构体数组并初始化
int main()
  { int i,j;
    char leader_name[20];                      //定义字符数组
    for (i=1;i<=10;i++)
```

```
        { scanf("%s",leader_name);           //输入所选的候选人姓名
           for(j=0;j<3;j++)
              if(strcmp(leader_name,leader[j].name)==0) leader[j].count++;
        }
     printf("\nResult: \n");
     for(i=0;i<3;i++)
        printf("%5s: %d\n",leader[i].name,leader[i].count);
     return 0;
  }
```

运行结果：

```
Li↙                              (输入10个得票者的名字)
Li↙
Fan↙
Zhang↙
Zhang↙
Fan↙
Li↙
Fan↙
Zhang↙
Li↙

Result:                          (输出各人得票数)
   Li: 4
Zhang: 3
  Fan: 3
```

程序分析：定义一个全局的结构体数组 leader,它有 3 个元素,每一个元素包含两个成员 name(姓名)和 count(票数)。在定义数组时使之初始化,将"Li"赋给 leader[0].name,0 赋给 leader[0].count;"Zhang"赋给 leader[1].name,0 赋给 leader[1].count;"Fan"赋给 leader[2].name,0 赋给 leader[2].count。这样,3 位候选人的票数全部先置零,见图 8.4。

在主函数中定义字符数组 leader_name,用它存放被选人的姓名。在每次循环中输入一个得票人姓名,然后把它与结构体数组中 3 个候选人姓名相比,看它和哪一个候选人的名字相同。注意,是把 leader_name 和 leader 数组第 j 个元素的 name 成员相比。当 j 为某一值时,若输入的姓名与 leader[j].name 相同,就执行"leader[j].count++",它相当于(leader[j].count)++,使 leader[j]成员 count 的值加 1。在输入和统计结束之后,将 3 人的名字和得票数输出。

name	count
Li	0
Zhang	0
Fan	0

图 8.4

说明：

(1) 定义结构体数组一般形式是

① **struct 结构体名：**

{成员表列} 数组名[数组长度];

② 先声明一个结构体类型(如 struct Person),然后再用此类型定义结构体数组:

结构体类型 数组名[数组长度];

```
struct Person leader[3];              //leader 是结构体数组名
```

(2) 对结构体数组初始化的形式是在定义数组的后面加上:

={初值表列};

如:

```
struct Person leader[3] = {"Li",0,"Zhang",0,"Fan",0};
```

8.2.2 结构体数组应用举例

【例 8.4】 有 n 个学生的信息(包括学号、姓名、成绩),要求按照成绩的高低顺序输出各学生的信息。

解题思路: 用结构体数组存放 n 个学生信息,采用选择法对各元素进行排序(进行比较的是各元素中的成绩)。选择排序法已在第 6 章介绍。

编写程序:

```c
#include <stdio.h>
struct Student                         //声明结构体类型 struct Student
  { int num;
    char name[20];
    float score;
  };

int main()
  { struct Student stu[5]={{10101,"Zhang",78},{10103,"Wang",98.5},{10106,"Li",86},
      {10108,"Ling",73.5},{10110,"Fan",100}};    //定义结构体数组并初始化
    struct Student temp;              //定义结构体变量 temp,用作交换时的临时变量
    int i,j,k,n=5;
    printf("The order is: \n");
    for(i=0;i<n-1;i++)
      { k=i;
        for(j=i+1;j<n;j++)
          if(stu[j].score>stu[k].score)      //进行成绩的比较
            k=j;
        temp=stu[k];stu[k]=stu[i];stu[i]=temp;   //stu[k]和 stu[i]元素互换
      }
    for(i=0;i<n;i++)
      printf("%6d %8s %6.2f\n",stu[i].num,stu[i].name,stu[i].score);
    printf("\n");
    return 0;
  }
```

运行结果：

```
The order is:
  10110    Fan    100.00
  10103    Wang    98.50
  10106    Li      86.00
  10101    Zhang   78.00
  10108    Ling    73.50
```

程序分析：

（1）在定义结构体数组时进行初始化，为清晰起见，将每个学生的信息用一对花括号包起来，则在阅读和检查时比较方便，尤其当数据量多时，这样是有好处的。

（2）在执行第1次外循环时i的值为0，经过比较找出5个成绩中最高成绩所在的元素的序号为k，然后将stu[k]与stu[i]对换(对换时借助临时变量temp)。执行第2次外循环时i的值为1，参加比较的只有4个成绩了，然后将这4个成绩中最高的所在的元素与stu[1]对换。其余类推。注意临时变量temp也应定义为struct Student类型，只有同类型的结构体变量才能互相赋值。程序第18行是将stu[k]元素中所有成员和stu[i]元素中所有成员整体互换(而不必人为指定一个一个成员地互换)。从这点也可以看到使用结构体类型的好处。

8.3 结构体指针

一个结构体变量的起始地址就是这个结构体变量的指针。如果把一个结构体变量的起始地址存放在一个指针变量中，那么，这个指针变量就指向该结构体变量。

8.3.1 指向结构体变量的指针

指向结构体的指针变量既可以指向结构体变量，也可以用来指向结构体数组中的元素。指针变量的基类型必须与结构体变量的类型相同。例如：

```
struct Student *pt;        //pt 可以指向 struct Student 类型的变量或数组元素
```

先通过一个例子了解什么是指向结构体变量的指针变量以及怎样使用它。

【例8.5】 通过指向结构体变量的指针变量输出结构体变量中成员的信息。

解题思路：在已有的基础上，本题要解决两个问题：

（1）怎样对结构体变量成员赋值；

（2）怎样通过指向结构体变量的指针访问结构体变量中的成员。

编写程序：

```
#include <stdio.h>
#include <string.h>
int main()
  {struct Student
    { long num;
```

```
        char name[20];
        char sex;
        float score;
    };
    struct Student stu_1;          //定义 struct Student 类型的变量 stu_1
    struct Student * p;            //定义指向 struct Student 类型数据的指针变量 p
    p = &stu_1;                    //p 指向 stu_1
    stu_1.num = 10101;             //对结构体变量的成员赋值
    strcpy(stu_1.name,"Li Lin");   //用字符串复制函数给 stu_1.name 赋值
    stu_1.sex = 'M';
    stu_1.score = 89.5;
    printf("NO.: %ld \nname: %s \nsex: %c \nscore: %5.1f \n",
            stu_1.num,stu_1.name,stu_1.sex,stu_1.score);    //输出结果
    printf("\nNO.: %ld \nname: %s \nsex: %c \nscore: %5.1f \n",
            (*p).num,(*p).name,(*p).sex,(*p).score);
    return 0;
}
```

运行结果：

NO.: 10101

Name: Li Lin

Sex: M

Score: 89.5

NO.: 10101

Name: Li Lin

Sex: M

Score: 89.5

(两个 printf 函数输出的结果是相同的)

程序分析：在主函数中声明 struct Student 类型，然后定义一个 struct Student 类型的变量 stu_1。又定义一个指针变量 p，它指向一个 struct Student 类型的对象。将结构体变量 stu_1 的起始地址赋给指针变量 p，也就是使 p 指向 stu_1(见图 8.5)，然后对 stu_1 的各成员赋值。

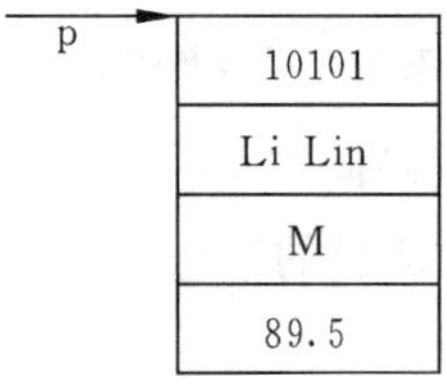

第 1 个 printf 函数是通过结构体变量名 stu_1 访问它的成员，输出 stu_1 的各个成员的值。用 stu_1.num 表示 stu_1 中的成员 num，以此类推。第 2 个 printf 函数是通过指向结构体变量的指针变量访问它的成员，输出 stu_1 各成员的值，使用的是

图 8.5

(*p).num 这样的形式。(*p)表示 p 指向的结构体变量，(*p).num 是 p 指向的结构体变量中的成员 num。注意，*p 两侧的括号不可省，因为成员运算符"."优先于"*"运算符，*p.num 就等价于*(p.num)了。

说明：为了使用方便和直观，C 语言允许用 p->num 代表(*p).num。以"->"代表一个箭头，p->num 形象地表示 p 所指向的结构体变量中的 num 成员。同样，p->

name 等价于(*p).name。"->"称为指向运算符。

如果 p 指向一个结构体变量 stu,以下 3 种用法等价:

① 结构体变量.成员名(如 stu.num);
② (*p).成员名(如(*p).num);
③ p->成员名(如 p->num)。

*8.3.2 指向结构体数组的指针

可以用指针变量指向结构体数组的元素。

【例 8.6】 有 3 个学生的信息,放在结构体数组中,要求输出全部学生的信息。

解题思路:用指向结构体变量的指针来处理:

(1) 声明结构体类型 struct Student,并定义结构体数组,同时使之初始化;
(2) 定义一个指向 struct Student 类型数据的指针变量 p;
(3) 使 p 指向结构体数组的首元素,输出它指向的元素中的有关信息;
(4) 使 p 指向结构体数组的下一个元素,输出它指向的元素中的有关信息;
(5) 再使 p 指向结构体数组的下一个元素,输出它指向的元素中的有关信息。

编写程序:

```
#include <stdio.h>
struct Student                    //声明结构体类型 struct Student
  { int num;
    char name[20];
    char sex;
    int age;
  };
struct Student stu[3]={{10101,"Li Lin",'M',18},{10102,"Zhang Fan",'M',19},
                      {10104,"Wang Min",'F',20}};   //定义结构体数组并初始化
int main()
  { struct Student *p;            //定义指向 struct Student 结构体变量的指针变量
    printf(" NO. Name sex age \n");
    for (p=stu;p<stu+3;p++)
      printf("%5d %-20s %2c %4d\n",p->num,p->name,p->sex,p->age);   //输出结果
    return 0;
  }
```

运行结果:

```
 NO.   Name         sex age
10101  Li Lin        M  18
10102  Zhang Fan     M  19
10104  Wang Min      F  20
```

程序分析:

p 是指向 struct Student 结构体类型数据的指针变量。在 for 语句中先使 p 的初值为 stu,也就是数组 stu 第 1 个元素的起始地址,见图 8.6 中 p 的指向。在第 1 次循环中输出

stu[0]的各个成员值。然后执行p++,使p自加1。p加1意味着p所增加的值为结构体数组stu的一个元素所占的字节数(在Visual C++环境下,本例中一个元素所占的字节数理论上为(4+20+1+4)B=29B,实际分配32B)。
执行p++后p的值等于stu+1,p指向stu[1],见图8.6中p'的指向。在第2次循环中输出stu[1]的各成员值。在执行p++后,p的值等于stu+2,它的指向见图8.6中的p",再输出stu[2]的各成员值。在执行p++后,p的值变为stu+3,已不再小于stu+3了,不再执行循环。

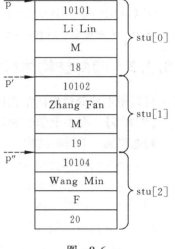

图 8.6

注意:

(1) 如果p的初值为stu,即指向stu的第1个元素,p加1后,p就指向下一个元素。例如:

| (++p)->num | 先使p自加1,然后得到p指向的元素中的num成员值(即10102) |
| (p++)->num | 先求得p->num的值(即10101),然后再使p自加1,指向stu[1] |

请注意以上二者的不同。

(2) 程序定义了p是一个指向struct Student类型对象的指针变量,它用来指向一个struct Student类型的对象(例8.6中p的值是stu数组的一个元素(如stu[0]或stu[1])的起始地址),不用来指向stu数组元素中的某一成员。例如,下面的用法是不对的:

p=stu[1].name;   //stu[1].name是stu[1]元素中的成员name的首字符的地址

编译时将给出"警告"信息,表示地址的类型不匹配。不要认为反正p是存放地址的,可以将任何地址赋给它。

*8.3.3 用结构体变量和结构体变量的指针作函数参数

在一个程序中,用户往往会根据需要定义一些函数,在main函数中先后调用这些函数,分别实现所需的功能,这就会发生数据传递的情况。

可以将一个结构体变量的值传递给另一个函数,在被调用的函数中对结构体变量进行处理。把一个结构体变量的值传递给另一个函数有3种方法:

(1) 用结构体变量的成员作参数。例如,用stu[1].num或stu[2].name作函数实参,将实参值传给形参。用法和用普通变量作实参是一样的,属于"值传递"方式。应当注意实参与形参的类型一致。

(2) 用结构体变量作实参。用结构体变量作实参时,采取的也是"值传递"的方式,将结构体变量所占的内存单元的内容全部按顺序传递给形参,形参也必须是同类型的结构体变量。在函数调用期间形参也要占用内存单元。这种传递方式在空间和时间上开销较大,如果结构体的规模较大时,开销是比较大的。此外,由于采用值传递方式,如果在执行被调用函数期间改变了形参(也是结构体变量)的值,该值不能返回主调函数,这往往会造成使用上的不便,因此一般较少用这种方法。

(3) 用指向结构体变量(或数组元素)的指针作实参,将结构体变量(或数组元素)的地址传给形参。

【例8.7】 有n个结构体变量,内含学生学号、姓名和3门课程的成绩。要求输出平均成绩最高的学生的信息(包括学号、姓名、3门课程成绩和平均成绩)。

解题思路:将n个学生的数据表示为结构体数组(有n个元素)。按照功能函数化的思想,分别用3个函数来实现不同的功能:

(1) 用input函数输入数据和求各学生平均成绩。
(2) 用max函数找平均成绩最高的学生。
(3) 用print函数输出成绩最高学生的信息。

在主函数中先后调用这3个函数,用指向结构体变量的指针作实参,最后得到结果。

为简化操作,本程序只设3个学生(n=3)。在输出时可以使用中文字符串,以方便阅读。

编写程序:

```c
#include <stdio.h>
#define N 3                                    //学生数为3
struct Student                                 //建立结构体类型 struct Student
  { int num;                                   //学号
    char name[20];                             //姓名
    float score[3];                            //3门课成绩
    float aver;                                //平均成绩
  };

int main()
  { void input(struct Student stu[]);          //函数声明
    struct Student max(struct Student stu[]);  //函数声明
    void print(struct Student stu);            //函数声明
    struct Student stu[N], *p=stu;             //定义结构体数组和指针
    input(p);                                  //调用input函数
    print(max(p));                             //调用print函数,以max函数的返回值作为实参
    return 0;
  }

void input(struct Student stu[])               //定义input函数
  { int i;
    printf("请输入各学生的信息:学号、姓名、3门课成绩:\n");
    for(i=0;i<N;i++)
    { scanf("%d %s %f %f %f",&stu[i].num,stu[i].name,
        &stu[i].score[0],&stu[i].score[1],&stu[i].score[2]);  //输入数据
      stu[i].aver=(stu[i].score[0]+stu[i].score[1]+stu[i].score[2])/3.0;
                                               //求平均成绩
    }
  }
```

```
struct Student max(struct Student stu[])        //定义 max 函数
  { int i,m=0;                                   //用 m 存放成绩最高的学生在数组中的序号
    for(i=0;i<N;i++)
      if (stu[i].aver>stu[m].aver) m=i;          //找出平均成绩最高的学生在数组中的序号
    return stu[m];                               //返回包含该生信息的结构体元素
  }

void print(struct Student stud)                  //定义 print 函数
  { printf("\n 成绩最高的学生是: \n");
    printf("学号:%d\n 姓名:%s\n 三门课成绩:%5.1f,%5.1f,%5.1f\n 平均成绩:%6.2f\n",
      stud.num,stud.name,stud.score[0],stud.score[1],stud.score[2],stud.aver);
  }
```

运行结果：

请输入各学生的信息：学号、姓名、三门课成绩：
10101 Li 78 89 98 ↙
10103 Wang 98.5 87 69 ↙
10106 Fan 88 76.5 89 ↙

成绩最高的学生是：
学号：10101
姓名：Li
三门课成绩：78.0,89.0,98.0
平均成绩：88.33

程序分析：

(1) 结构体类型 struct Student 中包括 4 个成员：num(学号)、name(姓名)、数组 score(3 门课成绩)和 aver(平均成绩)。在输入数据时只输入学号、姓名和 3 门课成绩，未给 aver 成员赋值。aver 的值是在 input 函数中计算出来的。

(2) 在主函数中定义了结构体 struct Student 类型的数组 stu 和指向 struct Student 类型数据的指针变量 p,使 p 指向 stu 数组的首元素 stu[0]。在调用 input 函数时,用指针变量 p 作为函数实参,input 函数的形参是 struct Student 类型的数组 stu(注意,形参数组 stu 和主函数中的数组 stu 都是局部数据,虽然同名,但在调用函数进行虚实结合前,二者代表不同的对象,互相之间没有关系)。在调用 input 函数时,将主函数中的 stu 数组的首元素的地址传给形参数组 stu,使形参数组 stu 与主函数中的 stu 数组具有相同的地址,见图 8.7。因此在 input 函数中向形参数组 stu 输入数据就等于向主函数中的 stu 数组输入数据。

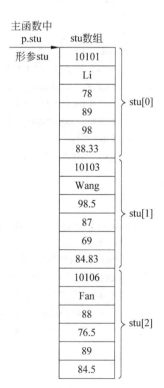

图 8.7

在用 scanf 函数输入数据后,立即计算出该生的平均成绩,stu[i].aver 代表序号为 i 的学生的平均成绩。请注意 for 循环体的范围。

input 函数无返回值,它的作用是给 stu 数组各元素赋予确定的值。

(3) 在主函数中调用 print 函数,实参是 max(p)。其调用过程是先调用 max 函数(以指针变量 p 为实参),得到 max(p)的值(此值是一个 struct Student 类型的数据),然后用它为实参调用 print 函数。

现在先分析调用 max 函数的过程:与前相同,指针变量 p 将主函数中的 stu 数组的首元素的地址传给形参数组 stu,使形参数组 stu 与主函数中的 stu 数组具有相同的地址。在 max 函数中对形参数组的操作就是对主函数中的 stu 数组的操作。在 max 函数中,将各人平均成绩与当前的"最高平均成绩"比较,将平均成绩最高的学生在数组 stu 中的序号存放在变量 m 中,通过 return 语句将 stu[m]的值返回主函数。请注意,stu[m]是一个结构体数组的元素,max 函数的类型为 struct Student 类型。

(4) 用 max(p)的值(是结构体数组的元素)作为实参调用 print 函数。print 函数的形参 stud 是 struct Student 类型的变量,而不是 struct Student 类型的数组。在调用时进行虚实结合,把 stu[m]的值(是结构体元素)传递给形参 stud,这时传递的不是地址,而是结构体变量中的信息。在 print 函数中输出结构体变量中各成员的值。

(5) 以上 3 个函数的调用,情况各不相同:
- 调用 input 函数时,实参是指针变量 p,形参是结构体数组,传递的是结构体元素的地址,函数无返回值。
- 调用 max 函数时,实参是指针变量 p,形参是结构体数组,传递的是结构体元素的地址,函数的返回值是结构体类型数据。
- 调用 print 函数时,实参是结构体变量(结构体数组元素),形参是结构体变量,传递的是结构体变量中各成员的值,函数无返回值。

请读者仔细分析,掌握各种用法。

*8.4 用指针处理链表

8.4.1 什么是链表

链表是一种重要的数据结构,是动态地进行存储分配的一种结构。在前面的介绍中已知:用数组存放数据时,必须事先定义固定的数组长度(即元素个数)。如果有的班级有 100 人,而有的班级只有 30 人,若用同一个数组先后存放不同班级的学生数据,则必须定义长度为 100 的数组。如果事先难以确定一个班的最多人数,则必须把数组定得足够大,以便能存放任何班级的学生数据,显然这将会浪费内存。链表则没有这种缺点,它根据需要开辟内存单元。图 8.8 表示最简单的一种链表(单向链表)的结构。

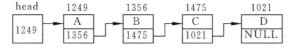

图 8.8

链表有一个"头指针"变量,图 8.8 中以 head 表示,它存放一个地址,该地址指向一个结构体变量。链表中每一个结构体变量称为"**结点**",每个结点都应包括两个部分:①用户需要用的实际数据;②下一个结点的地址。可以看出,head 指向第 1 个元素;第 1 个元素又指向第 2 个元素……直到最后一个元素,该元素不再指向其他元素,它称为"表尾",它的地址部分放一个 NULL(表示"空地址"),链表到此结束。

可以看到,链表中各元素在内存中的地址可以是不连续的。要找某一元素,必须先找到它的上一个元素,根据它提供的下一元素地址才能找到下一个元素。如果不提供"头指针"(head),则整个链表都无法访问。链表如同一条铁链一样,一环扣一环,中间是不能断开的。

为了理解什么是链表,打一个通俗的比方:幼儿园的老师带领孩子出来散步,老师牵着第 1 个小孩的手,第 1 个小孩的另一只手牵着第 2 个孩子……这就是一个"链",最后一个孩子有一只手空着,他是"链尾"。要找这个队伍,必须先找到老师,然后顺序找到每一个孩子。

显然,链表这种数据结构,必须利用指针变量才能实现,即一个结点中应包含一个指针变量,用它存放下一结点的地址。

前面介绍了结构体变量,用它去建立链表是最合适的。一个结构体变量包含若干成员,这些成员可以是数值类型、字符类型、数组类型,也可以是指针类型,用指针类型成员来存放下一个结点的地址。例如,可以设计这样一个结构体类型:

```
struct Student
  { int num;
    float score;
    struct Student * next;           //next 是指针变量,可以指向一个结构体变量
  };
```

其中,成员 num 和 score 用来存放结点中的有用数据(用户需要用到的数据),相当于图 8.8 结点中的 A,B,C,D。next 是指针类型的成员,它指向 struct Student 类型数据(即 next 所在的结构体类型)。一个指针类型的成员既可以指向其他类型的结构体数据,也可以指向自己所在的结构体类型的数据。现在,next 是 struct Student 类型中的一个成员,它又指向 struct Student 类型的数据。用这种方法就可以建立链表,见图 8.9。

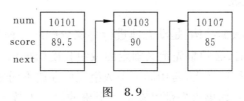

图 8.9

图 8.9 中每一个结点都属于 struct Student 类型,它的成员 next 用来存放下一结点的地址,程序设计人员可以不必知道各结点的具体地址,只要保证将下一个结点的地址放到前一结点的成员 next 中即可。

注意:上面只是定义了一个 struct Student 类型,并未实际分配存储空间,只有定义了变量才分配存储单元。

8.4.2 建立简单的静态链表

下面通过一个例子来说明怎样建立和输出一个简单链表。

【例8.8】 建立一个如图8.9所示的简单链表,它由3个学生数据的结点组成,要求输出各结点中的数据。

解题思路:声明一个结构体类型,其成员包括num(学号)、score(成绩)、next(指针变量)。将第1个结点的起始地址赋给头指针head,将第2个结点的起始地址赋给第1个结点的next成员,将第3个结点的起始地址赋给第2个结点的next成员。第3个结点的next成员赋予NULL,这就形成了链表。

编写程序:

```c
#include <stdio.h>
struct Student                        //声明结构体类型 struct Student
  { int num;
    float score;
    struct Student *next;
  };
int main()
  { struct Student a,b,c,*head,*p;   //定义3个结构体变量a,b,c作为链表的结点
    a.num=10101; a.score=89.5;       //对结点a的num和score成员赋值
    b.num=10103; b.score=90;         //对结点b的num和score成员赋值
    c.num=10107; c.score=85;         //对结点c的num和score成员赋值
    head=&a;                         //将结点a的起始地址赋给头指针head
    a.next=&b;                       //将结点b的起始地址赋给a结点的next成员
    b.next=&c;                       //将结点c的起始地址赋给b结点的next成员
    c.next=NULL;                     //c结点的next成员不存放其他结点地址
    p=head;                          //使p也指向a结点
    do
      {printf("%d %5.1f\n",p->num,p->score);   //输出p指向的结点的数据
       p=p->next;                    //使p指向下一结点
      }while(p!=NULL);               //输出完c结点后p的值为NULL,循环终止
    return 0;
  }
```

运行结果:输出3个结点中的数据:

```
10101  89.5
10103  90.5
10107  85.0
```

程序分析:请读者思考:①各个结点是怎样构成链表的? ②没有头指针head行不行? ③p起什么作用? 没有它行不行?

为了建立链表,使head指向a结点,而a结点中的a.next又指向b结点,b.next又指向c结点,这就构成链表关系。"c.next=NULL"的作用是使c.next不指向任何有用的

存储单元。

在输出链表时要借助 p，先使 p 指向 a 结点，然后输出 a 结点中的数据，"p = p -> next" 是为输出下一个结点作准备。p -> next 的值是 b 结点的地址，因此执行"p = p -> next"后 p 就指向 b 结点，所以在下一次循环时输出的是 b 结点中的数据。

本例是比较简单的，所有结点都是在程序中定义的，不是临时开辟的，也不能用完后释放，这种链表称为"静态链表"。

8.4.3 建立动态链表

所谓建立动态链表是指在程序执行过程中从无到有地建立起一个链表，即一个一个地开辟结点和输入各结点数据，并建立起前后相连的关系。

【例8.9】 写一函数建立一个有3名学生数据的单向动态链表。

解题思路：先考虑实现此要求的算法（见图 8.10）。在用程序处理时要用到动态内存分配的知识和有关函数（malloc，calloc，realloc，free）。

定义3个指针变量：head，p1 和 p2，它们都是用来指向 struct Student 类型数据的。先开辟第一个结点，并使 p1 和 p2 指向它。然后从键盘读入一个学生的数据给 p1 所指的第1个结点。我们约定学号不会为零，如果输入的学号为0，则表示建立链表的过程完成，该结点不应连接到链表中。先使 head 的值为 NULL（即等于0），这是链表为"空"时的情况（即 head 不指向任何结点，链表中无结点），当建立第1个结点时就使 head 指向该结点。

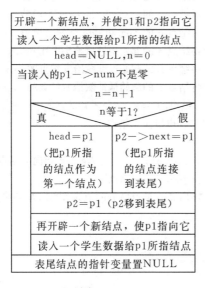

图 8.10

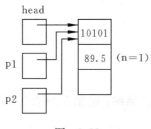

图 8.11

如果输入的 p1 -> num 不等于0，则输入的是第1个结点数据（n=1），令 head = p1，即把 p1 的值赋给 head，也就是使 head 也指向新开辟的结点（见图8.11）。p1 所指向的新开辟的结点就成为链表中第1个结点。然后再开辟另一个结点并使 p1 指向它，接着输入该结点的数据，见图 8.12（a）。

如果输入的 p1 -> num≠0，则应链入第2个结点（n=2），由于 n≠1，则将 p1 的值赋

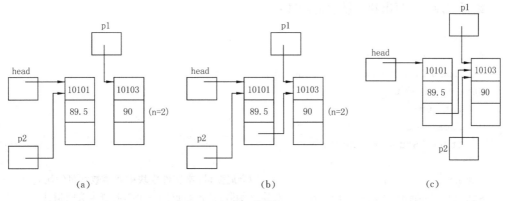

图 8.12

给 p2->next,此时 p2 指向第 1 个结点,因此执行"p2->next=p1"就将新结点的地址赋给第 1 个结点的 next 成员,使第 1 个结点的 next 成员指向第 2 个结点(见图 8.12(b))。接着使 p2=p1,也就是使 p2 指向刚才建立的结点,见图 8.12(c)。

接着再开辟一个结点并使 p1 指向它,并输入该结点的数据(见图 8.13(a))。在第 3 次循环中,由于 n=3(n≠1),又将 p1 的值赋给 p2->next,也就是将第 3 个结点连接到第 2 个结点之后,并使 p2=p1,使 p2 指向最后一个结点(见图 8.13(b))。

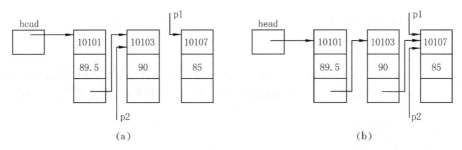

图 8.13

再开辟一个新结点,并使 p1 指向它,输入该结点的数据,见图 8.14(a)。由于 p1->num 的值为 0,不再执行循环,此新结点不应被连接到链表中。此时将 NULL 赋给 p2->next,见图 8.14(b)。建立链表过程至此结束,p1 最后所指的结点未连入链表中,第 3 个结点的 next 成员的值为 NULL,它不指向任何结点。虽然 p1 指向新开辟的结点,但在链表中无法找到该结点。

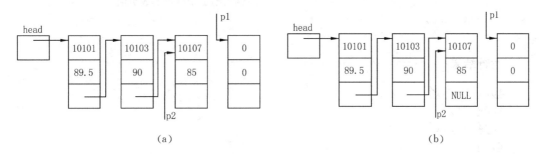

图 8.14

编写程序：先写出建立链表的函数：

```c
#include <stdio.h>
#include <malloc.h>
#define LEN sizeof(struct Student)
struct Student
  { int num;
    float score;
    struct Student *next;
  };
int n;                              //n为全局变量,本文件模块中各函数均可使用它
struct Student *creat(void)        //定义函数,此函数返回一个指向链表头的指针
  { struct Student *head;
    struct Student *p1,*p2;
    n=0;
    p1=p2=(struct Student *)malloc(LEN);
                                    //用malloc函数开辟一个长度为LEN的新单元
    scanf("%ld,%f",&p1->num,&p1->score);  //输入第1个学生的学号和成绩
    head=NULL;
    while(p1->num!=0)
      { n=n+1;
        if(n==1)head=p1;
        else p2->next=p1;
        p2=p1;
        p1=(struct Student *)malloc(LEN);  //开辟动态存储区,把起始地址赋给p1
        scanf("%d,%f",&p1->num,&p1->score);//输入其他学生的学号和成绩
      }
    p2->next=NULL;
    return(head);
  }
```

可以写一个main函数,调用这个creat函数：

```c
int main()
  { struct Student *pt;
    pt=creat();                     //建立了一个链表,返回链表第1个结点的地址
    printf("\nnum: %ld\nscore: %5.1f\n",pt->num,pt->score);
                                    //输出第1个结点的成员值
    return 0;
  }
```

运行结果：

1001,67.5↙
1003,87↙
1004,99.5↙
0,0↙

```
num:1001
score:67.5
```

🔍 **程序分析：**

(1) 调用 creat 函数后,先后输入所有学生的数据,若输入 0,0,表示结束。函数的返回值是所建立的链表的第 1 个结点的地址(请查看 return 语句),在主函数中把它赋给指针变量 pt。为了验证各结点中的数据,在 main 函数中输出了第 1 个结点中的信息。

(2) 第 3 行令 LEN 代表 struct Student 类型数据的长度,sizeof 是"求字节数运算符"。

(3) 第 10 行定义一个 creat 函数,它是指针类型,即此函数带回一个指针值,它指向一个 struct Student 类型数据。实际上此 creat 函数带回一个链表起始地址。

(4) 第 14 行函数 malloc(LEN)的作用是开辟一个长度为 LEN 的内存区(malloc 函数见本书附录 E 之 4)。LEN 已定义为 sizeof(struct Student),即结构体 struct Student 的长度。malloc 带回的是不指向任何类型数据的指针(void * 类型)。而 p1,p2 是指向 struct Student 类型数据的指针变量,可以用强制类型转换的方法使指针的基类型改变为 struct Student 类型,在 malloc(LEN)之前加了"(struct Student *)",它的作用是使 malloc 返回的指针转换为 struct Student 类型数据的指针。注意,括号中的"*"号不可省略,否则变成转换成 struct Student 类型了,而不是指针类型了。由于编译系统能实现隐式的类型转换,因此第 14 行也可以直接写为

```
p1=p2=malloc(LEN);
```

由于程序中要用 malloc 函数,因此在文件开头要用预处理指令"#include <malloc.h>"。

(5) creat 函数最后一行 return 后面的参数是 head(head 已定义为指针变量,指向 struct Student 类型数据),因此函数返回的是 head 的值,也就是链表中第 1 个结点的起始地址。

(6) n 是结点个数。

(7) 这个算法的思路是让 p1 指向新开辟的结点,p2 指向链表中最后一个结点,把 p1 所指的结点连接在 p2 所指的结点后面,用"p2->next=p1"来实现。

以上对建立链表过程做了比较详细的介绍,读者如果对建立链表的过程比较清楚的话,对链表的其他操作过程(如链表的输出、结点的删除和结点的插入等)也就比较容易理解了。

8.4.4 输出链表

将链表中各结点的数据依次输出。这个问题比较容易处理。

【例 8.10】 编写一个输出链表的函数 print。

解题思路：从例 8.8 已经可以初步了解输出链表的方法。首先要知道链表第 1 个结点的地址,也就是要知道 head 的值。然后设一个指针变量 p,先指向第 1 个结点,输出 p 所指的结点,然后使 p 后移一个结点,再输出,直到链表的尾结点。

根据上面的思路,写出算法如图 8.15。

编写程序：根据流程图写出以下函数：

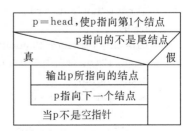

图 8.15

```
void print(struct Student *head)        //定义 print 函数
{ struct Student *p;                    //在函数中定义 struct Student 类型的变量 p
  printf("\nNow,These %d records are: \n",n);
  p=head;                               //使 p 指向第 1 个结点
  if(head!=NULL)                        //若不是空表
     do
      { printf("%ld %5.1f \n",p->num,p->score);  //输出一个结点中的学号与成绩
        p=p->next;                      //p 指向下一个结点
      }while(p!=NULL);                  //当 p 不是"空地址"
}
```

程序分析：print 函数的操作过程可用图 8.16 表示。头指针 head 从实参接收了链表的第 1 个结点的起始地址，把它赋给 p，

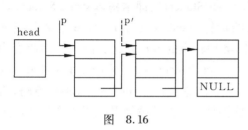

图 8.16

于是 p 指向第 1 个结点，输出 p 指向的结点（第 1 个结点）的数据，然后，执行"p=p->next;"，p->next 是 p 指向的结点中的 next 成员，即第 1 结点中的 next 成员，p->next 中存放了第 2 个结点的地址，执行"p=p->next;"后，p 就指向第 2 个结点，p 移到图中 p'虚线位置(指向第 2 个结点)。"p=p->next;"的作用是将 p 原来所指向的结点中 next 的值赋给 p，使 p 指向下一个结点。

print 函数从 head 所指的第 1 个结点出发顺序输出各个结点。

可以把例 8.7 和例 8.9 合起来加上一个主函数，组成一个程序：

```
#include <stdio.h>
#include <malloc.h>
#define LEN sizeof(struct Student)
struct Student
  { int num;
    float score;
    struct Student *next;
  };
int n;
struct Student *creat()                 //建立链表的函数
  { struct Student *head;
    struct Student *p1,*p2;
    n=0;
    p1=p2=(struct Student *) malloc(LEN);
    scanf("%d,%f",&p1->num,&p1->score);
    head=NULL;
    while(p1->num!=0)
      { n=n+1;
        if(n==1)head=p1;
        else p2->next=p1;
```

```
      p2 = p1;
      p1 = (struct Student *)malloc(LEN);
      scanf("%ld,%f",&p1->num,&p1->score);
    }
    p2->next = NULL;
    return(head);
}

void print(struct Student head)     //输出链表的函数
  { struct Student *p;
    printf("\nNow,These %d records are: \n",n);
    p = head;
    if(head! = NULL)
      do
        { printf("%d %5.1f\n",p->num,p->score);
          p = p->next;
        }while(p! = NULL);
  }

int main()
  { struct Student *head;
    head = creat();                 //调用 creat 函数,返回第 1 个结点的起始地址
    print(head);                    //调用 print 函数
    return 0;
  }
```

运行结果:

1001,67.5↙
1003,87↙
1005,99↙
0,0↙

Now,These %d records are:
1001   67.5
1002   87.0
1005   99.0

💡 **说明**：链表是一个比较深入的内容,对初学者有一定难度,计算机专业人员是应该掌握的,对非专业的初学者,对此有一定了解即可,在以后需要用到时再进一步学习。

对链表中结点的删除和结点的插入等操作,在此不作详细介绍,如读者有需要或感兴趣,可以自己完成。如果想详细了解,可参考作者所著的《C 程序设计教程(第 3 版)学习辅导》中的习题解答(第 8 章第 7～12 题),其中给出了全部的程序和说明。

结构体和指针的应用领域很宽广,除了单向链表之外,还有环形链表和双向链表。此外,还有队列、树、栈、图等数据结构。有关这些问题的算法可以学习"数据结构"课程,在此不作详述。

8.5 使用枚举类型

8.5.1 什么是枚举和枚举变量

"枚举"就是一一列举。常说的"不胜枚举"就是指无法一一列举,表示数量太多了。以前介绍过整型或实型数据,请问总共有多少个整数或实数? 它是"不胜枚举"的。而日常生活中有许多对象,其值是有限的,可以一一列举的。例如用来表示星期几的 sunday, monday, tuesday, wednesday, thursday, friday 和 saturday,就是可以枚举的。

如果一个变量只有有限的可能的值,在 C 程序中可以定义为**枚举**(**enumeration**)**类型**,把可能的值一一列举出来,变量的值只限于列举出来的值的范围内。

声明枚举类型用 enum 开头。例如:

enum Weekday{sun,mon,tue,wed,thu,fri,sat};

以上声明了一个枚举类型 enum Weekday。然后可以用此类型来定义变量。例如:

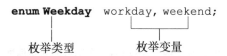

workday 和 weekend 定义为**枚举变量**,上面花括号中的 sun,mon,…,sat 称为**枚举元素**或**枚举常量**。它们是用户指定的名字。枚举变量和其他数值型变量不同,它们的值只限于花括号中指定的值之一。例如枚举变量 workday 和 weekend 的值只能是 sun 到 sat 之一。分析下面的赋值语句:

```
workday = mon;        //正确,mon 是指定的枚举常量之一
weekend = sun;        //正确,sun 是指定的枚举常量之一
weekend = monday;     //不正确,monday 不是指定的枚举常量之一
```

枚举常量是由程序设计者命名的,用什么名字代表什么含义,完全由程序员根据自己的需要而定,并在程序中作相应处理。

也可以不声明有名字的枚举类型,而直接定义枚举变量,例如:

enum{sun,mon,tue,wed,thu,fri,sat} workday,weekend;

声明枚举类型的一般形式为

enum [**枚举名**] {**枚举元素列表**};

其中,枚举名应遵循标识符的命名规则,上面的 Weekday 就是合法的枚举名。

💡 说明:

(1) C 编译对枚举类型的枚举元素按常量处理,故称**枚举常量**。不要因为它们是标识符(有名字)而把它们看作变量,不能对它们赋值。例如:

sun = 0; mon = 1;   //错误,不能对枚举元素赋值

(2) 每一个枚举元素都代表一个整数,C 编译系统按定义枚举类型时枚举元素的顺

序,默认它们的值为0,1,2,3,4,5…。在上面定义中,默认 sun 的值为 0,mon 的值为 1……sat 的值为 6。如果有赋值语句:

```
workday=mon;
```

相当于

```
workday=1;
```

枚举常量是可以引用和输出的。例如:

```
printf("%d",workday);
```

将输出整数 1。

也可以人为地指定枚举元素的数值,在声明枚举类型时显式地指定,例如:

```
enum Weekday{sun=7,mon=1,tue,wed,thu,fri,sat}workday,week_end;
```

指定枚举常量 sun 的值为 7,mon 为 1,以后顺序加 1,sat 为 6。

可以看到:枚举类型是一个被命名的整型常数的集合。

说明:由于枚举型变量的值是整数,因此 C 99 把枚举类型也作为整型数据中的一种,即用户自行定义的整数类型。

(3) 枚举元素可以用来作判断比较。例如:

```
if(workday==mon)…
if(workday>sun)…
```

枚举元素的比较规则是按其在初始化时指定的整数来进行比较的。如果定义时未人为指定,则按上面的默认规则处理,即第 1 个枚举元素的值为 0,故 mon>sun,sat>fri。

8.5.2 枚举型数据应用举例

通过下面的例子可以了解怎样使用枚举型数据。

【例 8.11】 口袋中有红、黄、蓝、白、黑 5 种颜色的球若干个。每次从口袋中先后取出 3 个球,请问由 3 种不同颜色的球的排列有多少种,输出每种排列的情况。

解题思路:

(1) 球只能是 5 种颜色之一,可以采用枚举类型处理。

(2) 对于枚举类型数据,由于它们的数目是有限的,最简单的方法就是用"穷举"算法。对本题而言就是把每一种可能的排列都找出来,然后检查其中哪些符合题目要求(3 个球颜色不同,且排列与其他不同)。

设某次取出的 3 个球的颜色分别为 i,j,k。i,j,k 分别是 5 种颜色之一。题目要求 3 球颜色各不相同,即 $i\neq j,i\neq k,j\neq k$。如果符合此条件,就输出此时 i,j,k 的值,显示出它们的颜色。

算法可用图 8.17 表示。

用 n 累计得到 3 种不同色球的次数。外循环使第 1 个球的颜色 i 从 red 变到 black。

中循环使第 2 个球的颜色 j 也从 red 变到 black。如果 i 和 j 同色则显然不符合条件。只有 i 和 j 不同色(i≠j)时才需要继续找第 3 个球,此时第 3 个球的颜色 k 也有 5 种可能 (red 到 black),但要求第 3 个球不能与第 1 个球或第 2 个球同色,即 k≠i,k≠j。满足此条件就得到了 3 种不同色的球。输出这种 3 色排列的方案。然后使 n 加 1,表示又得到一次 3 球不同色的排列。外循环全部执行完后,全部方案就已输出完了。最后输出符合条件的总数 n。

(3) 如何实现图 8.17 中的"输出一种取法"。这里有一个问题:如何输出 red,black 等颜色的单词。不能写成"printf("%s",red);"来输出"red"字符串。可以采用图 8.18 的方法。

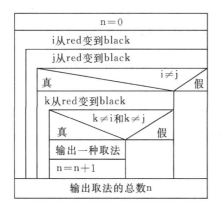

图 8.17   图 8.18

为了输出 3 个球的颜色,显然应经过 3 次循环,第 1 次输出 i 的颜色,第 2 次输出 j 的颜色,第 3 次输出 k 的颜色。在 3 次循环中先后将 i,j,k 赋予 pri。然后根据 pri 的值输出颜色信息。在第 1 次循环时,pri 的值为 i,如果 i 的值为 red,则输出字符串"red",其他类推。

编写程序:

```
#include <stdio.h>
int main()
  { enum Color {red,yellow,blue,white,black};    //声明枚举类型 enum Color
    enum Color i,j,k,pri;                        //定义枚举变量 i,j,k,pri
    int n,loop;
    n=0;
    for (i=red;i<=black;i++)                     //外循环使 i 的值从 red 变到 black
      for (j=red;j<=black;j++)                   //中循环使 j 的值从 red 变到 black
        if (i!=j)                                //如果 2 球不同色
          { for (k=red;k<=black;k++)             //内循环使 k 的值从 red 变到 black
              if ((k!=i) && (k!=j))              //如果 3 球不同色
                { n=n+1;                         //符合条件的次数加 1
                  printf("%-4d",n);              //输出当前是第几个符合条件的组合
                  for (loop=1;loop<=3;loop++)    //先后对 3 个球分别处理
                    { switch (loop)              //loop 的值从 1 变到 3
                        { case 1: pri=i;break;
                                                 //loop 的值为 1 时,把第 1 球的颜色赋给 pri
```

```
                    case 2: pri=j;break;
                            //loop 的值为 2 时,把第 2 球的颜色赋给 pri
                    case 3: pri=k;break;
                            //loop 的值为 3 时,把第 3 球的颜色赋给 pri
                    default: break;
                }
                switch (pri)    //根据球的颜色输出相应的文字
                  { case red: printf("%-10s","red"); break;
                            //pri 的值等于枚举常量 red 时输出"red"
                    case yellow: printf("%-10s","yellow"); break;
                            //pri 的值等于枚举常量 yellow 时输出"yellow"
                    case blue: printf("%-10s","blue"); break;
                            //pri 的值等于枚举常量 blue 时输出"blue"
                    case white: printf("%-10s","white"); break;
                            //pri 的值等于枚举常量 white 时输出"white"
                    case black: printf("%-10s","black"); break;
                            //pri 的值等于枚举常量 black 时输出"black"
                    default : break;
                }
            }
            printf("\n");
        }
    }
    printf("\ntotal:%5d\n",n);
    return 0;
}
```

运行结果:

```
1     red      yellow   blue
2     red      yellow   white
3     red      yellow   black
4     red      blue     yellow
5     red      blue     white
6     red      blue     black
⋮     ⋮        ⋮        ⋮
54    black    yellow   white
55    black    blue     red
56    black    blue     yellow
57    black    blue     white
58    black    white    red
59    black    white    yellow
60    black    white    blue
total:60
```

程序分析:在程序各行的注释中已说明了各语句的作用,请仔细分析,弄清楚在输出时怎样输出"red","yellow"等文字。要注意,输出的字符串"red"与枚举常量red并无内在联系,输出"red"等字符完全是人为指定的。

枚举常量的命名完全为了使人易于理解,它们并不自动地代表什么含义。例如,不因为命名为red,就一定代表"红色"。不命名为"red"而用其他名字也可以。用什么标识符代表什么含义,完全由程序设计者决定,以便于理解为原则。

有人说,不用枚举常量而用常数0代表"红",1代表"黄"……不也可以吗? 是的,完全可以。但显然用枚举变量(red,yellow等)更直观,因为枚举元素都选用了令人"见名知义"的名字。此外,枚举变量的值限制在定义时规定的几个枚举元素范围内,如果赋予它一个其他值,就会出现出错信息,便于检查。

本 章 小 结

(1) C语言中的数据类型分为两类:一类是系统已经建立好的标准数据类型(如int,char,float,double等),编程者不必自己建立,可以直接用它们去定义变量。另一类是用户根据需要在一定的框架范围内自己建立的类型,先要向系统作出声明,然后才能用它们定义变量。其中最常用的有结构体类型、共用体类型和枚举类型等。

(2) 结构体类型是把若干个数据有机地组成一个整体,这些数据可以是不同类型的。声明结构体类型的一般形式是

struct 结构体名

{成员列表}

其中,struct是声明结构体类型必写的关键字。结构体类型名应该是"struct + 结构体名",如struct Student。声明结构体类型时,系统并不对其分配存储空间,只有在用结构体类型定义结构体变量时才对变量分配存储空间。结构体类型常用于事务管理领域,把属于同一个对象的若干属性(如学生的姓名、性别、年龄、成绩)放在同一个结构体变量中,符合客观情况,便于处理。

(3) 同类结构体变量可以互相赋值,但不能用结构体变量名对结构体变量进行整体输入和输出。可以对结构体变量中的成员进行赋值、比较、输入和输出等操作。引用结构体变量中的成员的方式有:

① 结构体变量.成员名,如student1.age。

② (*指针变量).成员名,如(*p).age,其中,p指向结构体变量。

③ p->成员名,如p->age,其中,p指向结构体变量。

(4) 结构体变量的指针就是结构体变量的起始地址,可以定义指向结构体变量的指针变量,这个变量的值是结构体变量的起始地址。指向结构体变量的指针变量常用于函数参数和链表中(用来指向下一个结点)。

(5) 把结构体变量和指向结构体变量的指针结合起来,可以建立动态数据结构(如链表)。开辟动态内存空间要用malloc和calloc函数,函数的返回值是所开辟的空间的起始地址。利用所开辟的空间作为链表的一个结点,这个结点是一个结构体变量,其成员由两部分组成:一部分是实际的有用数据,另一部分是一个指向结构体类数据的指针变

量,利用它指向下一个结点。

要了解链表的建立、输出、删除和插入的操作的思路。

(6) 枚举类型是把可能的值全部一一列出,枚举变量的值只能是其中之一。实际生活中有些问题没有现成的数学公式来解决(如例8.11),只能用穷举法把所有的可能性进行测试,观测哪一种情况满足指定的条件,这时用枚举型变量比较方便。

习　题

8.1　定义一个结构体变量(包括年、月、日)。计算该日在本年中是第几天,注意闰年问题。

8.2　写一个函数days,实现题8.1的计算。由主函数将年、月、日传递给days函数,计算后将日子数传回主函数输出。

8.3　编写一个函数print,打印一个学生的成绩数组,该数组中有5个学生的数据记录,每个记录包括num,name,score[3],用主函数输入这些记录,用print函数输出这些记录。

8.4　在题8.3的基础上,编写一个函数input,用来输入5个学生的数据记录。

8.5　有10个学生,每个学生的数据包括学号、姓名、3门课程的成绩,从键盘输入10个学生数据,要求输出3门课程总平均成绩,以及最高分的学生的数据(包括学号、姓名、3门课程成绩、平均分数)。

8.6　13个人围成一圈,从第1个人开始顺序报号1,2,3。凡报到3者退出圈子。找出最后留在圈子中的人原来的序号。要求用链表实现。

8.7　在教材第8章例8.9和例8.10的基础上,写一个函数del,用来删除动态链表中指定的结点。

8.8　写一个函数insert,用来向一个动态链表插入结点。

8.9　综合本章例8.9(建立链表的函数creat)、例8.10(输出链表的函数print)和本章习题第7题(删除链表中结点的函数del)、第8题(插入结点的函数insert)组成一个程序。编写一个主函数,先后调用这些函数,实现链表的建立、输出、删除和插入,在主函数中指定需要删除和插入的结点的数据。

8.10　已有a,b两个链表,每个链表中的结点包括学号、成绩。要求把两个链表合并,按学号升序排列。

8.11　有两个链表a和b,设结点中包含学号、姓名。从a链表中删去与b链表中有相同学号的那些结点。

8.12　建立一个链表,每个结点包括:学号、姓名、性别、年龄。输入一个年龄,如果链表中的结点所包含的年龄等于此年龄,则将此结点删去。

说明:本章的习题8.6以后的各题是有关链表的操作,对于一般非计算机专业学生学习C程序设计课程,对链表有一定的了解即可。因此本书只对链表的概念和初步操作作了简单的介绍,有兴趣的学生可以尝试完成以上各题,作为提高的内容。也可以直接阅读本书的配套书《C程序设计教程(第3版)学习辅导》中的习题解答(第8章第7~12题),其中给出了全部的程序和说明。可以帮助读者进一步了解有关链表的知识。

第 9 章 利用文件保存数据

9.1 C 文件的有关概念

9.1.1 什么是文件

凡是用过计算机的人都不会对**文件**感到陌生，大多数人都接触过或使用过文件，例如：写好一篇文章把它存放到磁盘上以文件形式保存；用数码相机照相，每一张相片就是一个文件；随电子邮件发送的"附件"就是以文件形式保存的信息。

文件有不同的类型，在进行 C 语言程序设计中，主要用到两种文件：

(1) 程序文件包括源程序文件(后缀为.c)、目标文件(后缀为.obj)、可执行文件(后缀为.exe)。这种文件是用来存放程序的。

(2) 数据文件。文件的内容不是程序，而是程序运行时读写的数据，如在程序运行过程中输出到磁盘(或其他外部设备)的数据，或供程序运行时读入内存的数据。如一批学生的成绩数据，或货物交易的数据等。

本章讨论的是**数据文件**。

以前各章中所用到的输入和输出，都是以终端为对象的，即从终端键盘输入数据，运行结果输出到终端上。此外，在程序运行时，常常需要将一些数据(运行的最终结果或中间数据)输出到磁盘上存放起来，以后需要时再从磁盘中输入到计算机内存。这就要用到磁盘文件。

为了简化用户对输入输出设备的操作，使用户不必去区分各种输入输出设备之间的区别，操作系统把各种设备都统一作为文件来处理。从操作系统的角度看，每一个与主机相连的输入输出设备都看作一个文件。例如，终端键盘是输入文件，显示屏和打印机是输出文件。

文件(file)是程序设计中一个重要的概念。所谓"文件"一般指**存储在外部介质上数据的集合**。一批数据是以文件的形式存放在外部介质(如磁盘)上的。操作系统是以文件为单位对数据进行管理的，也就是说，如果想找存在外部介质上的数据，必须先按文件名找到所指定的文件，然后再从该文件中读取数据。要向外部介质上存储数据也必须先建立一个文件(以文件名标识)，才能向它输出数据。

输入输出是数据传送的过程，数据如流水一样从一处流向另一处，因此在 C 或 C++

中往往把输入输出形象地称为**流**(stream),即**输入输出流**。流表示了信息从"**源**"到"**目的**"端的流动。在输入操作时,数据从文件流向计算机内存;在输出操作时,数据从计算机流向文件(如打印机、磁盘文件)。

C 语言把文件看作一个字符(字节)的序列,即由一个一个字符(字节)的数据顺序组成。一个输入输出流就是一个字节流或二进制流。在其他一些高级语言(如 Pascal)中,文件是由若干个"记录"(record)组成的,每个记录具有相同数量的字节,记录之间用 Enter 键分隔,在输出时遇回车换行符则表示当前记录结束。而在 C 语言中,文件并不由记录组成,数据由一连串的字符(字节)组成,中间没有分隔符,对文件的存取是以字符(字节)为单位的,允许对文件存取一个字符。输入输出的数据流的开始和结束仅受程序控制而不受物理符号(如 Enter 键)控制,这就增加了处理的灵活性。这种文件称为**流式文件**。

9.1.2 文件名

一个文件要有一个唯一的文件标识,以便用户识别和引用。文件标识包括 3 部分:①**文件路径**;②**文件名主干**;③**文件后缀**。

文件路径表示文件在外部存储设备中的位置。如:

<u>D:\cc\temp</u>\<u>file1</u>.<u>dat</u>
    ↑   ↑   ↑
文件路径 文件名主干 文件后缀

为方便起见,文件标识常简称为文件名,但应了解此时所称的文件名,实际上包括以上 3 部分内容,而不仅是文件名主干。文件名主干的命名规则遵循标识符的命名规则。后缀用来表示文件的性质,一般不超过 3 个字母,如:doc(Word 生成的文件)、txt(文本文件)、dat(数据文件)、c(C 语言源程序文件)、cpp(C++源程序文件)、for(FORTRAN 语言源程序文件)、pas(Pascal 语言源程序文件)、obj(目标文件)、exe(可执行文件)、ppt(电子幻灯文件)、bmp(图形文件)等。

9.1.3 文件的分类

根据数据的组织形式,数据文件可分为 **ASCII 文件和二进制文件**。ASCII 文件就是字符文件,在每一个字节中存放一个 ASCII 代码,代表一个字符。二进制文件是把内存中的数据按其在内存中的存储形式原样输出到磁盘上存放。如果有一个短整型数 10000,在内存中占 2 个字节,如果按 ASCII 码形式输出到磁盘,由于有 5 个字符,所以在磁盘上占 5 个字节,而按二进制形式输出,在磁盘上只占 2 个字节,见图 9.1。

用 ASCII 码形式输出与字符一一对应,一个字节代表一个字符,因而便于对字符进行逐个处理,也便于输出字符。但一般占存储空间较多,而且要花费转换时间(二进制形式与 ASCII 码间的转换)。用二进制形式输出数值,可以节省外存空间和转换时间,但一个字节并不对应一个字符,不能直接输出字符形式。程序运行过程中产生的中间数据或结果数据,如果要保存在磁盘上,以后需要时再从磁盘输入到内存的,常用二进制文件保存。

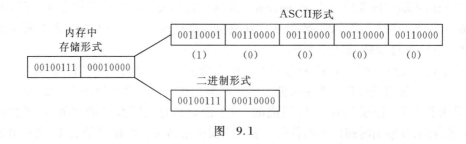

图 9.1

9.1.4 文件缓冲区

ANSI C 标准采用**缓冲文件系统**处理文件,所谓缓冲文件系统是指系统自动地在内存区为每一个正在使用的文件开辟一个**文件缓冲区**。从内存向磁盘输出数据必须先送到内存中的缓冲区,装满缓冲区后才一起送到磁盘去。如果从磁盘向内存读入数据,则一次从磁盘文件将一批数据输入到内存缓冲区(充满缓冲区),然后再从缓冲区逐个地将数据送到程序数据区(给程序变量),见图 9.2。缓冲区的大小由各个具体的 C 语言版本确定。

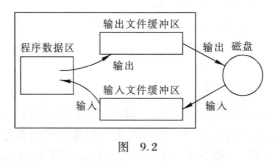

图 9.2

从前面的学习中已经知道,C 语言对数据的输入输出都是用库函数来实现的。ANSI 规定了一些标准输入输出函数,用来对文件进行读写。

9.1.5 文件类型指针

缓冲文件系统中,关键的概念是**文件类型指针**,简称**文件指针**。每个被使用的文件都在内存中开辟一个相应的**文件信息区**,用来存放文件的有关信息(如文件的名字、文件状态及文件当前位置等)。这些信息是保存在一个结构体变量中的。该结构体类型是由系统声明的,类型名为 FILE。不同的 C 编译系统的 FILE 类型包含的内容不完全相同,但大同小异。

声明 FILE 结构体类型的信息包含在头文件 stdio.h 中。在程序中可以直接用 FILE 类型名定义变量。每一个 FILE 类型变量对应一个文件的信息区,其中包含该文件的有关信息。例如,可以定义以下 FILE 类型的变量:

FILE f;

定义了一个结构体变量 f,可以用它来存放一个文件的有关信息。这些信息是建立文件时根据文件的性质由编译系统自动放入的。

一般不对 FILE 类型变量命名,也就是不通过变量的名字来引用这些变量,而是设置一个指向 FILE 类型变量的指针变量,然后通过它来引用这些 FILE 类型变量。

下面定义一个**文件型指针变量**:

FILE * fp;

fp 是一个指向 FILE 类型变量的指针变量。可以使 fp 指向某一个文件的文件信息区(是一个结构体变量),从而通过该结构体变量中的信息能够访问该文件。也就是说,**通过文件类型指针变量能够找到与它相关的文件**。如果有 n 个文件,一般应设 n 个指针变量,分别指向 n 个 FILE 类型变量,以实现对 n 个文件的访问。见图 9.3。

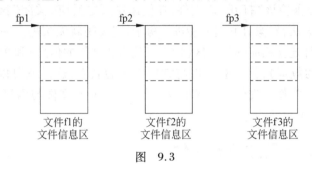

图 9.3

为方便起见,通常将这种**指向文件信息区的指针变量**称为**指向文件的指针变量**,或简称为**文件指针**。

注意:指向文件的指针变量并不是指向外部介质上的数据文件的开头,而是指向内存中的文件信息区的开头。

9.1.6 文件位置标记[①]

为了对读写进行控制,系统为每个文件设置了一个**读写位置标记**(简称**文件位置标记或文件标记**),用来指示当前的读写位置(即接下来要读写的下一个字符的位置)。

一般情况下,在对字符文件进行顺序读写时,文件的位置标记指向文件开头,这时如果对文件进行读的操作,就读第 1 个字符,然后文件的位置标记顺序向后移一个位置,在下一次执行读的操作时,就将位置标记指向的第 2 个字符读入。以此类推,直到遇文件尾结束。见图 9.4。

图 9.4

如果是顺序写文件,则每写完一个数据后,文件的位置标记自动顺序向后移一个位置,然后在下一次执行写操作时把数据写入标记所指的位置。直到把全部数据写完,此时

---

① 在一些教材中,把文件位置标记称为"文件位置指针",但这容易与前面学过的指针概念混淆,故本书把它称为"文件位置标记",指针是一个内存地址,而文件位置标记是指外部文件中的一个位置。

位置标记在最后一个数据之后。

有时希望在一个文件的原有数据之后再添加新的数据,应该把文件位置标记移到文件尾,然后再接着写入新的数据,这就是文件的**追加**。

可以根据读写的需要,人为地移动文件位置标记的位置,可以向前移,向后移,移到文件头或文件尾,然后对该位置进行读写,显然这不是顺序读写,而是随机读写。

9.2 文件的打开与关闭

对文件读写之前应该"打开"该文件,在使用结束之后应"关闭"该文件。"打开"和"关闭"是形象的说法,好像打开门才能进入房子,门关闭就无法进入一样。实际上,所谓"打开"是指为文件建立相应的信息区(用来存放有关文件的信息)和文件缓冲区(用来暂时存放输入输出的数据),并建立文件与它们之间的联系,这样就可以对文件进行读写了。所谓"关闭"是指撤销文件信息区和文件缓冲区,断开文件与内存之间的联系,显然就无法进行对文件的读写了。

9.2.1 用 fopen 函数打开文件

ANSI C 规定了用标准输入输出函数 fopen 来实现打开文件。

fopen 函数调用的一般形式为

FILE * fp;   //定义文件型指针变量
fp = fopen(文件名,使用文件方式);   //使指针变量指向打开的文件的信息区

例如:

```
fp = fopen("a1","r");
```

表示要打开名字为 a1 的文件,使用文件方式为"读入"(r 代表 read,即读入),fopen 函数带回指向 a1 文件的指针并赋给 fp,这样 fp 就和文件 a1 相联系了,或者说,fp 指向 a1 文件。可以看出,在打开一个文件时,通知编译系统以下 3 个信息:①需要打开的文件名,也就是准备访问的文件的名字;②使用文件的方式("读"还是"写"等);③让哪一个指针变量指向被打开的文件。

使用文件方式见表 9.1。

表 9.1 对文件访问的方式

文件访问方式	含 义	如果指定的文件不存在
"r"(只读)	为输入打开一个已存在的文本文件	出错
"w"(只写)	为输出打开一个文本文件	建立新文件
"a"(追加)	向文本文件尾添加数据	出错
"rb"(只读)	为输入打开一个二进制文件	出错
"wb"(只写)	为输出打开一个二进制文件	建立新文件
"ab"(追加)	向二进制文件尾添加数据	出错
"r+"(读写)	为读写打开一个文本文件	出错

续表

文件访问方式	含 义	如果指定的文件不存在
"w+"（读写）	为读写建立一个新的文本文件	建立新文件
"a+"（读写）	为读写打开一个文本文件	出错
"rb+"（读写）	为读写打开一个二进制文件	出错
"wb+"（读写）	为读写建立一个新的二进制文件	建立新文件
"ab+"（读写）	为读写打开一个二进制文件	出错

🐂 说明：

（1）表9.1中最基本的是"r""w""a"这3种方式。在其后加"b"表示是二进制文件，"+"表示既可读又可写。

（2）如果不能实现"打开"的任务，fopen函数将会带回一个出错信息。出错的原因可能是：用"r"方式打开一个并不存在的文件；磁盘出故障；磁盘已满无法建立新文件等。此时 fopen 函数将带回一个空指针值 NULL(NULL 在 stdio.h 文件中已被定义为 0)。

常用下面的方法打开一个文件：

```
if ((fp = fopen("file1","r")) == NULL)
  { printf("cannot open this file \n");
    exit(0);
  }
```

即先检查打开的操作有否出错，如果有错就在终端上输出"cannot open this file"。exit 函数的作用是关闭所有文件，终止正在执行的程序，待用户检查出错误，修改后再运行。

9.2.2 用 fclose 函数关闭文件

在使用完一个文件后应该关闭它，以防止它再被误用。"关闭"就是撤销文件信息区和文件缓冲区，使文件指针变量不再指向该文件，也就是文件指针变量与文件"脱钩"，此后不能再通过该指针对原来与其相联系的文件进行读写操作，除非再次打开，使该指针变量重新指向该文件。

关闭文件要用 fclose 函数。fcolse 函数调用的一般形式为

fclose(文件指针)；

例如：

```
fclose(fp);
```

前面曾把打开文件(用 fopen 函数)时所返回的指针赋给了 fp，今通过 fp 把该文件关闭，此后 fp 不再指向该文件。

应该养成在程序终止之前关闭所有文件的习惯，如果不关闭文件将会丢失数据。因为，如前所述，在向文件写数据时，是先将数据输出到缓冲区，待缓冲区充满后才正式输出给文件。如果当数据未充满缓冲区而程序结束运行，就会将缓冲区中的数据丢失。用 fclose 函数关闭文件，可以避免这个问题，它先把缓冲区中的数据输出到磁盘文件，然后才释放文件指针变量。

fclose 函数也带回一个值,当顺利地执行了关闭操作,则返回值为 0,否则返回 EOF(即 -1)。

9.3 文件的顺序读写

文件打开之后,就可以对它进行读写了。在顺序写时,先写入的数据存放在文件前面的位置,后写入的数据存放在文件后面的位置。在顺序读时,先读文件中前面的数据,后读文件中后面的数据。也就是说,对顺序读写来说,对文件读写数据的顺序和数据在文件中的物理顺序是一致的。

顺序读写需要用库函数实现。

9.3.1 向文件读写一个字符

对文本文件读入或输出一个字符的函数见表 9.2。

表 9.2 读写一个字符的函数

函数名	调用形式	功 能	返 回 值
fgetc	fgetc(fp)	从 fp 指向的文件读入一个字符	读成功,带回所读的字符,失败则返回文件结束标志 EOF(即 -1)
fputc	fputc(ch,fp)	把字符 ch 写到文件指针变量 fp 所指向的文件中	输出成功,返回值就是输出的字符;输出失败,则返回 EOF(即 -1)

【例 9.1】 从键盘输入一些字符,逐个把它们送到磁盘上去,直到输入 '!' 字符为止。

解题思路:这个程序的算法并不难,只须从键盘逐个输入字符,然后用 fputc 函数写到磁盘文件即可。

编写程序:

```
#include <stdlib.h>
#include <stdio.h>
int main()
  { FILE *fp;
    char ch,filename[10];       //定义字符数组
    scanf("%s",filename);       //读入一个字符串存放在字符数组 filename 中
    if((fp=fopen(filename,"w"))==NULL)   //打开输出文件
     {
       printf("cannot open file \n");   //如果打开时出错,就输出"打不开"的信息
       exit(0);                //终止程序
     }
    ch=getchar();               //此语句用来接收在执行 scanf 语句时最后输入的回车符
    ch=getchar();               //接收从键盘输入的第 1 个字符
    while(ch!='!')              //当输入'!'时结束循环
     {
       fputc(ch,fp);            //向磁盘文件输出一个字符
       putchar(ch);             //将输出的字符显示在屏幕上
```

```
        ch = getchar();              //再接收从键盘输入的一个字符
    }
    fclose(fp);                      //关闭文件
    putchar(10);                     //向屏幕输出一个换行符,换行符的ASCII代码为10
    return 0;
}
```

运行结果：

file1.dat↙   (输入磁盘文件名,数据文件后缀用.dat)
computer and C!↙   (输入一个字符串)
computer and C   (输出一个字符串)

程序分析：

(1) 用来存储数据的文件名可以在 fopen 函数中直接写成字符串常量形式（如指定"a1"），也可以在程序运行时由用户临时指定。本程序采取的方法是在运行时由键盘输入文件名。为此设立一个字符数组 filename，用来存放文件名。运行时，从键盘输入磁盘文件名"file1.dat"，在执行 fopen 函数时系统就会建立一个新的磁盘文件 file1.c，用来接收程序输出的数据。

(2) 用 fopen 函数打开一个"只写"的文件（"w"表示只能写入不能从中读数据），如果打开成功，函数的返回值是该文件所建立的信息区的起始地址，把它赋给指针变量 fp（fp 已定义为指向文件的指针变量）。如果不能成功地打开文件，则在显示器的屏幕上显示"无法打开此文件"，然后用 exit 函数终止程序运行。

(3) exit 是标准 C 的库函数，作用是使程序终止，用此函数时在程序的开头应加入 stdlib.h 头文件。

(4) 用 getchar 函数接收用户从键盘输入的字符。注意，每次只能接收一个字符。今输入准备写入磁盘文件的字符"computer and C"。'!'是事先指定的结束符号，表示"字符串输入结束了"。用什么字符作为结束标志是人为的，也可以用别的字符（如'#'、'@'或其他字符）作为结束标志。但应注意：如果字符串中包含'!'，就不能用'!'作结束标志。

(5) 先从键盘读入一个字符，检查它是否是'!'，如果是，表示字符串已结束，不执行循环体；如果不是，则执行一次循环体，将该字符输出到磁盘文件 file1.dat。然后在屏幕上显示出该字符，接着再从键盘读入一个字符。如此反复，直到读入'!'字符为止。遇到'!'就表示"字符串输入结束了"，已经把"computer and C"写到以 file1.dat 命名的磁盘文件中了，同时在屏幕上也显示出了这些字符。

【例 9.2】 将一个磁盘文件中的信息复制到另一个磁盘文件中。要求将例 9.1 建立的 file1.dat 文件中的内容复制到另一个磁盘文件 file2.dat 中。

解题思路： 处理此问题的方法是：从 file1.dat 文件中逐个读入字符，然后逐个输出到 file2.dat 中。

编写程序：

```
#include <stdlib.h>
#include <stdio.h>
int main()
```

```c
{ FILE *in,*out;
  char infile[10],outfile[10];    //定义两个字符数组,分别存放两个文件名
  printf("Enter the infile name: \n");
  scanf("%s",infile);              //输入一个输入文件的名字
  printf("Enter the outfile name: \n");
  scanf("%s",outfile);             //输入一个输出文件的名字
  if((in=fopen(infile,"r"))==NULL)  //打开输入文件
    { printf("cannot open infile\n");
      exit(0);
    }
  if((out=fopen(outfile,"w"))==NULL)  //打开输出文件
    { printf("cannot open outfile\n");
      exit(0);
    }
  while(!feof(in))                 //如果未遇到输入文件的结束标志
    fputc(fgetc(in),out);          //从输入文件读入一个字符,立即写到输出文件中
  fclose(in);                      //关闭输入文件
  fclose(out);                     //关闭输出文件
  return 0;
}
```

运行结果:

```
Enter the infile name:
file1.dat↙                        (输入原有磁盘文件名)
Enter the outfile name:
File2.dat↙                        (输入新复制的磁盘文件名)
```

程序运行结果是将 file1.dat 文件中的内容复制到 file2.dat 中去。

说明:以上程序是按文本文件方式处理的。也可以用此程序来复制一个二进制文件,只须将两个 fopen 函数中的"r"和"w"分别改为"rb"和"wb"即可。

9.3.2 向文件读写一个字符串

前面已掌握了向磁盘文件读写一个字符的方法,有的读者很自然地提出一个问题,如果字符个数多,一个一个读和写太麻烦,能否一次读写一个字符串。

C 语言允许使用 fgets 和 fputs 函数一次读写一个字符串,见表 9.3。

表 9.3 读写一个字符串的函数

函数名	调用形式	功　　能	返　回　值
fgets	fgets(str,n,fp)	从 fp 指向的文件读入一个长度为(n-1)的字符串,然后在最后加一个'\0',存放到字符数组 str 中。若在读完 n-1 个字符之前遇到'\n'或文件结束符 EOF,结束输入	读成功,返回地址 str,失败则返回 NULL
fputs	fputs(str,fp)	把字符串 str 写到文件指针变量 fp 所指向的文件中	输出成功返回 0,否则返回非 0 值

函数的名字不必死记,从函数的名字可以知道它的含义,如 fgets,第 1 个字母 f 代表文件(file),最后的字母 s 代表字符串(string),中间的 get 是"取得",显然其含义是"从文件中读取字符串。同样,从 fputs 的名字可知其作用是将字符串送到文件中。前面介绍过的 fgetc 和 fputc 函数,其名字最后一个字母不是 s 而是 c(character),表示它读写的是一个字符,而不是字符串。

fgets 和 fputs 这两个函数的功能类似于 gets 和 puts 函数,只是 gets 和 puts 以终端为读写对象,而 fgets 和 fputs 函数以指定的文件作为读写对象。

【例9.3】 从键盘读入若干个字符串,对它们按字母顺序排序,然后把它们送到磁盘文件中保存。

解题思路:解决此问题,可分为 3 部分:①从键盘读入 n 个字符串,存放在一个二维字符数组中,每一个一维数组存放一个字符串;②对字符数组中的 n 个字符串按字母顺序排序,排好序的字符串仍存放在字符数组中;③将字符数组中的字符串顺序输出。

编写程序:

```
#include <stdio.h>
#include <stdlib.h>
#include <string.h>
int main()
  { FILE * fp;
    char str[3][10],temp[10];    //str 是用来存放字符串的二维数组,temp 是临时数组
    int i,j,k,n=3;

    printf("Enter strings: \n");//提示输入字符串
    for(i=0;i<n;i++)
      gets(str[i]);              //输入字符串

    for(i=0;i<n-1;i++)            //用选择法对字符串排序
      { k=i;
        for(j=i+1;j<n;j++)
          if(strcmp(str[k],str[j])>0) k=j;
        if(k!=i)
          { strcpy(temp,str[i]);
            strcpy(str[i],str[k]);
            strcpy(str[k],temp);}
      }

    if((fp=fopen("D:\\CC\\temp\\string.dat","w"))==NULL)   //打开磁盘文件
      {
        printf("can't open file!\n");
        exit(0);
      }
    printf("\nThe new sequence: \n");
    for(i=0;i<n;i++)
      { fputs(str[i],fp);fputs("\n",fp);                    //向磁盘文件写数据
```

```
            printf("%s\n",str[i]);                    //在屏幕上显示
        }
        return 0;
    }
```

运行结果:

```
Enter strings:                          (输入字符串)
China↙
Canada↙
India↙

The new sequence:
Canada
China
India
```

程序分析:

(1) 在打开文件时,指定了文件路径,本来应该写成"D:\cc\temp\str.dat",但由于在 C 语言中把'\'作为转义字符的标志,因此在字符串或字符中要表示'\'时,应当在'\'之前再加一个'\',即"D:\\cc\\temp\\str.dat"。注意:只在双撇号" "或单撇号' '中的'\'才需要写成"\\",其他情况下则不必。

(2) 在向磁盘文件写数据时,输出的字符串不包括'\0',前后几次输出的字符串之间无分隔,连成一片,这样在以后从磁盘文件读回数据时就无法区分各个字符串了。因此在输出一个字符串后,人为地输出一个"\n",作为字符串之间的分隔。

(3) 为运行简单,本例只输入 3 个字符串,如果有 10 个字符串,只须把第 6 行的 str[3][10]改为 str[10][10],第 7 行的 n=3 改为 n=10 即可。

为了验证输出到磁盘文件中的内容,可以编写出以下的程序,从该文件中读回字符串,并在屏幕上显示。

```
#include <stdio.h>
#include <stdlib.h>
int main()
 { FILE *fp;
   char str[3][10];
   int i=0;
   if((fp=fopen("D:\\CC\\temp\\string.dat","r"))==NULL)  //注意文件名必须与前相同
     {
        printf("can't open file!\n");
        exit(0);
     }
   while(fgets(str[i],10,fp)!=NULL)
     { printf("%s",str[i]);
       i++;}
   fclose(fp);
```

```
        return 0;
    }
```

运行结果:

```
Canada
China
India
```

证明结果是正确的。

💡 **说明:**

(1) 在打开文件时要注意,指定的文件路径和文件名必须和输出时指定的一致,否则找不到该文件。读写方式要改为"r"。

(2) 指定一次读入 10 个字符,但按 fgets 函数的规定,如果遇到'\n'就结束输入,'\n'作为最后一个字符读入到字符数组。

(3) 由于读入到字符数组中的每个字符串后都有一个'\n',因此在向屏幕输出时不必再加'\n',而只写"printf("%s",str[i]);"即可。

*9.3.3 对文件进行格式化读写

前面介绍的是字符的输入输出,而实际上数据的类型是丰富的(包括数值型和字符型)。读者已经很熟悉 printf 函数和 scanf 函数了,它们是以终端作为对象的格式化输入输出函数。其实也可以对文件进行格式化输入输出,这时就要用 fprintf 函数和 fscanf 函数,从函数名可以看到,它们只是在 printf 和 scanf 的前面加了一个字母 f,表示是以文件为对象的。它们与 printf 函数和 scanf 函数的作用相仿,都是格式化读写函数。只有一点不同: fprintf 和 fscanf 函数的读写对象不是终端而是磁盘文件。它们的一般调用方式为

fprintf(文件指针,格式字符串,输出表列);

fscanf (文件指针,格式字符串,输入表列);

例如:

```
fprintf (fp,"%d,%6.2f",i,t);
```

它的作用是将整型变量 i 和实型变量 t 的值按%d 和%6.2f 的格式输出到 fp 指向的文件中。如果 i=3,t=4.5,则输出到磁盘文件上的是以下的字符串:

```
3, 4.50
```

这是和输出到屏幕的情况相似的,只是它没有输出到屏幕而是输出到磁盘文件而已。

同样,用以下 fscanf 函数可以从磁盘文件上读入 ASCII 字符:

```
fscanf(fp,"%d,%f",&I,&t);
```

磁盘文件上如果有以下字符:

```
3,4.5
```

则将磁盘文件中的数据 3 读入内存并送给变量 i,读入 4.5 并送给变量 t。

*9.3.4 按二进制方式对文件进行读写

用 fprintf 和 fscanf 函数对磁盘文件读写,使用方便,比较直观,容易理解,但由于在输入时要将 ASCII 码转换为二进制形式,在输出时又要将二进制形式转换成字符,需要多花费时间。因此,在内存与磁盘频繁交换数据的情况下,最好不用 fprintf 和 fscanf 函数,而以二进制方式进行读写。在输出时按数据在内存中的存放形式原封不动地复制到磁盘文件,在输入时把磁盘文件中指定区域的数据原样读入到内存。

用 fread 和 fwrite 函数可以实现此操作。假设有一个结构体数组 stu,存放了 10 个学生的数据(包括学号、姓名、性别、成绩等),结构体数组每个元素的长度为 36 个字节,想把这些数据按二进制方式存到磁盘文件中,可以用以下函数实现:

```
fwrite(stu,36,10,fp1);
```

表示从 stu 所代表的数组首元素的地址开始,以 36 个字节为一个单位长度,共复制 10 个学生的数据,存放到文件指针 fp1 所指向的文件中。

如果想从磁盘文件中把这些数据读入内存,可以用 fread 函数实现。先用位置指针指向需要复制的数据的开头,然后用以下语句:

```
fread(stu,36,10,fp1);
```

表示从 fp1 指向的文件中的当前位置开始,复制 10×36 个字节,存放到 stu 数组中。

在第 9.4 节的例 9.5 中可以具体地看到在程序中怎样使用 fread 和 fwrite 函数对文件进行二进制方式的读写。

*9.4 文件的随机读写

对文件进行顺序读写比较容易理解,也容易操作,但有时效率不高,例如文件中有 1000 个数据,若只查第 1000 个数据,必须先逐个读入前面 999 个数据,才能读入第 1000 个数据。如果文件中存放一个城市几百万人的资料,若按此方法查某一人的情况,等待的时间可能是很长的。

随机访问不是按数据在文件中的物理位置次序进行读写,而是可以按要求对任何指定位置上的数据进行访问,显然这种方法比顺序访问效率高得多。

9.4.1 文件位置标记的定位

对流式文件可以进行顺序读写,也可以进行随机读写,关键在于控制文件的位置标记。如果位置标记是按字节位置顺序移动的,就是顺序读写;如果能将位置标记按需要移动到任意位置,就可以实现随机读写。所谓随机读写,是指读写完上一个字符(字节)后,并不一定要读写其后续的字符(字节),而可以读写文件中任意位置上所需要的字符(字节),即对文件读写数据的顺序和数据在文件中的物理顺序一般是不一致的。可以向文件的任何位置写入数据,从文件的任何位置读取数据。

那么,怎样使位置标记移到指定的位置呢? C 语言提供以下有关函数。

1. 用 rewind 函数使文件位置标记指向文件开头

rewind 函数的作用是使文件位置标记重新返回文件的开头,此函数没有返回值。

【例 9.4】 有一个磁盘文件,先将它的内容显示在屏幕上,然后把它复制到另一磁盘文件上。

解题思路:分别实现以上两个任务都不困难,以前我们都做过。但是把二者连续做,就会出现问题,因为在第 1 次读入完文件内容后,位置标记已指到文件的末尾,如果再接着读数据,就遇到文件结束标志,feof 函数的值等于 1(真),无法再读数据。必须在程序中用 rewind 函数使位置标记返回文件的开头。

编写程序:

```
#include <stdio.h>
int main()
  { FILE *fp1,*fp2;
    fp1=fopen("file1.dat","r");          //打开输入文件
    fp2=fopen("file2.dat","w");          //打开输出文件
    while(!feof(fp1)) putchar(fgetc(fp1));   //连续 file1 文件读入字符并输出到屏幕
    rewind(fp1);                          //使位置标记返回文件头
    while(!feof(fp1)) fputc(fgetc(fp1),fp2); //从文件头读起,输出到 file2 文件
    fclose(fp1);fclose(fp2);
    return 0;
  }
```

程序分析:

(1) 怎样理解"!feof(fp1)"。feof(fp1)是检查 fp1 所指向的文件中当前的位置标记是否已指向文件末尾,如果是,feof(fp1)为真,此时!feof(fp1)的值为假。它是 while 语句执行循环的条件,当"!feof(fp1)"的值为假(即位置标记指向文件尾时),不再执行 while 循环。

(2) putchar(fgetc(fp1))的作用是:先从 file1 文件中读入一个字符,然后马上输出到屏幕上。

(3) 第 1 次从 file1.dat 文件逐个字节读入内存,并显示在屏幕上,在读完全部数据后,文件 file1.dat 位置标记已指到文件末尾,feof(fp1)的值为 −1(真),!feof(fp1) 的值为 0(假),while 循环结束。执行 rewind 函数,使文件 file1.dat 的位置标记重新定位于文件开头,同时 feof 函数的值恢复为 0(假)。

这个程序是示意性的,为简化起见,在打开文件时未作"是否打开成功"的检查。

2. 用 fseek 函数移动文件位置标记

用 fseek 函数改变文件的位置标记的指向。

fseek 函数的调用形式为

fseek(文件类型指针,位移量,起始点)

"起始点"可以是 0,1 或 2。0 代表"文件开始",1 为"当前位置",2 为"文件末尾"。C 标准指定的名字如表 9.4 所示。

"位移量"指以"起始点"为基点,向前移动的字节数。ANSI C 和大多数 C 版本要求

位移量是 long 型数据。这样当文件的长度大于 64KB 时不会出问题。ANSI C 标准规定在数字的末尾加一个字母 L，就表示是 long 型。

表 9.4 fseed 函数中的"起始点"的表示方法

起始点	名　字	用数字代表
文件开始	SEEK_SET	0
文件当前位置	SEEK_CUR	1
文件末尾	SEEK_END	2

fseek 函数一般用于二进制文件，因为文本文件要进行字符转换，计算位置时往往会发生混乱。

下面是 fseek 函数调用的几个例子：

```
fseek(fp,100L,0);      //将位置标记移到离文件头 100 字节处
fseek(fp,50L,1);       //将位置标记移到当前位置后面 50 字节处
fseek(fp,-10L,2);      //将位置标记从文件末尾处向后退 10 字节
```

3. 用 ftell 函数测定文件位置标记的当前位置

ftell 函数的作用是得到流式文件中文件位置标记的当前位置。由于文件中的位置标记经常移动，人们往往不容易知道其当前位置，所以常用 ftell 函数得到当前位置。用相对于文件开头的位移量来表示。如果 ftell 函数返回值为 −1L，表示出错。例如：

```
i = ftell(fp);
if (i ==-1L) printf("error\n");
```

变量 i 存放当前位置，如调用函数时出错（如不存在 fp 文件），则输出"error"。

9.4.2 对文件进行随机读写

【例 9.5】 在磁盘文件上存有 10 个学生的数据。要求将第 1、第 3、第 5、第 7、第 9 个学生数据输入计算机，存放到结构体数组中的第 1、第 3、第 5、第 7、第 9 个元素中，并在屏幕上显示出来。

解题思路：

（1）按"二进制只读"的方式打开指定的磁盘文件，准备从磁盘文件中读取学生数据。

（2）将文件位置标记指向文件的开头，然后从磁盘文件读入一个学生的信息，并把它显示在屏幕上。

（3）再将文件位置标记指向文件中第 3、第 5、第 7、第 9 个学生的数据区的开头，从磁盘文件读入相应学生的信息，并把它显示在屏幕上。

（4）关闭文件。

编写程序：

```
#include <stdlib.h>
```

```c
#include <stdio.h>
struct student_type                          //学生数据类型
  { char name[10];
    int num;
    int age;
    char sex;
  }stud[10];                                 //定义结构体数组 stud
int main()
  { int i;
    FILE *fp;
    if((fp=fopen("stud_dat","rb"))==NULL)    //以只读方式打开二进制文件
      { printf("can not open file\n");
        exit(0);
      }
    for(i=0;i<10;i+=2)
      { fseek(fp,i*sizeof(struct student_type),0);    //移动位置标记
        fread(&stud[i],sizeof(struct student_type),1,fp);
                                             //读一个数据块到结构体变量
        printf("%s %d %d %c\n",stud[i].name,stud[i].num,stud[i].age,
            stud[i].sex);                    //在屏幕输出
      }
    fclose(fp);
    return 0;
  }
```

程序分析：在 fseek 函数中，指定"起始点"为 0，即以文件开头为参照点，位移量为 i * sizeof(struct student_type) , sizeof(struct student_type) 是 struct student_type 类型变量的长度(字节数)，i 的初值为 0，每次循环 i 增值 2，也就是使位置标记每次的移动量是 struct student_type 类型变量的长度的两倍，即每次跳过一个结构体变量。用 fread 函数每次读入一个结构体变量(而不是读入 10 个学生的数据)，存放在结构体数组中序号为 i 的元素中，所以在 fread 函数中指定的地址是序号为 i 的元素的地址 &stud[i]。

本 章 小 结

(1) 文件是在**外部介质上数据的集合**，操作系统把所有输入输出设备都作为文件来管理。每一个文件需要有一个文件标识，包括文件路径、文件主干名和文件后缀。

(2) 数据文件有两类：**ASCII 文件**和**二进制文件**。数据在内存中是以二进制形式存储的，如果不加转换地输出到外存，就是二进制文件，可以认为它就是存储在内存的数据的映像，所以也称为**映像文件**。如果要求在外存上以 ASCII 代码形式存储，则需要在存储前进行转换。

(3) ANSI C 采用缓冲文件系统，为每一个使用的文件在内存开辟一个**文件缓冲区**，在计算机输入时，先从文件把数据读到文件缓冲区，然后从缓冲区分别送到各变量的存储

单元;在输出时,先从内存数据区将数据送到文件缓冲区,待放满缓冲区后一次输出,这有利于提高效率。

(4) 文件类型指针(简称文件指针)是缓冲文件系统中的一个重要的概念。在文件打开时,在内存建立一个**文件信息区**,存放文件的有关特征和当前状态。这个信息区的数据组织成结构体类型,命名为 **FILE 类型**。文件指针是指向 FILE 类型数据的,具体说,就是指向某一文件信息区的开头。通过这个指针可以得到文件的有关信息,从而对文件进行操作,这就是指针指向文件的含义。

(5) 文件使用前必须"打开",用完后应当"关闭"。所谓打开,是建立相应的文件信息区,开辟文件缓冲区。由于建立的文件信息区没有名字,只能通过指针变量来引用,因此一般在打开文件时同时使指针变量指向该文件的信息区,以便程序对文件进行操作。所谓关闭,是撤销文件信息区和文件缓冲区,指针变量不再指向该文件。

(6) 有两种对文件的读写方式,**顺序读写和随机读写**。对于顺序读写而言,对文件读写数据的顺序和数据在文件中的物理顺序是一致的;对于随机读写而言,对文件读写数据的顺序和数据在文件中的物理顺序一般是不一致的。

(7) 对文件的操作,要通过文件操作函数实现。表 9.5 归纳了常用的文件操作函数及其功能。

表 9.5 常用的文件操作函数

分 类	函 数 名	功 能
打开文件	fopen( )	打开文件
关闭文件	fclose( )	关闭文件
文件定位	fseek( )	改变文件位置标记的位置
	rewind( )	使文件位置标记重新置于文件开头
	ftell( )	得到文件位置标记的当前值
文件读写	fgetc( ), getc( )	从指定文件取得一个字符
	fputc( ), putc( )	把字符输出到指定文件
	fgets( )	从指定文件读取字符串
	fputs( )	把字符串输出到指定文件
	fread( )	从指定文件中读取数据块
	fwrite( )	把数据块写到指定文件
	fscanf( )	从指定文件按格式输入数据
	fprintf( )	按指定格式将数据写到指定文件中
文件状态	feof( )	若到文件末尾,函数值为"真"(非 0)
	ferror( )	若对文件操作出错,函数值为"真"(非 0)
	clearerr( )	使 ferror 和 feof 函数值置零

说明:为了使用方便,系统已把 fgetc 和 fputc 函数定义为宏名 getc 和 putc,这是在 stdio.h 中定义的。因此,getc 和 fgetc,putc 和 fputc 作用是一样的。

（8）文件这一章的内容在实际应用中是很重要的，许多可供实际使用的 C 程序都包含了文件处理。通常将大批数据存放在磁盘上，在运行应用程序的过程中，内存与磁盘之间频繁地交换数据，或大量地从文件中查询数据，这就要经常进行文件操作。本章只介绍了一些最基本的概念，并通过一些简单的例子初步了解怎样对文件进行操作，为今后的进一步学习和应用打下必要的基础。

习　　题

9.1　对 C 文件操作有些什么特点？什么是缓冲文件系统和文件缓冲区？

9.2　什么是文件型指针？通过文件指针访问文件有什么好处？

9.3　对文件的打开与关闭的含义是什么？为什么要打开和关闭文件？

9.4　从键盘输入一个字符串，将其中的小写字母全部转换成大写字母，然后输出到一个磁盘文件"test"中保存。输入的字符串以"！"结束。

9.5　有两个磁盘文件"A"和"B"，各存放一行字母，今要求把这两个文件中的信息合并（按字母顺序排列），输出到一个新文件"C"中去。

9.6　有 5 个学生，每个学生有 3 门课程的成绩，从键盘输入学生数据（包括学号、姓名 3 门课程成绩），计算出平均成绩，将原有数据和计算出的平均分数存放在磁盘文件"stud"中。

9.7　将习题 9.6"stud"文件中的学生数据，按平均分进行排序处理，将已排序的学生数据存入一个新文件"stu_sort"中。

9.8　将习题 9.7 已排序的学生成绩文件进行插入处理。插入一个学生的 3 门课程成绩，程序先计算新插入学生的平均成绩，然后将它按成绩高低顺序插入，插入后建立一个新文件。

9.9　习题 9.8 结果仍存入原有的"stu_sort"文件而不另建立新文件。

9.10　有一磁盘文件"employee"，内存放职工的数据。每个职工的数据包括职工姓名、职工号、性别、年龄、住址、工资、健康状况、文化程度。今要求将职工名、工资的信息单独抽出来另建一个简明的职工工资文件。

9.11　从习题 9.10 的"职工工资文件"中删去一个职工的数据，再存回原文件。

9.12　从键盘输入若干行字符（每行长度不等），输入后把它们存储到一磁盘文件中。再从该文件中读入这些数据，将其中小写字母转换成大写字母后在显示屏上输出。

附录 A 常用字符与 ASCII 代码对照表

ASCII值	字符	控制字符	ASCII值	字符	ASCII值	字符	ASCII值	字符	ASCII值	字符	ASCII值	字符	ASCII值	字符
000	(null)	NUL	032	(space)	064	@	096	`	128	Ç	160	á	192	└	224	α
001	☺	SOH	033	!	065	A	097	a	129	ü	161	í	193	┴	225	β
002	●	STX	034	"	066	B	098	b	130	é	162	ó	194	┬	226	Γ
003	♥	ETX	035	#	067	C	099	c	131	â	163	ú	195	├	227	π
004	♦	EOT	036	$	068	D	100	d	132	ä	164	ñ	196	─	228	Σ
005	♣	END	037	%	069	E	101	e	133	à	165	Ñ	197	┼	229	σ
006	♠	ACK	038	&	070	F	102	f	134	å	166	ª	198	╞	230	μ
007	(beep)	BEL	039	'	071	G	103	g	135	ç	167	º	199	╟	231	τ
008	□	BS	040	(	072	H	104	h	136	ê	168	¿	200	╚	232	Φ
009	(tab)	HT	041	)	073	I	105	i	137	ë	169	⌐	201	╔	233	θ
010	(line feed)	LF	042	*	074	J	106	j	138	è	170	¬	202	╩	234	Ω
011	(home)	VT	043	+	075	K	107	k	139	ï	171	½	203	╦	235	δ
012	(form feed)	FF	044	,	076	L	108	l	140	î	172	¼	204	╠	236	∞
013	(carriage return)	CR	045	-	077	M	109	m	141	ì	173	¡	205	═	237	φ
014	♪	SO	046	.	078	N	110	n	142	Ä	174	«	206	╬	238	∈
015	☼	SI	047	/	079	O	111	o	143	Å	175	»	207	╧	239	∩
016	►	DLE	048	0	080	P	112	p	144	É	176	░	208	╨	240	≡
017	◄	DC1	049	1	081	Q	113	q	145	æ	177	▒	209	╤	241	±
018	↕	DC2	050	2	082	R	114	r	146	Æ	178	▓	210	╥	242	≥
019	‼	DC3	051	3	083	S	115	s	147	ô	179	│	211	╙	243	≤
020	¶	DC4	052	4	084	T	116	t	148	ö	180	┤	212	╘	244	⌠
021	§	NAK	053	5	085	U	117	u	149	ò	181	╡	213	╒	245	⌡
022	▬	SYN	054	6	086	V	118	v	150	û	182	╢	214	╓	246	÷
023	↨	ETB	055	7	087	W	119	w	151	ù	183	╖	215	╫	247	≈
024	↑	CAN	056	8	088	X	120	x	152	ÿ	184	╕	216	╪	248	°
025	↓	EM	057	9	089	Y	121	y	153	Ö	185	╣	217	┘	249	•
026	→	SUB	058	:	090	Z	122	z	154	Ü	186	║	218	┌	250	·
027	←	ESC	059	;	091	[	123	{	155	¢	187	╗	219	█	251	√
028	∟	FS	060	<	092	\	124	|	156	£	188	╝	220	▄	252	ⁿ
029	↔	GS	061	=	093	]	125	}	157	¥	189	╜	221	▌	253	²
030	▲	RS	062	>	094	^	126	~	158	Pt	190	╛	222	▐	254	■
031	▼	US	063	?	095	_	127	⌂	159	ƒ	191	┐	223	▀	255	(blank 'FF')

注：表中 000～127 是标准的，128～255 是扩展的 (只用于特定的计算机系统)。

附录 B C 语言中的关键字

auto	break	case	char	const
continue	default	do	double	else
enum	extern	float	for	goto
if	inline	int	long	register
restrict	return	short	signed	sizeof
static	struct	switch	typedef	union
unsigned	void	volatile	while	_bool
_complex	_imaginary			

附录 C

运算符和结合性

优先级	运算符	含 义	要求运算对象的个数	结合方向
1	( )	圆括号		自左至右
	[ ]	下标运算符		
	->	指向结构体成员运算符		
	.	结构体成员运算符		
2	!	逻辑非运算符	1 （单目运算符）	自右至左
	~	按位取反运算符		
	++	自增运算符		
	--	自减运算符		
	-	负号运算符		
	（类型）	类型转换运算符		
	*	指针运算符		
	&	取地址运算符		
	sizeof	长度运算符		
3	*	乘法运算符	2 （双目运算符）	自左至右
	/	除法运算符		
	%	求余运算符		
4	+	加法运算符	2 （双目运算符）	自左至右
	-	减法运算符		
5	<<	左移运算符	2 （双目运算符）	自左至右
	>>	右移运算符		

续表

优先级	运算符	含义	要求运算对象的个数	结合方向
6	< <= > >=	关系运算符	2（双目运算符）	自左至右
7	==	等于运算符	2（双目运算符）	自左至右
	!=	不等于运算符		
8	&	按位与运算符	2（双目运算符）	自左至右
9	^	按位异或运算符	2（双目运算符）	自左至右
10	|	按位或运算符	2（双目运算符）	自左至右
11	&&	逻辑与运算符	2（双目运算符）	自左至右
12	||	逻辑或运算符	2（双目运算符）	自左至右
13	?:	条件运算符	3（三目运算符）	自右至左
14	= += -= *= /= %= >>= <<= &= ^= |=	赋值运算符	2（双目运算符）	自右至左
15	,	逗号运算符（顺序求值运算符）		自左至右

说明：

(1) 同一优先级的运算符，运算次序由结合方向决定。例如 * 与 / 具有相同的优先级别，其结合方向为自左至右，因此 3*5/4 的运算次序是先乘后除。- 和 ++ 为同一优先级，结合方向为自右至左，因此 -i++ 相当于 -(i++)。

(2) 不同的运算符要求有不同的运算对象个数，如 +(加)和 -(减)为双目运算符，要求在运算符两侧各有一个运算对象(如 3+5、8-3 等)。而 ++ 和 -(负号)运算符是单目运算符，只能在运算符的一侧出现一个运算对象(如 -a,i++,--i,(float)i,sizeof(int)和 *p 等)。条件运算符是 C 语言中唯一的一个三目运算符，如 x？a：b。

(3) 从上表中可以大致归纳出各类运算符的优先级：

初等运算符　（）　[]　->　.
↓
单目运算符
↓
算术运算符　（先乘除,后加减）

↓
关系运算符
↓
逻辑运算符　（不包括!）
↓
条件运算符
↓
赋值运算符
↓
逗号运算符

以上的优先级别由上到下递减。初等运算符优先级最高，逗号运算符优先级最低。位运算符的优先级比较分散(有的在算术运算符之前(如~)，有的在关系运算符之前(如<<和>>)，有的在关系运算符之后(如&、∧、|))。为了容易记忆，使用位运算符时可加圆括号。

附录 D   C 语言常用语法提要

为读者查阅方便，下面列出 C 语言语法中比较常用的内容的提要。为便于理解，没有采用严格的语法定义形式，只是备忘性质，供参考。

1. 标识符

标识符可由字母、数字和下画线组成。标识符必须以字母或下画线开头，大小写字母分别认为是两个不同的字符。不同的系统对标识符的字符数有不同的规定，一般允许 7 个字符。

2. 常量

可以使用：
(1) 整型常量
- 十进制常数。
- 八进制常数(以 0 开头的数字序列)。
- 十六进制常数(以 0x 开头的数字序列)。
- 长整型常数(在数字后加字符 L 或 l)。

(2) 字符常量

用单撇号括起来的一个字符，可以使用转义字符。

(3) 实型常量(浮点型常量)
- 小数形式。
- 指数形式。

(4) 字符串常量

用双撇号括起来的字符序列。

3. 表达式

(1) 算术表达式
- 整型表达式：参加运算的运算量是整型量，结果也是整型数。
- 实型表达式：参加运算的运算量是实型量，运算过程中先转换成 double 型，结果为 double 型。

(2) 逻辑表达式

用逻辑运算符连接的整型量,结果为一个整数(0 或 1)。逻辑表达式可以认为是整型表达式的一种特殊形式。

(3) 字位表达式

用位运算符连接的整型量,结果为整数。字位表达式也可以认为是整型表达式的一种特殊形式。

(4) 强制类型转换表达式

用"(类型)"运算符使表达式的类型进行强制转换,如(float)a。

(5) 逗号表达式(顺序表达式)

其形式为

表达式 1,表达式 2,…,表达式 n

顺序求出表达式 1,表达式 2,…,表达式 n 的值,结果为表达式 n 的值。

(6) 赋值表达式

将赋值号"="右侧表达式的值赋给赋值号左边的变量。赋值表达式的值为执行赋值后被赋值的变量的值。

(7) 条件表达式

其形式为

逻辑表达式? 表达式 1:表达式 2

逻辑表达式的值若为非零,则条件表达式的值等于表达式 1 的值;若逻辑表达式的值为零,则条件表达式的值等于表达式 2 的值。

(8) 指针表达式

对指针类型的数据进行运算,例如,p-2,p1-p2 等(其中 p,p1,p2 均已定义为指向数组的指针变量,p1 与 p2 指向同一数组中的元素),结果为指针类型。

以上各种表达式可以包含有关的运算符,也可以是不包含任何运算符的初等量(例如,常数是算术表达式的最简单的形式)。

4. 数据定义

对程序中用到的所有变量都需要进行定义。对数据要定义其数据类型,需要时要指定其存储类别。

(1) 类型标识符可用

```
int
short
long
unsigned
char
float
double
struct      结构体名
union       共用体名
enum        枚举类型名
```

用 typedef 定义的类型名

结构体与共用体的定义形式为

struct 结构体名
　{成员表列};

共用体的定义形式为

union 共用体名
　{成员表列};

用 typedef 定义新类型名的形式为

typedef 已有类型 新定义类型;

例如:

typedef int COUNT;

(2) 存储类别可用

auto
static
register
extern

如不指定存储类别,作 auto 处理。

变量的定义形式为

存储类别 数据类型 变量表列;

例如:

static float a,b,c;

注意外部数据定义只能用 extern 或 static,而不能用 auto 或 register。

5. 函数定义

其形式为

存储类别 数据类型 函数名(形参表列)
　函数体

函数的存储类别只能用 extern 或 static。函数体是用花括号括起来的,可包括数据定义和语句。函数的定义举例如下:

```
static int max (int x,int y)
{ int z;
  z = x > y? x:y;
  return (z);
}
```

6. 变量的初始化

可以在定义时对变量或数组指定初始值。

静态变量或外部变量如未初始化,系统自动使其初值为零(对数值型变量)或空(对字符型数据)。对自动变量或寄存器变量,若未初始化,则其初值为一不可预测的数据。

7. 语句

(1) 表达式语句;

(2) 函数调用语句;

(3) 控制语句;

(4) 复合语句;

(5) 空语句。

其中控制语句包括:

(1) if(表达式)语句

或

  if (表达式) 语句 1

  else 语句 2

(2) while （表达式） 语句

(3) do 语句

  while （表达式）;

(4) for （表达式 1;表达式 2;表达式 3）

  语句

(5) switch （表达式）

  { case 常量表达式 1：语句 1;

   case 常量表达式 2：语句 2;

     ⋮

   case 常量表达式 n：语句 n;

   default；语句 n + 1;

  }

前缀 case 和 default 本身并不改变控制流程,它们只起标号作用,在执行上一个 case 所标志的语句后,继续顺序执行下一个 case 前缀所标志的语句,除非上一个语句中最后用 break 语句使控制转出 switch 结构。

(6) break 语句

(7) continue 语句

(8) return 语句

(9) goto 语句

8. 预处理指令

\# define 宏名 字符串

\# define 宏名(参数 1,参数 2,…,参数 n) 字符串

\# undef 宏名

\# include "文件名" (或 <文件名>)

```
# if    常量表达式
# ifdef  宏名
# ifndef 宏名
# else
# endif
```

附录 E C 库函数

库函数并不是 C 语言的一部分，它是由人们根据需要编制并提供用户使用的。每一种 C 编译系统都提供了一批库函数，不同的编译系统所提供的库函数的数目和函数名以及函数功能是不完全相同的。ANSI C 标准提出了一批建议提供的标准库函数，它包括了目前多数 C 编译系统所提供的库函数，但也有一些是某些 C 编译系统未曾实现的。考虑到通用性，本书列出 ANSI C 标准建议提供的、常用的部分库函数。对多数 C 编译系统，可以使用这些函数的绝大部分。由于 C 库函数的种类和数目很多（例如，还有屏幕和图形函数、时间日期函数、与系统有关的函数等，每一类函数又包括各种功能的函数），限于篇幅，本附录不能全部介绍，只从教学需要的角度列出最基本的。读者在编制 C 程序时可能要用到更多的函数，请查阅所用系统的手册。

1. 数学函数

使用数学函数时，应该在该源文件中使用以下命令行：

```
#include <math.h>或#include "math.h"
```

函数名	函数原型	功　能	返回值	说　明
abs	int abs (int x);	求整数 x 的绝对值	计算结果	
acos	double acos (double x);	计算 $\cos^{-1}(x)$ 的值	计算结果	x 的范围应为 $-1 \sim 1$
asin	double asin (double x);	计算 $\sin^{-1}(x)$ 的值	计算结果	x 的范围应为 $-1 \sim 1$
atan	double atan (double x);	计算 $\tan^{-1}(x)$ 的值	计算结果	
atan2	double atan2 (double x, double y);	计算 $\tan^{-1}(x/y)$ 的值	计算结果	
cos	double cos(double x);	计算 $\cos(x)$ 的值	计算结果	x 的单位为弧度
cosh	double cosh(double x);	计算 x 的双曲余弦 $\cosh(x)$ 的值	计算结果	
exp	double exp(double x);	求 e^x 的值	计算结果	
fabs	double fabs(double x);	求 x 的绝对值	计算结果	

续表

函数名	函数原型	功　能	返回值	说　　明
floor	double floor(double x);	求出不大于 x 的最大整数	该整数的双精度实数	
fmod	double fmod(double x, double y);	求整除 x/y 的余数	返回余数的双精度数	
frexp	double frexp(double val, int * eptr);	把双精度数 val 分解为数字部分(尾数)x 和以 2 为底的指数 n，即 $val = x * 2^n$，n 存放在 eptr 指向的变量中	返回数字部分 x，$0.5 \leq x < 1$	
log	double log(double x);	求 $\log_e x$，即 $\ln x$	计算结果	
log10	double log10(double x);	求 $\log_{10} x$	计算结果	
modf	double modf(double val, double * iptr);	把双精度数 val 分解为整数部分和小数部分，把整数部分存到 iptr 指向的单元	val 的小数部分	
pow	double pow(double x, double y);	计算 x^y 的值	计算结果	
rand	int rand(void);	产生 $-90 \sim 32767$ 的随机整数	随机整数	
sin	double sin(double x);	计算 $\sin x$ 的值	计算结果	x 单位为弧度
sinh	double sinh(double x);	计算 x 的双曲正弦函数 $\sinh(x)$ 的值	计算结果	
sqrt	double sqrt(double x);	计算 $\sqrt{x}$	计算结果	x 应 ≥ 0
tan	double tan(double x);	计算 $\tan(x)$ 的值	计算结果	x 单位为弧度
tanh	double tanh(double x);	计算 x 的双曲正切函数 $\tanh(x)$ 的值	计算结果	

2. 字符函数和字符串函数

ANSI C 标准要求在使用字符串函数时要包含头文件"string.h"，在使用字符函数时要包含头文件"ctype.h"。有的 C 编译不遵循 ANSI C 标准的规定，而用其他名称的头文件。请使用时查有关手册。

函数名	函数原型	功　能	返　回　值	包含文件
isalnum	int isalnum(int ch);	检查 ch 是否是字母(alpha)或数字(numeric)	是字母或数字返回 1；否则返回 0	ctype.h

续表

函数名	函数原型	功　能	返　回　值	包含文件
isalpha	int isalpha(int ch);	检查ch是否为字母	是,返回1;不是,则返回0	ctype.h
iscntrl	int iscntrl(int ch);	检查ch是否为控制字符(其ASCII码为0~0x1F)	是,返回1;不是,返回0	ctype.h
isdigit	int isdigit(int ch);	检查ch是否为数字(0~9)	是,返回1;不是,返回0	ctype.h
isgraph	int isgraph(int ch);	检查ch是否为可打印字符(其ASCII码为0x21~0x7E),不包括空格	是,返回1;不是,返回0	ctype.h
islower	int islower(int ch);	检查ch是否为小写字母(a~z)	是,返回1;不是,返回0	ctype.h
isprint	int isprint(int ch);	检查ch是否为可打印字符(包括空格),其ASCII码为0x20~0x7E	是,返回1;不是,返回0	ctype.h
ispunct	int ispunct(int ch);	检查ch是否为标点字符(不包括空格),即除字母、数字和空格以外的所有可打印字符	是,返回1;不是,返回0	ctype.h
isspace	int isspace(int ch);	检查ch是否为空格、跳格符(制表符)或换行符	是,返回1;不是,返回0	ctype.h
isupper	int isupper(int ch);	检查ch是否为大写字母(A~Z)	是,返回1;不是,返回0	ctype.h
isxdigit	int isxdigit(int ch);	检查ch是否为一个十六进制数字字符(即0~9,或A~F,或a~f)	是,返回1;不是,返回0	ctype.h
strcat	char * strcat(char * str1, char * str2);	把字符串str2接到str1后面,str1最后面的'\0'被取消	str1	string.h
strchr	char * strchr(char * str, int ch);	找出str指向的字符串中第一次出现字符ch的位置	返回指向该位置的指针,如找不到,则返回空指针	string.h
strcmp	int strcmp(char * str1, char * str2);	比较两个字符串str1,str2	str1 < str2,返回负数; str1 = str2,返回0; str1 > str2,返回正数	string.h
strcpy	char * strcpy(char * str1, char * str2);	把str2指向的字符串复制到str1中去	返回str1	string.h
strlen	unsigned int strlen(char * str);	统计字符串str中字符的个数(不包括终止符'\0')	返回字符个数	string.h
strstr	char * strstr(char * str1, char * str2);	找出str2字符串在str1字符串中第一次出现的位置(不包括str2的串结束符)	返回该位置的指针,如找不到,返回空指针	string.h

续表

函数名	函数原型	功 能	返回值	包含文件
tolower	int tolower(int ch);	将 ch 字符转换为小写字母	返回 ch 所代表的字符的小写字母	ctype.h
toupper	int toupper(int ch);	将 ch 字符转换成大写字母	与 ch 相应的大写字母	ctype.h

3. 输入输出函数

凡用以下的输入输出函数,应该使用#include < stdio.h > 把 stdio.h 头文件包含到源程序文件中。

函数名	函数原型	功 能	返回值	说明
clearerr	void clearerr(FILE * fp);	使 fp 所指文件的错误,标志和文件结束标志置0	无	
close	int close(int fp);	关闭文件	关闭成功返回0;不成功,返回 -1	非 ANSI 标准函数
creat	int creat(char * filename, int mode);	以 mode 所指定的方式建立文件	成功则返回正数;否则返回 -1	非 ANSI 标准函数
eof	int eof(int fd);	检查文件是否结束	遇文件结束,返回1;否则返回0	非 ANSI 标准函数
fclose	int fclose(FILE * fp);	关闭 fp 所指的文件,释放文件缓冲区	有错则返回非0;否则返回0	
feof	int feof(FILE * fp);	检查文件是否结束	遇文件结束符返回非零值;否则返回0	
fgetc	int fgetc(FILE * fp);	从 fp 所指定的文件中取得下一个字符	返回所得到的字符,若读入出错,返回 EOF	
fgets	char * fgets(char * buf, int n, FILE * fp);	从 fp 指向的文件读取一个长度为(n-1)的字符串,存入起始地址为 buf 的空间	返回地址 buf,若遇文件结束或出错,返回 NULL	
fopen	FILE * fopen(char * filename, char * mode);	以 mode 指定的方式打开名为 filename 的文件	成功,返回一个文件指针(文件信息区的起始地址);否则返回0	
fprintf	int fprintf(FILE * fp, char * format, args, …);	把 args 的值以 format 指定的格式输出到 fp 所指定的文件中	实际输出的字符数	
fputc	int fputc(char ch, FILE * fp);	将字符 ch 输出到 fp 指向的文件中	成功,则返回该字符;否则返回非0	
fputs	int fputs(char * str, FILE * fp);	将 str 指向的字符串输出到 fp 所指定的文件	成功返回0;若出错返回非0	

续表

函数名	函数原型	功 能	返回值	说明
fread	int fread(char *pt, unsigned size, unsigned n, FILE *fp);	从fp所指定的文件中读取长度为size的n个数据项,存到pt所指向的内存区	返回所读的数据项个数,如遇文件结束或出错返回0	
fscanf	int fscanf(FILE *fp, char format,args,…);	从fp指定的文件中按format给定的格式将输入数据送到args所指向的内存单元(args是指针)	已输入的数据个数	
fseek	int fseek(FILE *fp, long offset, int base);	将fp所指向的文件的位置指针移到以base所给出的位置为基准、以offset为位移量的位置	返回当前位置;否则,返回-1	
ftell	long ftell(FILE *fp);	返回fp所指向的文件中的读写位置	返回fp所指向的文件中的读写位置	
fwrite	int fwrite(char *ptr, unsigned size, unsigned n, FILE *fp);	把ptr所指向的n*size个字节输出到fp所指向的文件中	写到fp文件中的数据项的个数	
getc	int getc(FILE *fp);	从fp所指向的文件中读入一个字符	返回所读的字符,若文件结束或出错,返回EOF	
getchar	int getchar(void);	从标准输入设备读取下一个字符	所读字符。若文件结束或出错,则返回-1	
getw	int getw(FILE *fp);	从fp所指向的文件读取下一个字(整数)	输入的整数。如文件结束或出错,返回-1	非ANSI标准函数
open	int open(char *filename, int mode);	以mode指出的方式打开已存在的名为filename的文件	返回文件号(正数);如打开失败,返回-1	非ANSI标准函数
printf	int printf(char *format, args,…);	按format指向的格式字符串所规定的格式,将输出表列args的值输出到标准输出设备	输出字符的个数,若出错,返回负数	format可以是一个字符串,或字符数组的起始地址

续表

函数名	函数原型	功能	返回值	说明
putc	int putc(int ch, FILE *fp);	把一个字符 ch 输出到 fp 所指的文件中	输出的字符 ch, 若出错, 返回 EOF	
putchar	int putchar(char ch);	把字符 ch 输出到标准输出设备	输出的字符 ch, 若出错, 返回 EOF	
puts	int puts(char *str);	把 str 指向的字符串输出到标准输出设备, 将'\0'转换为回车换行	返回换行符, 若失败, 返回 EOF	
putw	int putw(int w, FILE *fp);	将一个整数 w（即一个字）写到 fp 指向的文件中	返回输出的整数, 若出错, 返回 EOF	非 ANSI 标准函数
read	int read(int fd, char *buf, unsigned count);	从文件号 fd 所指示的文件中读 count 个字节到由 buf 指示的缓冲区中	返回真正读入的字节个数, 如遇文件结束返回 0, 出错返回 -1	非 ANSI 标准函数
rename	int rename(char *oldname, char *newname);	把由 oldname 所指的文件名, 改为由 newname 所指的文件名	成功返回 0; 出错返回 -1	
rewind	void rewind(FILE *fp);	将 fp 指示的文件中的位置指针置于文件开头位置, 并清除文件结束标志和错误标志	无	
scanf	int scanf(char *format, args,…);	从标准输入设备按 format 指向的格式字符串所规定的格式, 输入数据给 args 所指向的单元	读入并赋给 args 的数据个数, 遇文件结束返回 EOF, 出错返回 0	args 为指针
write	int write(int fd, char *buf, unsigned count);	从 buf 指示的缓冲区输出 count 个字符到 fd 所标志的文件中	返回实际输出的字节数, 如出错返回 -1	非 ANSI 标准函数

4. 动态存储分配函数

ANSI 标准建议设 4 个有关的动态存储分配的函数, 即 calloc( ), malloc( ), free( )和 realloc( )。实际上, 许多 C 编译系统实现时, 往往增加了一些其他函数。ANSI 标准建议在"stdlib.h"头文件中包含有关的信息, 但许多 C 编译系统要求用"malloc.h"而不是"stdlib.h"。读者在使用时应查阅有关手册。

ANSI 标准要求动态分配系统返回 void 指针。void 指针具有一般性, 它们可以指向任何类型的数据。但目前有的 C 编译系统所提供的这类函数返回 char 指针。无论以上两种情况的哪一种,都需要用强制类型转换的方法把 void 或 char 指针转换成所需的类型。

函数名	函数原型	功　能	返 回 值
calloc	void *calloc(unsigned n, unsign size);	分配 n 个数据项的内存连续空间,每个数据项的大小为 size	分配内存单元的起始地址,如不成功,返回 0
free	void free(void *p);	释放 p 所指的内存区	无
malloc	void *malloc(unsigned size);	分配 size 字节的存储区	所分配的内存区起始地址,如内存不够,返回 0
realloc	void *realloc(void *p, unsigned size);	将 p 所指出的已分配内存区的大小改为 size,size 可以比原来分配的空间大或小	返回指向该内存区的指针

参 考 文 献

［1］谭浩强. C 程序设计教程[M]. 2 版. 北京：清华大学出版社,2013.
［2］谭浩强. C 程序设计[M]. 5 版. 北京：清华大学出版社,2017.
［3］谭浩强. C++程序设计[M]. 3 版. 北京：清华大学出版社,2015.
［4］谭浩强. C++面向对象程序设计[M]. 2 版. 北京：清华大学出版社,2014.
［5］谭浩强. C 程序设计(第五版)学习辅导[M]. 北京：清华大学出版社,2017.
［6］谭浩强. C 程序设计教程学习辅导[M]. 2 版. 北京：清华大学出版社,2013.
［7］C 编写组. 常用 C 语言用法速查手册[M]. 北京：龙门书局,1995.
［8］Peitel H M, Deitel P J. C How to program[M]. 2nd ed. C 程序设计教程. 蒋才鹏,等译. 北京：机械工业出版社,2000.
［9］Herbert Schildt. ANSI C 标准详解[M]. 王曦若,李沛,译. 北京：学苑出版社,1994.
［10］ Herbert Schildt. C 语言大全[M]. 2 版. 戴健鹏,译. 北京：电子工业出版社,1994.